高等学校电子信息类专业系列教材

单片机应用技术(C语言版)

吴文明　编著

西安电子科技大学出版社

内 容 简 介

本书共 6 章，主要内容包括单片机基本知识及其开发系统，单片机输入/输出应用，单片机中断与定时，单片机 A/D 和 D/A 转换接口技术，单片机串行口通信，单片机单总线、I2C 和 SPI 的应用。每一章以实际的应用项目导入，首先从项目的硬件电路设计出发，认知和掌握单片机相关的基本知识和基本原理；然后从项目的程序设计出发，认知和掌握单片机的 C 语言程序编程方法和应用；最后完成项目的仿真实现。整个过程从简单到复杂，可满足教、学、做合一的教学要求和自主学习要求。

本书体系新颖，内容丰富，图文并茂，突出应用项目程序设计、硬件电路设计和仿真实现，可作为电子信息工程、电子信息科学与技术、通信工程、电气工程及自动化、机械电子工程、机械设计制造及其自动化、物联网、智能制造等专业本科生的单片机技术课程的教材和教学参考书，也可供相关领域的工程技术人员参考。

本书配有电子课件和项目设计的源程序，可以从西安电子科技大学出版社网站免费下载。

图书在版编目(CIP)数据

单片机应用技术：C 语言版 / 吴文明编著. — 西安：西安电子科技大学出版社，2021.2
(2021.5 重印)
ISBN 978-7-5606-5989-3

Ⅰ. ①单… Ⅱ. ①吴… Ⅲ. ①单片微型计算机—C 语言—程序设计—高等学校—教材
Ⅳ. ①TP368.1 ②TP312.8

中国版本图书馆 CIP 数据核字(2021)第 027771 号

策划编辑 张 倩
责任编辑 王晓莉 张 倩
出版发行 西安电子科技大学出版社(西安市太白南路 2 号)
电 话 (029)88202421 88201467 邮 编 710071
网 址 www.xduph.com 电子邮箱 xdupfxb001@163.com
经 销 新华书店
印刷单位 陕西精工印务有限公司
版 次 2021 年 2 月第 1 版 2021 年 5 月第 2 次印刷
开 本 787 毫米 × 1092 毫米 1/16 印 张 17.5
字 数 414 千字
印 数 501～2500 册
定 价 45.00 元
ISBN 978-7-5606-5989-3 / TP
XDUP 6291001-2

前　言

本书是依照应用型本科大学项目制教学改革、过程化考核教学改革的要求编写的，契合应用型本科大学提出的高层次应用型创新人才培养目标，旨在提升大学生的实际工程技术应用能力。

全书突出应用项目设计和仿真实现，根据工程实际需求和设计要求，使用 Keil、Proteus 等开发平台，设计了流水灯、独立按键、矩阵按键、静动态数码管、LCD1602 和 LCD12864 显示、8255A 扩展、简易秒表、光电计时、模拟交通信号灯、直流电机的 PWM 控制、红外遥控、A/D 转换的电子秤数据采集、D/A 转换的锯齿波发生器和多功能波形发生器、D/A 转换控制直流电机、单片机与单片机及单片机与 PC 之间的通信、单总线 DS18B20 测温、I2C 总线 AT24C02 EEPROM 及 SPI 总线 DS1302 实时时钟等项目教学内容。

本书具有以下特点：

(1) 以项目驱动，适应过程化教学改革的要求。

本书编写时借鉴了应用型本科大学不断推进的过程化教学改革和创新的成果，结合本课程应用性强等特点，设计了适合过程化管理的渐进的一系列项目式教学单元，以项目为载体，强调“教、学、做”一体，理论知识以够用为度。根据项目需要，本书将知识点分散到每个设计项目中进行讲解并加以组合，每个项目从单片机应用系统的开发流程入手，逐步开展项目分析、硬件电路设计、程序设计和仿真调试，从而提高学生的应用能力，教师也可据此开展过程化考核。

(2) 采用 C 语言 Keil 编程软件及 Proteus 仿真软件，边做边学。

现代企业在应用单片机开发新产品时都采用 C 语言程序编程，因此，本书从企业的岗位需求出发，采用了 C 语言设计单片机应用项目，并通过项目讲解相关技术和编程知识。

本书所选用的项目全部基于 Proteus 仿真软件和 Keil 编程软件。一个个项目仿真硬件与软件联机调试，形象直观，学生边做边学，易于掌握应用技术。该仿真软件不受实训设备的限制，学生运用自己的电脑可在课余时间进行仿真练习、预习或复习教学内容，达到提高教学质量的目的。

请读者注意：限于软件，书中部分电路图和仿真运行图采用了非国标的元器件符号。

(3) 由浅入深，结构创新。

本书编写中语言力求通俗、生动，图片力求直观，以激发读者的探究欲望，强化学习热情。

为便于自主学习，本书每一章以实际的项目导入，从实际项目的基本原理和基本电路的认知开始，到项目的软硬件设计，最后完成项目的仿真、拓展，实现从简单到复杂，教、学、做合一的教学和自主学习的目的。

本书由苏州大学应用技术学院吴文明编著。

本书在编写过程中参考了大量的国内外资料，在此对这些资料的作者表示由衷的感谢。本书在编写过程中还得到了各位同行的大力支持和批评指正，在此表示诚挚的谢意。

由于编者水平有限，书中难免存在不足之处，殷切希望读者批评指正。

编　者

2020 年 10 月

目　录

第 1 章　单片机基本知识及其开发系统

在电子、信息、机电、自动化、物联网等各类公司的工程师招聘信息中，常有的一项职位技术要求是掌握单片机技术。那么什么是单片机？它有什么应用？它如何开发设计呢？

1.1　初识单片机

1.1.1　什么是单片机

1. 单片机概念

中文“单片机”的称呼由英文名称“Single Chip Microcomputer”直接翻译而来。单片机又称为单片微控制器，它是把中央处理器 CPU(Central Processing Unit)、存储器(Memory)、定时器、I/O(Input/Output)接口电路等一些计算机的主要功能部件集成在一块集成电路芯片上构成的微型计算机。单片机不是完成某一个逻辑功能的芯片，其实际上集成了一个计算机系统。概括来讲：一块单片机芯片相当于一个微型的计算机。

2. 单片机芯片引脚

常规封装的单片机芯片大小约为 5.2 cm × 1.3 cm，其外形如图 1-1 所示。

单片机一般有 40 个引脚。其引脚排列如图 1-2 所示。

图 1-1　单片机外形图

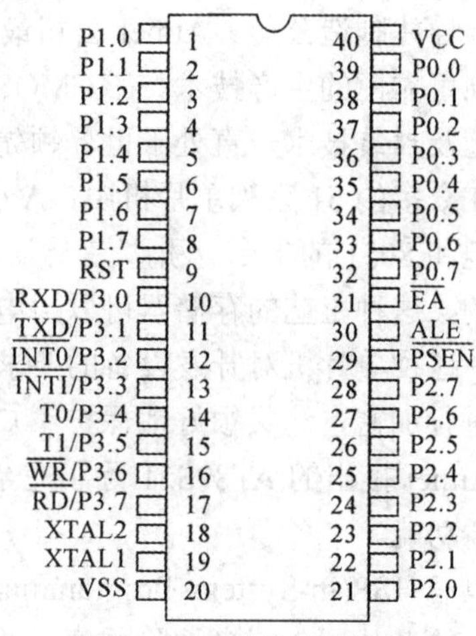

图 1-2　51 单片机引脚图

图 1-2 中，“/”表示复用。一般来说，复用引脚有两重用途：一是普通用途，单纯用来作为输入或者输出电平；二是特殊用途，比如，$\overline{\text{INT0}}$/P3.2 表示既可以作为输入 / 输出引脚 P3.2，又可以作为外部中断触发引脚$\overline{\text{INT0}}$。图 1-2 中，引脚名称带上横线的，代表

低电平有效。如 $\overline{WR}$，表示控制写功能低电平有效。复用引脚在很多 CPU 里都存在，便于开发者灵活应用有限的引脚资源。51 单片机引脚功能如表 1-1 所示。

表 1-1　51 单片机引脚功能

VCC	+5 V 电源
VSS	接地
ALE	地址锁存控制
$\overline{PSEN}$	外部程序存储器读选通信号
$\overline{EA}$	访问程序存储器控制信号
RST	复位
XTAL1 和 XTAL2	外接晶振引脚
P0.0～P0.7，P1.0～P1.7，P2.0～P2.7，P3.0～P3.7	4 个 8 位输入输出口

3. 单片机型号

最早由 Intel 公司推出 8051/31 类型的单片机简称 51 单片机。51 单片机目前是对所有兼容 Intel 8051/31 指令系统的单片机的统称，而不是单片机型号中必须带有数字 51。如 Intel 的 80C31、80C51、87C51、80C32、80C52、87C52 等，Atmel 的 89C51、89C52、89C2051、89S51、89S52 等，国产 STC(宏晶单片机)的 89C51、89C52、89C516、90C516 等。

由于 Intel 公司将重点放在与 PC 类兼容的高档 CPU 的开发上，将 MCS-51 系列单片机中的 8051 内核使用权以专利互换或出让的形式给了世界许多著名 IC 制造厂商，如 Atmel、宏晶、飞利浦、NEC、AMD、Dallas、西门子、OKI、华邦、LG 等。这些公司都有 51 系列机型推出。

美国 Atmel 公司是世界上著名的高性能、低功耗、非易失性存储器和数字集成电路的一流半导体制造公司。Atmel 公司最令人瞩目的是它的 EEPROM(电可擦除闪速存储器)技术和高可靠性的生产技术。在 CMOS 器件生产领域中，Atmel 的先进设计水平和优秀的生产工艺及封装技术一直处于世界领先地位。

在众多的 51 系列单片机中，Atmel 公司的 AT89C51 和 AT89S51 应用广泛。这两种芯片不但和 8051 的指令、引脚完全兼容，而且其片内的 4 KB 程序存储器是采用 Flash 工艺制造的。这种工艺的存储器可以用电的方式瞬间擦除、改写，方便下载和烧写程序。显而易见，这种单片机对开发设备的要求很低，开发时间也大大缩短。写入单片机内的程序还可以进行加密，这又很好地保护了知识产权。

Atmel 推出的 AT89S51 除了完全兼容 8051 外，还多了在线编程(ISP)和看门狗定时器(WDT)功能。

具有 ISP(In-System Programming)功能的单片机芯片可以通过简单的下载线直接在电路板上给芯片写入或者擦除程序，并且支持在线程序调试和变量跟踪等。

WDT(Watch Dog Timer)从功能上说它可以让单片机在意外状况下，比如软件陷入死循环时重新恢复到系统上电状态，以保证系统出问题的时候可以重启一次，就像电脑死机了，按一下 Reset 键就可重启一次电脑一样。

Atmel 公司 51 系列单片机常用产品的性能如表 1-2 所示。

表 1-2　Atmel 公司 51 系列单片机性能表

型号	闪存程序存储器 (Flash ROM)	随机数据存储器 (RAM)	在线编程(ISP)	看门狗定时器 (WDT)
AT89C51	4 KB	128 B	—	—
AT89C52	8 KB	256 B	—	—
AT89S51	4 KB	128 B	有	有
AT89S52	8 KB	256 B	有	有

表中，型号编码最后二位为 52 的芯片的存储器容量是型号编码为 51 的芯片的两倍。

深圳宏晶公司的 STC 单片机完全兼容 51 单片机，其抗干扰性强，加密性强，功耗超低，价格也较便宜。

STC89 系列单片机是 MCS-51 系列单片机的派生产品，其在指令系统、硬件结构和片内资源上与标准 8051 单片机完全兼容，DIP40 封装系列与 8051 相兼容。STC89 系列单片机最高时钟频率为 90 MHz。STC89 系列单片机常用产品的性能如表 1-3 所示。

表 1-3　STC89 系列单片机性能表

型 号	闪存程序存储器 (Flash ROM)	随机数据存储器 (RAM)	看门狗定时器 (WDT)	在线编程 (ISP)	模/数转 换(A/D)
STC89C51RC	4 KB	512 B	有	有	—
STC89C52RC	8 KB	512 B	有	有	—
STC89C58RC	32 KB	1280 B	有	有	—
STC89C516RC	64 KB	1280 B	有	有	—
STC89LE516AD	64 KB	1280 B	有	有	有

其中 STC89LE516AD 等 STC89 系列单片机内部自带有 8 路 8 位的 A/D 转换器，分别分布在 P1 口的 8 位上。

1.1.2　单片机的应用

单片机的体积小、质量轻、价格低，为学习、应用和开发提供了便利条件。

(1) 利用 51 单片机强大的功能，同时结合温湿度智能传感器、蓝牙模块、手机 APP，可以设计温湿度采集系统来对温湿度进行实时监控。该系统体积小、功能齐全、精度高、成本低，性价比相当高，是普及化的温湿度参数检测仪。单片机控制的手机显示温湿度检测系统如图 1-3 所示。

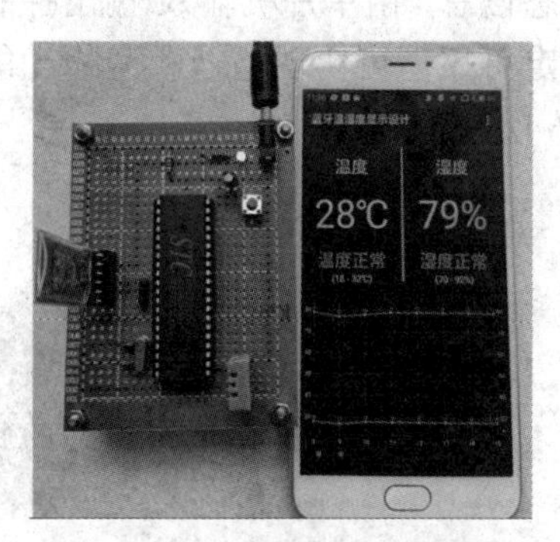

图 1-3　单片机控制的手机显示温湿度检测系统

(2) 利用 51 单片机，使用烟雾传感器、光电传感器、气体传感器等可以设计智能家居的厨房油烟检测系统，实现照明、燃气、烟雾检测及报警功能。单片机控制的厨房油烟检测系统如图 1-4 所示。

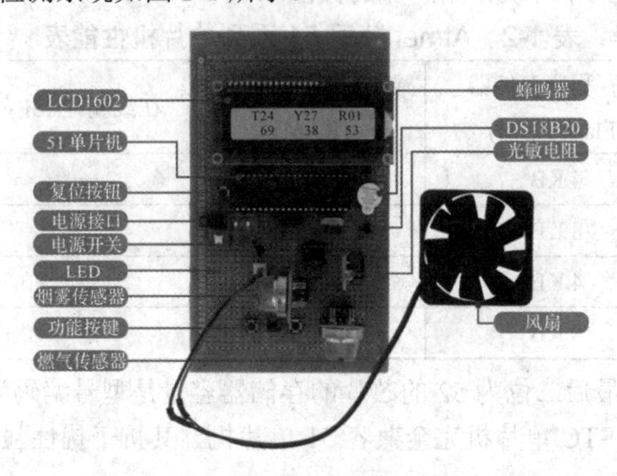

图 1-4　单片机控制的厨房油烟检测系统

(3) 利用 51 单片机，使用数字键盘、指纹采集模块、电磁锁及红外遥控等器件，可以设计红外指纹门禁系统。单片机控制的红外指纹密码锁系统如图 1-5 所示。

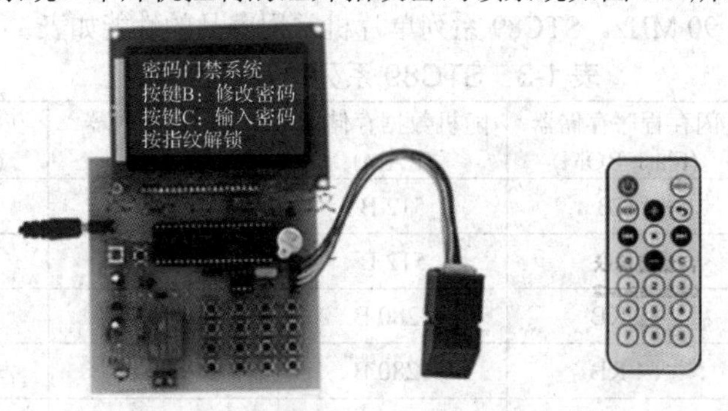

图 1-5　单片机控制的红外指纹密码锁系统

(4) 采用 51 单片机，配合外围基础硬件电路可共同完成初始信号采集、外围路线检测、路面障碍检测、手机按键输入、信号显示和控制功能，从而设计出避障循迹智能小车。其中，道路信息由跟踪基本信息的单片机中断查询反射式红外发射/接收脉冲调制信号获得；避障信息由单片机中断程序或查询程序获得；LED 或 LCD 显示智能小车运行状态信息，由单片机输入/输出控制完成。该系统信息处理速度稳定，实时性和通用性强，稳定可靠，可实现循迹和避障功能，且成本很低。单片机控制的避障循迹智能小车如图 1-6 所示。

图 1-6　单片机控制的避障循迹智能小车

以上介绍的都是常见的单片机应用项目，在现实生活中，单片机的应用非常广泛，具体包括：

(1) 家用电器领域的应用。

在家用电器的更新、市场开拓等方面，单片机的应用越来越广泛。比如：电子玩具或者高级的电视游戏机可以应用单片机实现其控制功能；洗衣机可以利用单片机识别衣服的种类与脏污程度，从而自动选择洗涤强度与洗涤时间；冰箱、冷柜可以采用单片机识别食物的种类与保鲜程度，实现冷藏温度与冷藏时间的自动选择；微波炉也可以通过单片机识别食物种类，从而自动确定加热温度与加热时间等。这些家用电器在应用了单片机技术后实现了智能化。

(2) 医用设备领域的应用。

随着单片机技术的发展，其体积较小，功能强大，具有灵活的扩展性和应用方便的特点也越来越突出，因此单片机在医用呼吸机、分析仪与监护仪、超声诊断设备、病床呼叫系统等设备中得到了广泛的应用。

(3) 工业控制领域的应用。

利用单片机技术可构成多种多样的数据采集系统与智能控制系统，比如工厂流水线的智能化管理、智能化电梯、报警系统等均是通过单片机技术与计算机联网构成的二级控制系统。

(4) 仪器仪表领域的应用。

从某种程度上来讲，单片机带来了传统测量、控制仪器仪表技术的一次革命，通过单片机技术实现了仪器仪表技术的数字化、智能化、综合化以及多功能化。与传统的电子电路或者数字电路相比，单片机功能更强大，综合性更突出。

总之，在当今智能检测、智能控制领域，单片机应用广泛，如图 1-7 所示。

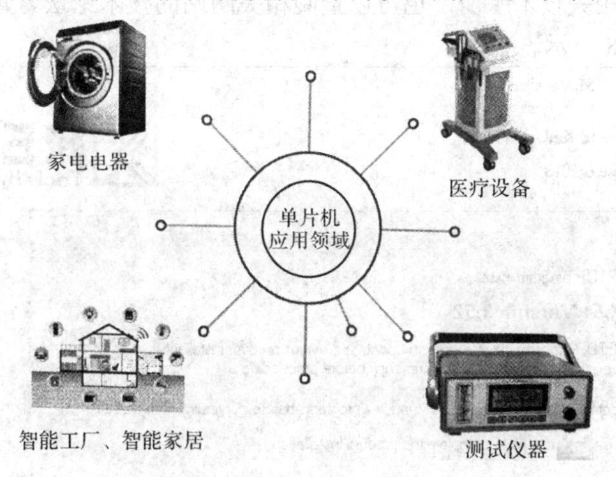

图 1-7　单片机应用领域

1.2　单片机开发系统

一个单片机的应用产品从提出设计要求到研究开发出产品的过程称为单片机的开发过程。开发过程使用的设备和软件称为单片机开发系统。

具体开发过程通常包含设计、仿真、实物制作与调试。

• 设计：采用 Proteus 软件设计硬件电路原理图，采用 Keil 软件设计、编译、调试应用程序。

• 仿真：对用 Proteus 设计好的硬件电路加载 Keil 软件编译的应用程序，进行实时调试和仿真，可以很好地节约时间和成本。

• 实物制作与调试：仿真成功后，就可制作硬件电路板，焊接元器件，烧写程序并调试。

1.2.1　Keil 软件的使用

在开发单片机时，常使用 C 语言编程，编写好的程序不能直接烧写到单片机中，需要通过 Keil 软件把 C 语言编译成单片机可执行的二进制代码，即机器码，形成 .hex 可执行文件。 .hex 可执行文件的体积非常小，能够写入并存放在单片机的程序存储器中。

Keil 是公司的名称，有时候也指 Keil 公司的所有软件开发工具。2005 年 Keil 由 ARM 公司收购。

Keil μVision 是众多单片机应用开发软件中最优秀的软件。它支持众多公司的 51 单片机。它集编辑、编译、仿真等为一体，界面友好，易学易用，在调试程序、软件仿真方面也有很强大的功能。μVision 是 Keil 公司开发的一个集成开发环境(IDE)。它包括工程管理、源代码编辑、编译、下载调试和模拟仿真等功能。μVision 有 μVision2、μVision3、μVision4、μVision5 等多个版本。

Keil C51，亦即 PK51，是 Keil 公司开发的基于 μVision 的开发环境，支持绝大部分 8051 内核的开发。Keil C51 历史悠久，所以版本很多，各版本都支持本书的项目开发。Keil C51 的安装过程可参照相关技术手册，也可以查阅相关网站的技术论坛。其中 Keil C51 V9.52 的安装界面如图 1-8 所示。

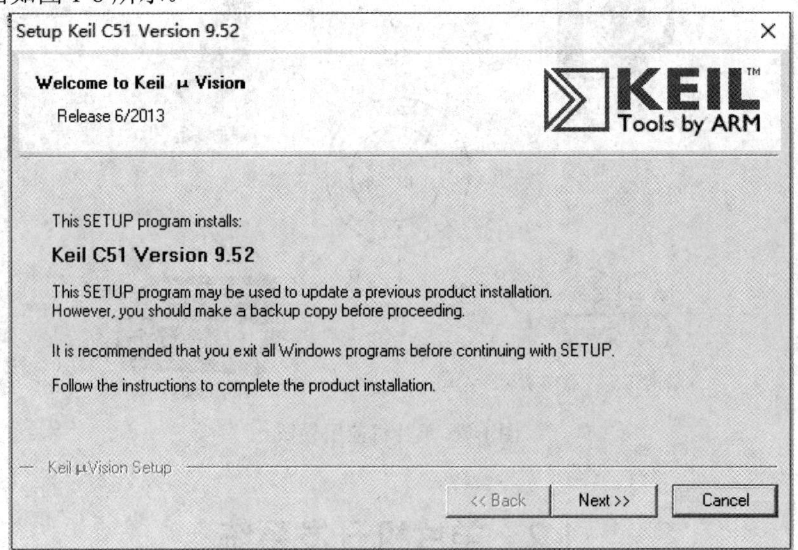

图 1-8　Keil C51 V9.52 的安装界面

以下以 51 单片机控制 LED 闪灯项目的 C 程序设计为例，通过图文结合的方式描述编写和编译单片机源程序的方法。

1. 建立工程项目文件夹

首先建立一个空文件夹，把该项目的工程设计文件全部放到这个文件夹中，以避免和其他文件混放。创建一个名为“LED 闪灯项目”的文件夹，如图 1-9 所示。

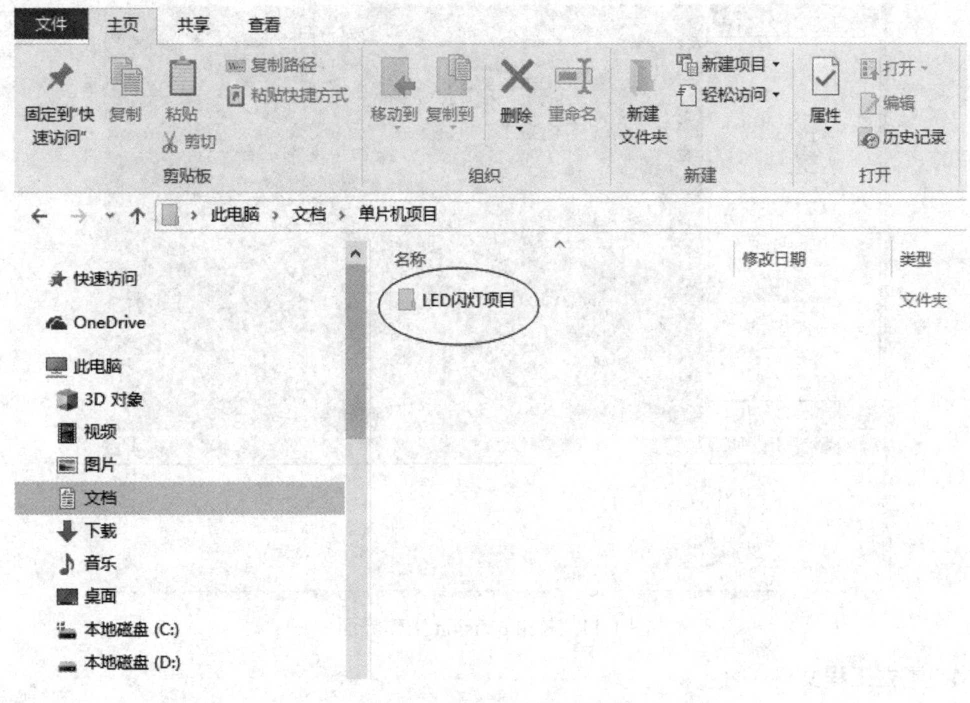

图 1-9　项目文件夹的创建

2. 启动 Keil µVision

单击计算机桌面上的 Keil µVision 图标，或者单击计算机桌面左下方的“开始”→“程序”→“Keil µVision”菜单命令，将出现启动画面，如图 1-10 所示。

图 1-10　Keil µVision 启动画面

3. 工作界面

Keil µVision 工作界面提供有菜单①和一个工具条②，以及源代码的显示窗口③、项目信息显示④、编译信息显示⑤等，如图 1-11 所示。

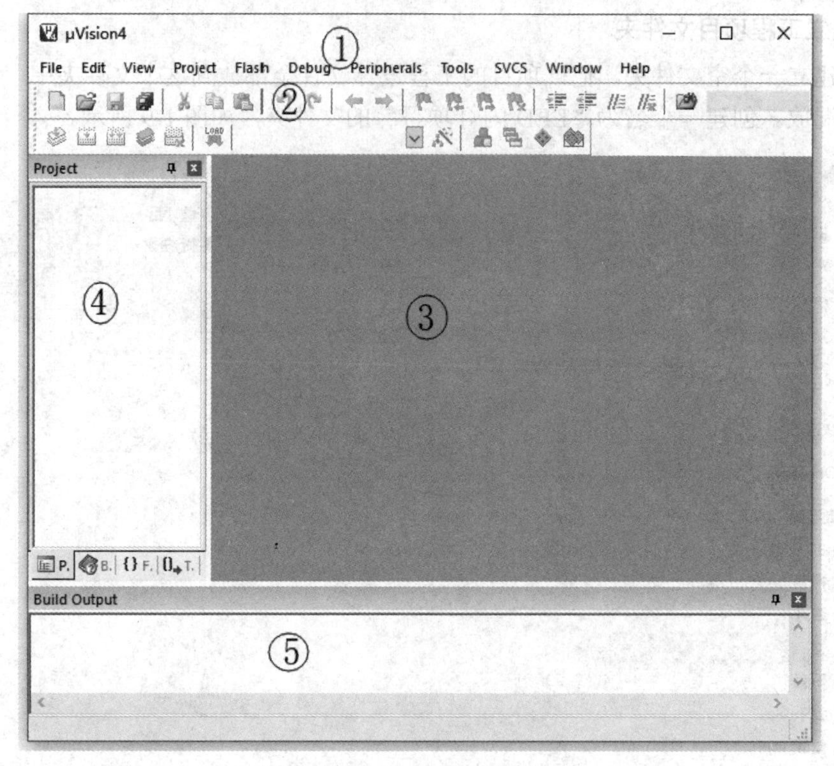

图 1-11　Keil μVision 工作界面

4. 建立工程文件

单击“Project”→“New μVision Project”命令新建一个工程项目，如图 1-12 所示。

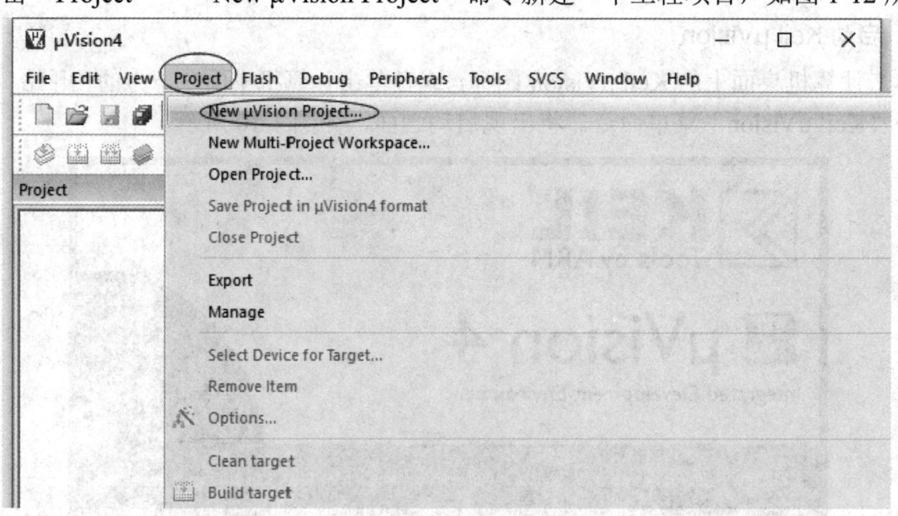

图 1-12　新建工程项目窗口

5. 工程项目命名

在弹出的对话框中选择刚才建立的“LED 闪灯项目”文件夹，并给这个工程项目取个名称，保存类型不需要填写文件名后缀，默认的工程项目文件名后缀为“uvporj”，然后单击“保存”按钮，如图 1-13 所示。

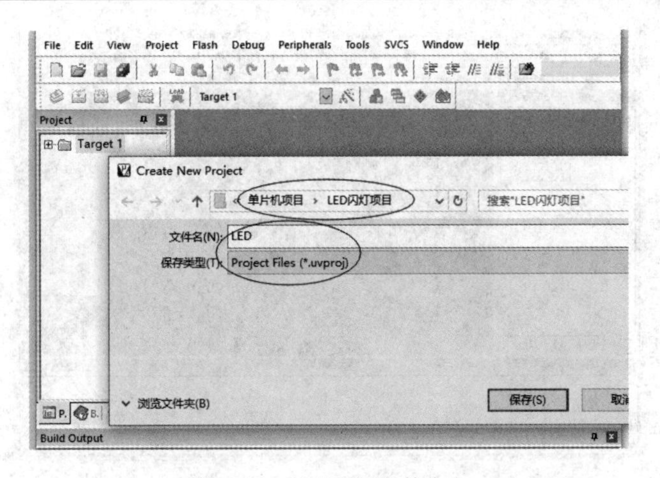

图 1-13　工程项目文件命名

6. 选择单片机型号

在弹出的对话框中的 CPU 类型下找到并选中“Atmel”下的 AT89S51 单片机或 AT89S 52 单片机，如图 1-14 和图 1-15 所示。

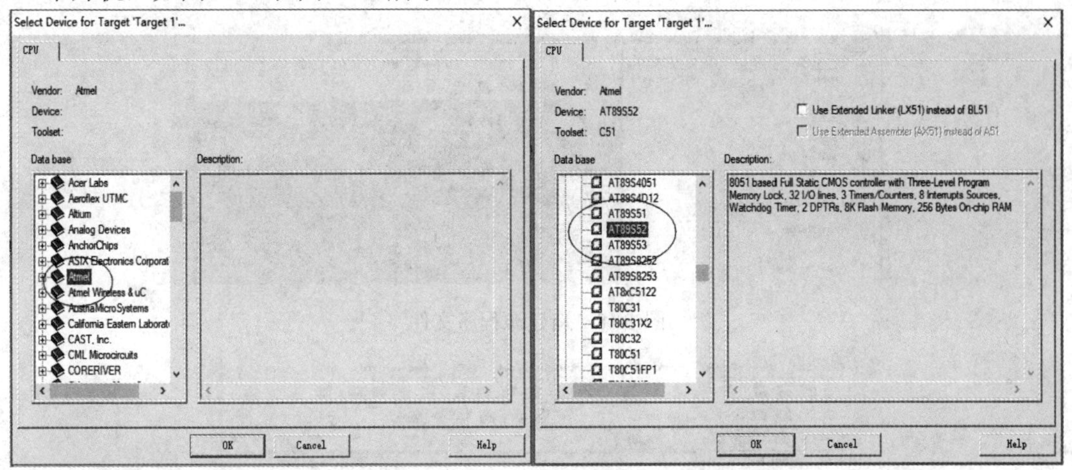

图 1-14　选择 51 单片机芯片厂家　　　　图 1-15　选择 51 单片机芯片型号

7. 略过启动代码

新建工程项目中一般不需要修改这个“STARTUP.A51”启动代码文件，所以选择“否”按钮，如图 1-16 所示。

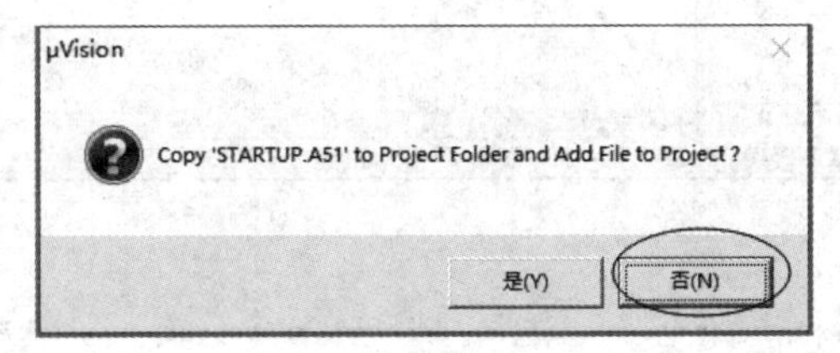

图 1-16　不加启动代码文件

8. 建立工程项目文件

工程项目文件建立成功后窗口如图 1-17 所示。

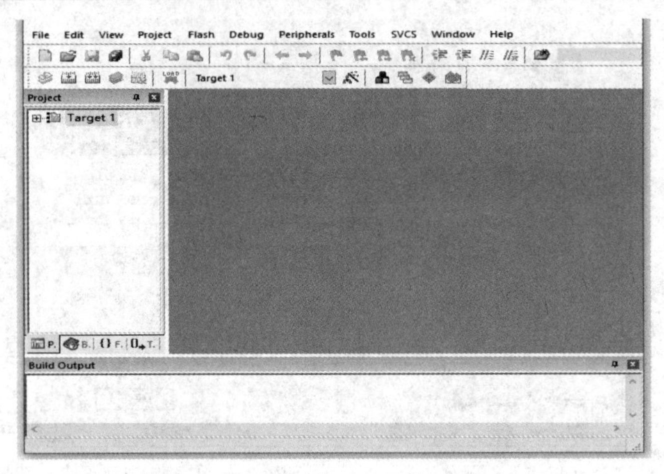

图 1-17　工程项目文件建立成功窗口

9. 新建源程序文件

以上步骤为工程项目创建过程。创建完毕后，接着单击“File”→“New”命令建立一个源程序文件，步骤如图 1-18 和图 1-19 所示。

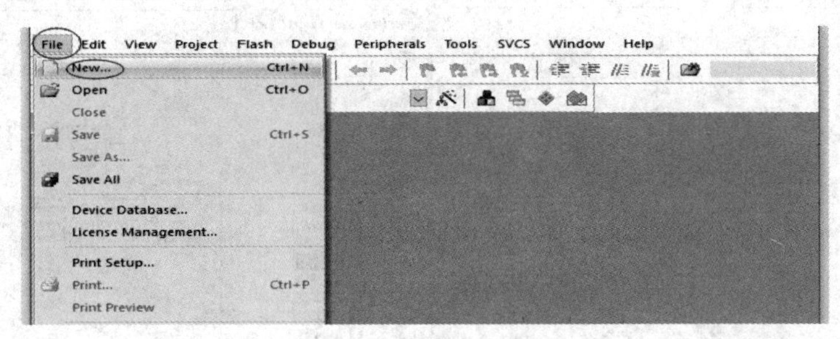

图 1-18　新建源程序文件

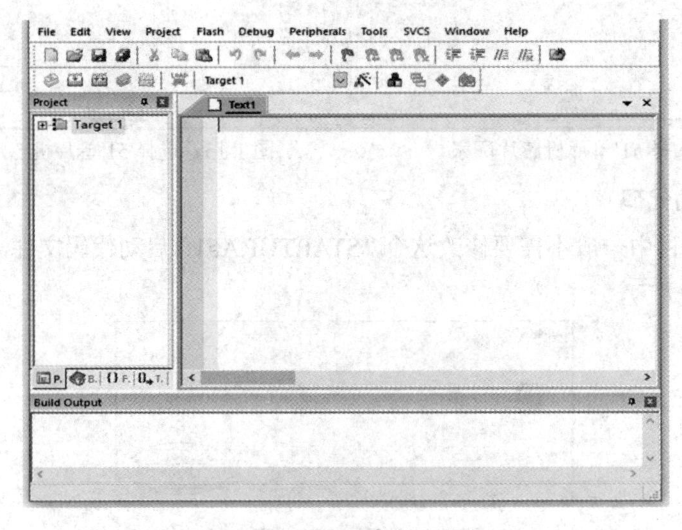

图 1-19　源程序文件已建立

10. 编辑源程序 .c 文件

在如图 1-20 所示空白工作区中输入或复制一段完整的 C 语言源程序。

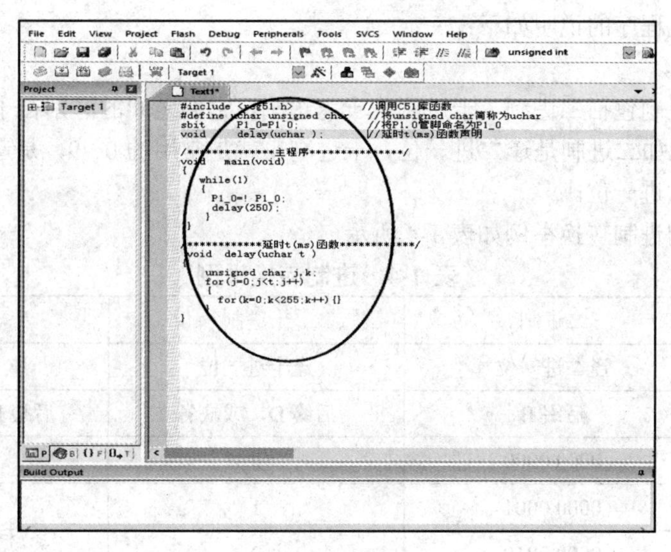

图 1-20　编写源程序

该工程项目的源程序如下：

```
#include <reg51.h>                              //调用 C51 库函数
#define uchar unsigned char                     //将 unsigned char 简称为 uchar
sbit      P1_0=P1^0;                            //将 P1.0 管脚命名为 P1_0
void       delay(uchar );                       //延时 t(ms)函数声明
/**************主程序***************/
void     main(void)
{
    while(1)
    {
      P1_0=! P1_0;
      delay(250);
    }
}
/************延时 t(ms)函数************/
void    delay(uchar t )
{
    unsigned char j, k;
    for(j=0; j<t; j++)
    {
        for(k=0; k<255; k++)
        {
        }
    }
}
```

对该单片机程序的说明如下：

(1) 进位制。

常用的进位制包括二进制、十进制与十六进制，它们之间的区别在于进行数运算时是逢几进一位。比如二进制是逢二进一位，十进制也就是常用的 0~9，是逢十进一位，十六进制就是逢十六进一位。

一些整数的进制转换举例如表 1-4 所示。

表 1-4　进制转换举例

进制	二进制	十进制	十六进制
定义	逢二进一位	逢十进一位	逢十六进一位
表达	后缀 B	后缀 D，或缺省	后缀 H，或前缀 0x
数	0000 0000	0	0x00
	0000 0001	1	0x01
	0000 0010	2	0x02
	0000 0011	3	0x03
	0000 0100	4	0x04
	0000 0101	5	0x05
	0000 0110	6	0x06
	0000 0111	7	0x07
	0000 1000	8	0x08
	0000 1001	9	0x09
	0000 1010	10	0x0A
	0000 1011	11	0x0B
	0000 1100	12	0x0C
	0000 1101	13	0x0D
	0000 1110	14	0x0E
	0000 1111	15	0x0F
	0001 0000	16	0x10
	0001 0001	17	0x11
	0001 0010	18	0x12
	0001 0011	19	0x13
	0001 0100	20	0x14
	0001 0101	21	0x15
	0001 0110	22	0x16
	⋮	⋮	⋮

二进制整数转换为十六进制整数时，每四位二进制数字转换为一位十六进制数字，运

算的顺序是从低位向高位依次进行，高位不足四位用零补齐。如图1-21所示为将二进制整数10 1101 0101 1100 转换为十六进制整数的过程示意图。

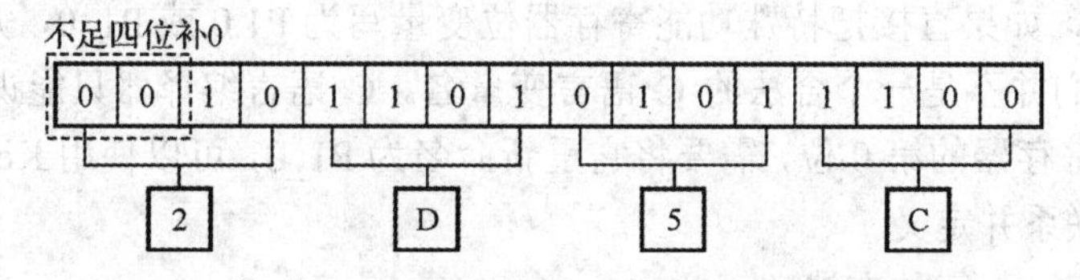

图1-21 二进制整数转换成十六进制整数过程示意图

二进制整数10 1101 0101 1100 转换为十六进制整数的结果为2D5C。

十六进制整数转换为二进制整数时，每一位十六进制数字转换为四位二进制数字，运算的顺序也是从低位向高位依次进行。如图1-22所示为将十六进制整数A5D6转换为二进制整数的过程示意图。

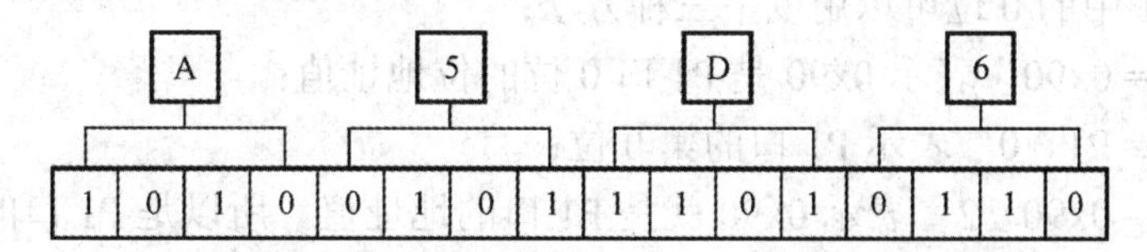

图1-22 十六进制整数转换成二进制整数过程示意图

十六进制整数A5D6转换为二进制整数的结果为1010 0101 1101 0110。

(2) 位、字节、字。

位(bit)是计算机最小的存储单位。在计算机中，由于只有逻辑0和逻辑1的存在，每一个逻辑0或者1便是一个位。例如数据1100 1011共有8个位。

字节(byte)是计算机常用的存储单位，一个字节由8个位组成，也就是8个bit组成1个byte。1字节可以表示0～255的整数或一组字符。可以运用字节来表示字母和一些符号。例如字符A可用ASCII码的“0100 0001”来表示。

而字节以上便是字(word)，即16个位为一个字，它代表计算机处理指令或数据的二进制数位数，是计算机进行数据存储和数据处理的运算单位。

位、字节、字的关系示意图如图1-23所示。

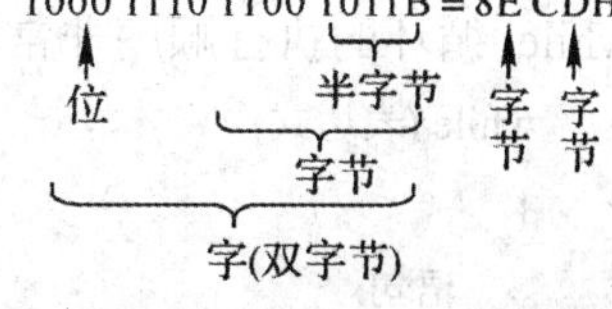

图1-23 位、字节、字关系示意图

(3) “reg51.h”头文件。

在Keil C51中，“reg51.h”或“reg52.h”是编译软件自带的AT89S51等单片机特殊功能寄存器的声明头文件，这个头文件对I/O(输入/输出口)、中断系统等内部所有特殊功能寄存器进行了声明，其文件名“reg51.h”中的“reg”就是register的缩写。对特殊功能寄存器进行声明后，编写程序时就不需要使用难以记忆的寄存器地址来对寄存器进行操作了，因为每个寄存器都被声明了特定的名字，容易记忆，编程方便。当用户要使用特殊功能寄存器时，只需要在使用之前用一条预处理命令#“include <reg51.h>”把这个头文件包含到程序中，然后就可使用特殊功能寄存器名和特殊位的名称了，比如P0、P1寄存器等。

(4) #define语句。

标准写法为“#define 标识符 替换列表”，表示把“替换列表”定义为“标识符”。语句“#define uchar unsigned char”就是将“unsigned char”简称为“uchar”，定义后，就可以使用简称编写程序了。

(5) sbit 定义位名称。

在 C 语言里，如果直接把特殊功能寄存器位变量写为 P1.0 或 P1_0，则 C 编译器并不能识别，因为它们并不是一个合法的 C 语言变量名。C 语言编译器只能识别 P1，为了取得输入/输出 P1 寄存器的第 0 位，需要将它重新命名为 P1_0，可以使用 Keil C51 的关键字 sbit 给它们建立联系并定义。

sbit 的使用有以下三种方法：

第一种方法：sbit 位变量名 = 地址值；

第二种方法：sbit 位变量名 = 特殊寄存器名称 ^ 变量位地址值；

第三种方法：sbit 位变量名 = 特殊寄存器地址值 ^ 变量位地址值。

其中，“^”表示一个寄存器地址的某一位。

比如定义 P1 中的 0 位可以用以下三种方法：

“sbit P1_0 = 0x90”表示 0x90 是 P1 口 0 位的位地址值；

“sbit P1_0 = P1 ^ 0”表示 P1 口的第 0 位；

“sbit P1_0 = 0x90 ^ 2”表示 0x90 就是 P1 口的地址值，所以是 P1 口的第 2 位。

(6) “!”逻辑运算符和“~”按位取反运算符。

“!”为逻辑运算符“非”，逻辑非返回值为“真”和“假”两种状态，C 语言用“非 0”表示真，用“0”表示假，所以非“真”即为“0”，非“假”即为“1”。

“~”为按位取反，指将一个数的二进制的每个位取反，例如将“0001010”按位取反，就是“111 0101”。

单片机有四个 8 位输入/输出寄存器 P0、P1、P2、P3，初始值都为 ffH，即每位都是“1”，P1_0 经“非”运算后变为“0”，LED 亮起，循环后变为“1”，LED 熄灭，如此反复循环。

(7) while 语句。

while 循环的执行顺序非常简单，它的格式如下：

```
while (表达式)
{
    语句;
}
```

在此语句中，当表达式为真时，则执行下面的语句；语句执行完之后再判断表达式是否为真，如果为真，再次执行下面的语句；然后再判断表达式是否为真……就这样一直循环下去，直到表达式为假，跳出循环。这个就是 while 语句的执行顺序。

当“while (表达式)”中表达式赋值为“1”时，表示一直为真，所以一直循环执行语句。

(8) for 语句。

for 语句的一般格式为：

```
for{循环变量赋初值；循环条件；循环变量增量}
{语句 1；语句 2；…，语句 n；}
```

在此语句中，循环变量赋初值总是一个赋值语句，它用来给循环控制变量赋初值；循环条件是一个关系表达式，它决定什么时候退出循环；循环变量增量，定义循环控制变量每循环一次后按什么方式变化。这三个部分之间用分号“；”分开。

(9) main()函数和 delay()函数。

main()函数为主函数，也称主程序，是每个程序必须有的，而且只能有一个。

void 表示空，一般在函数前面加一个 void 表示没有返回值的函数，或者表明函数无参数。

函数 delay()实现软件延时，参数为 unsigned char t，范围为 0～255，最大值为 255。变量 t 控制空循环的外循环次数，共循环 t×255 次，耗时 t 毫秒(ms)。

延时程序段如下：

```
for(j=0; j<t; j++)
{
    for(k=0; k<255; k++){}
}
```

此延时程序段有两个 for 循环嵌套，执行{}空程序，执行中有赋值指令、判断指令、++运算指令，每个指令会耗时 1～4 μs，累计大约 1 ms。

11. 保存或打开源程序 .c 文件

保存源程序文件时需要输入源程序文件名名称，如果是 C 语言，需要加入“.c”。单击“File”→“Save”命令，选择文件夹，保存为 .c 文件，如输入“LED.c”，然后进行保存。此时可以看到程序文本字体的颜色已发生了变化，表示文件已保存。具体方法依次如图 1-24、图 1-25 和 1-26 所示。

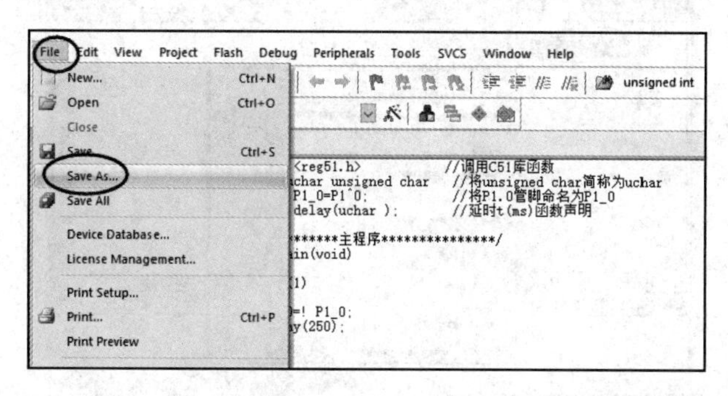

图 1-24　保存文件

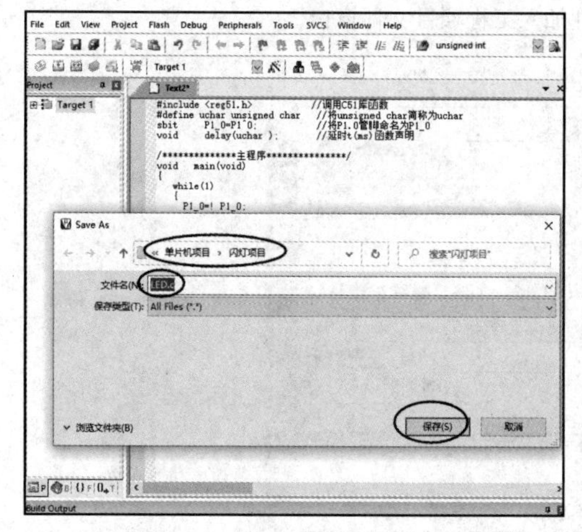

图 1-25　另存为“**.c”文件

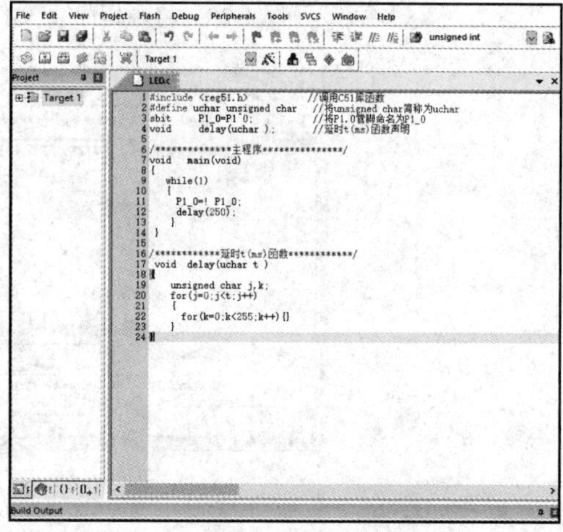

图 1-26　完成保存命令后的 .c 源程序文件窗口

如果源程序已经存在，可以直接打开。单击“File”→“Open”命令打开文件夹中的一个 .c 源程序文件，如图 1-27 所示。

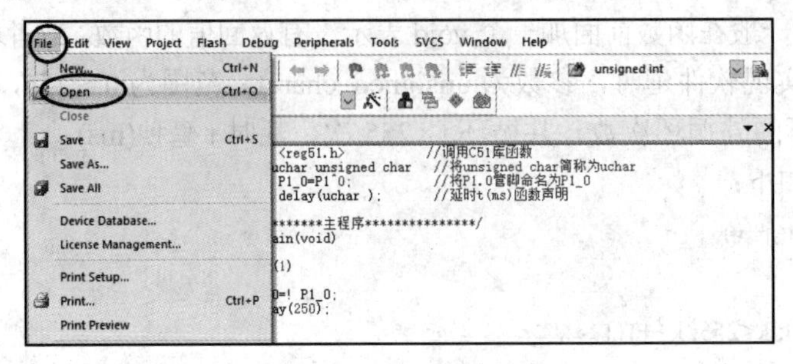

图 1-27　打开 .c 源程序文件

12. 添加源程序 .c 文件到工程项目

接下来需要把刚创建的源程序文件加入到工程项目文件中。在如图 1-28 所示窗口用鼠标右键单击“Source Group1”文件夹，在弹出选项列表中选择“Add Existing Files to Group Source Group1.”选项，然后在如图 1-29 所示窗口中选择刚刚建立的 LED.c 源程序，再单击“Add”按钮，最后单击“Close”按钮完成工程项目文件的添加。

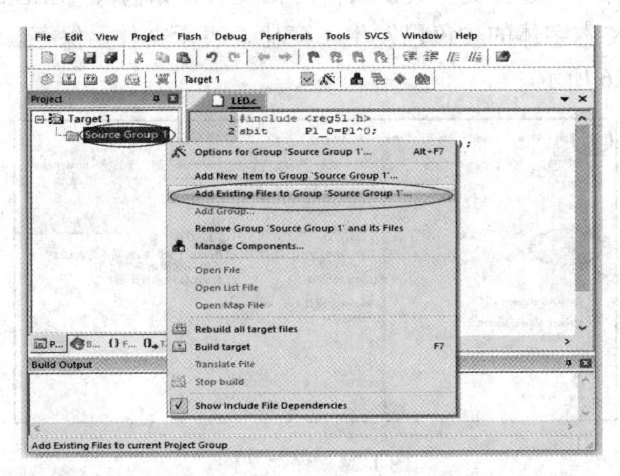

图 1-28　将源程序 .c 文件加入工程项目文件窗口

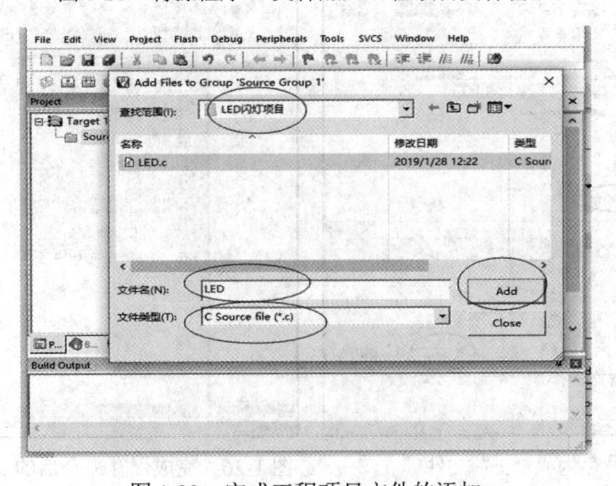

图 1-29　完成工程项目文件的添加

这时，在工程项目 Project 窗口的“Source Group1”文件夹下可以发现有了“LED.c”文件，这样就完成了工程项目文件的建立，如图 1-30 所示。

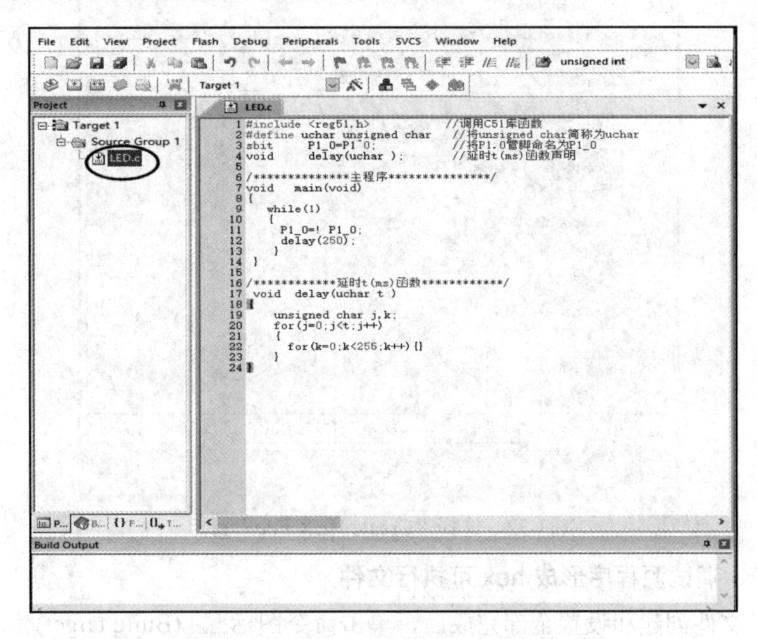

图 1-30　工程项目文件建立完成窗口

13. 工程项目设置

最后还要对工程项目进行相关设置，可按图 1-31 所示设置晶振频率，建议修改成 12 MHz。单击魔术棒命令图标 ，选择“Target”选项卡，将“Xtal (MHz)”选项改写为 12，如图 1-31 所示。

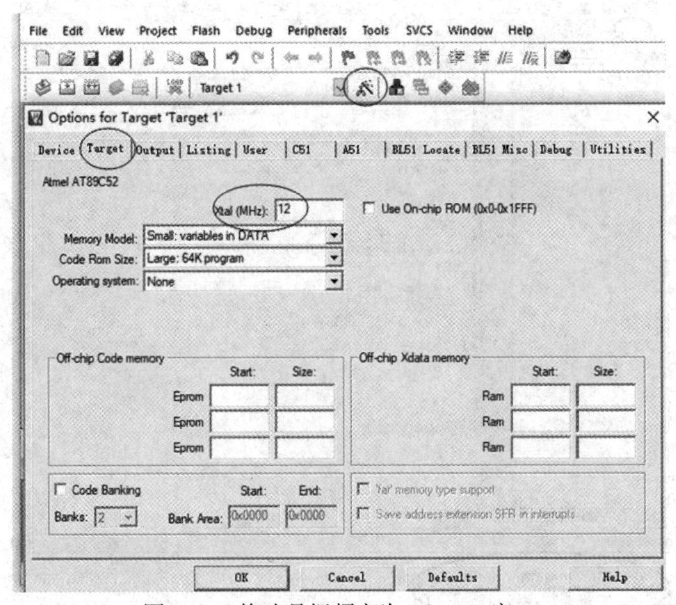

图 1-31　修改晶振频率为 12 MHz 窗口

接着选择“Output”选项卡，选中“Create HEX File”选项，使编译器输出单片机所需要的 HEX 文件，如图 1-32 所示。

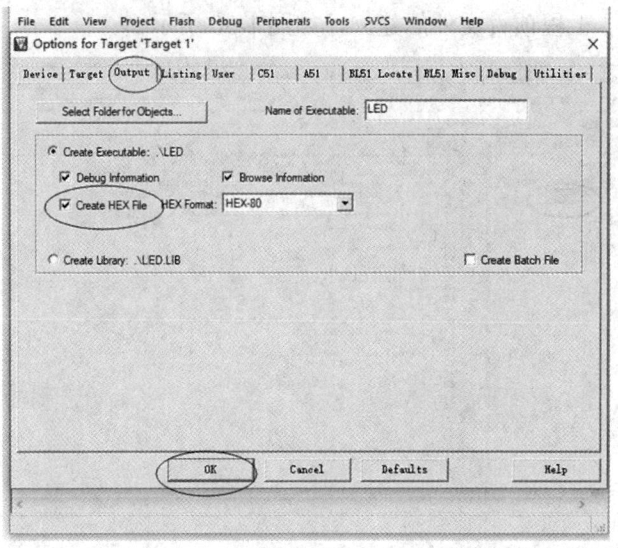

图 1-32　选择“Create HEX File”窗口

14. 编译、调试源程序形成.hex 可执行文件

工程项目文件创建和设置全部完成后，单击命令图标 (Build target)编译当前项目，完成编译。在 Build Output 中窗口中可以看到编译结果，结果必须没有错误出现，也就是窗口中出现“0 Error(s)”信息，而有个别“Warning(s)”信息是允许的，当然最好是出现“0 Warning(s)”信息，才能形成 .hex 编译文件。如果有错误，则根据提示的错误行号和错误信息，进行修改调试，如图 1-33 所示。

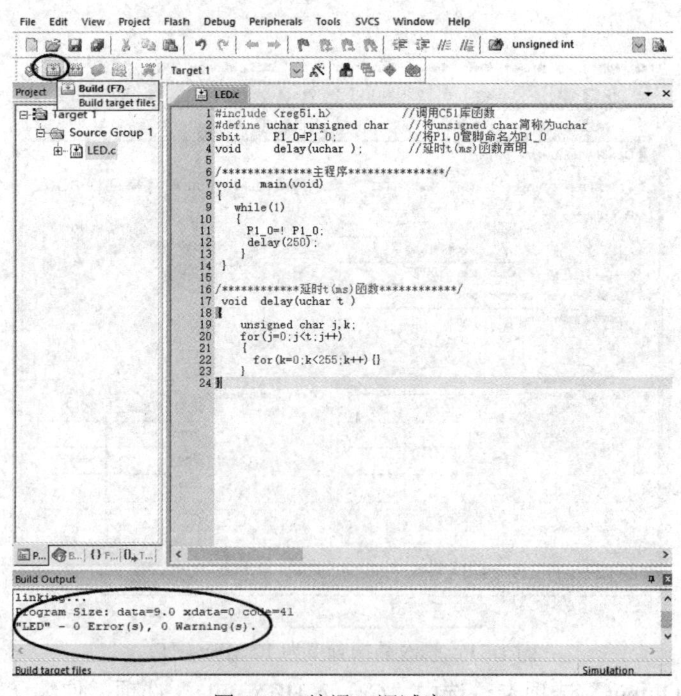

图 1-33　编译、调试窗口

查看工程项目文件夹内容，工程项目文件名应为“LED.uvproj”，C 语言源程序文件名应为 LED.c，源程序编译成功后获得的可执行文件名应为“LED.hex”，如图 1-34 所示。

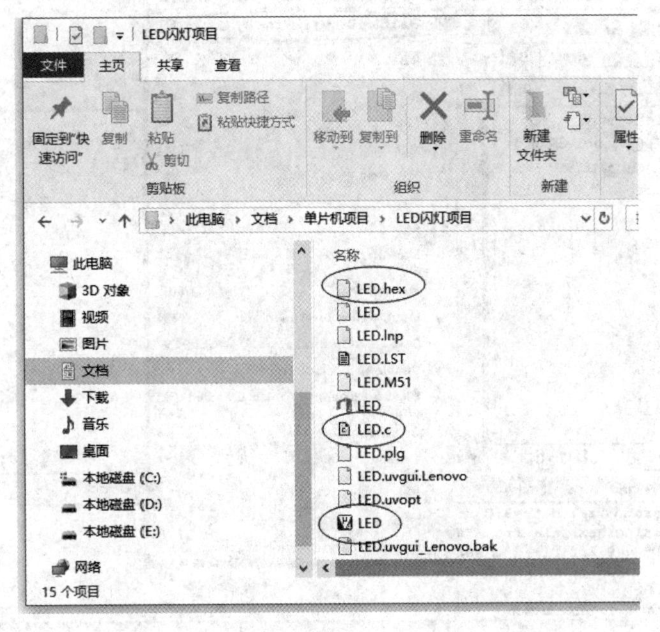

图 1-34　编译文件形成.hex 可执行文件窗口

15. 程序模拟调试的设置与调试

(1) 单击魔术棒命令图标 ，然后选择“Debug”选项卡，选中“Use Simulator”选项，如图 1-35 所示。

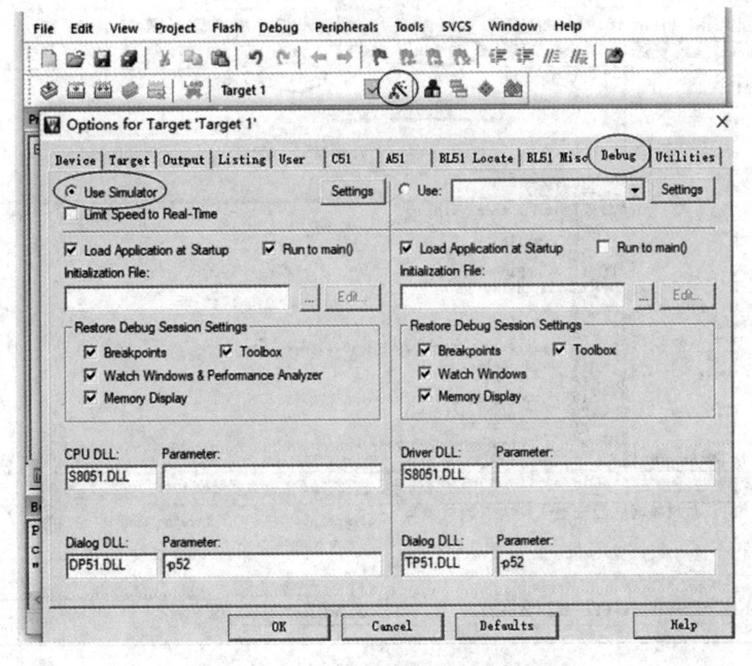

图 1-35　选择程序模拟调试窗口

(2) 开启调试模式，如图 1-36 所示。

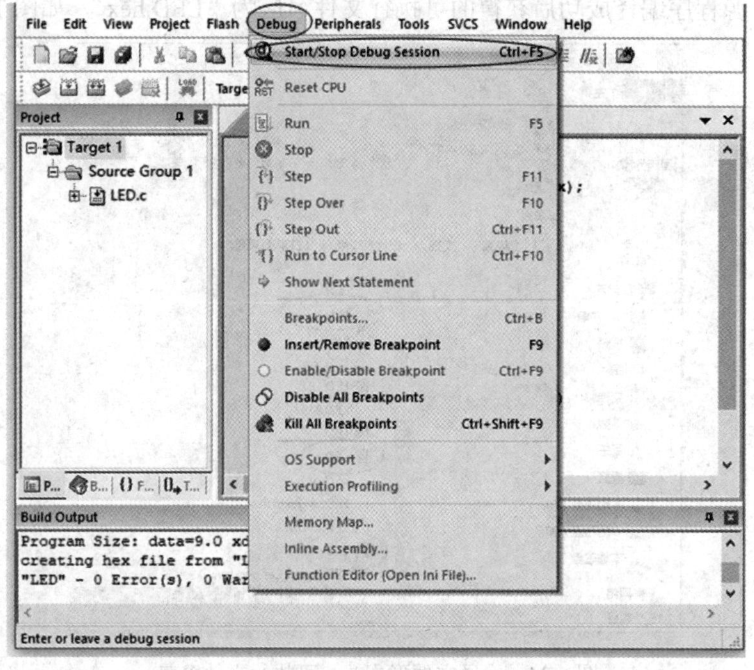

图 1-36　开启调试模式

(3) 单击“Peripherals”菜单进行调试。如打开菜单选项中“I/O-Ports”中的“Port1”子选项，可以显示 P1 口的变化，具体方法如图 1-37 和图 1-38 所示。

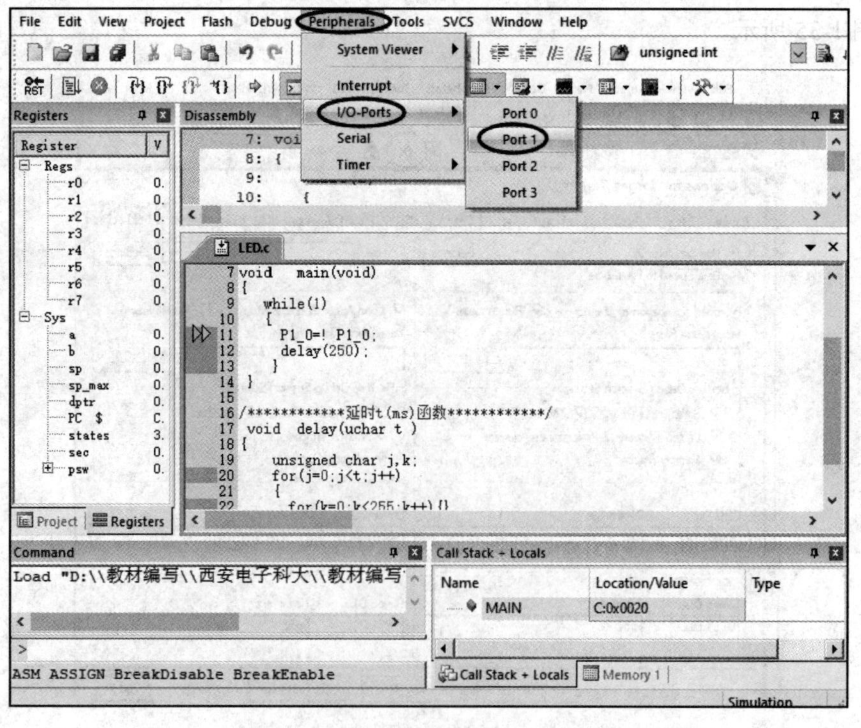

图 1-37　选择“I/O-Ports”选项中的“Port1”子选项窗口

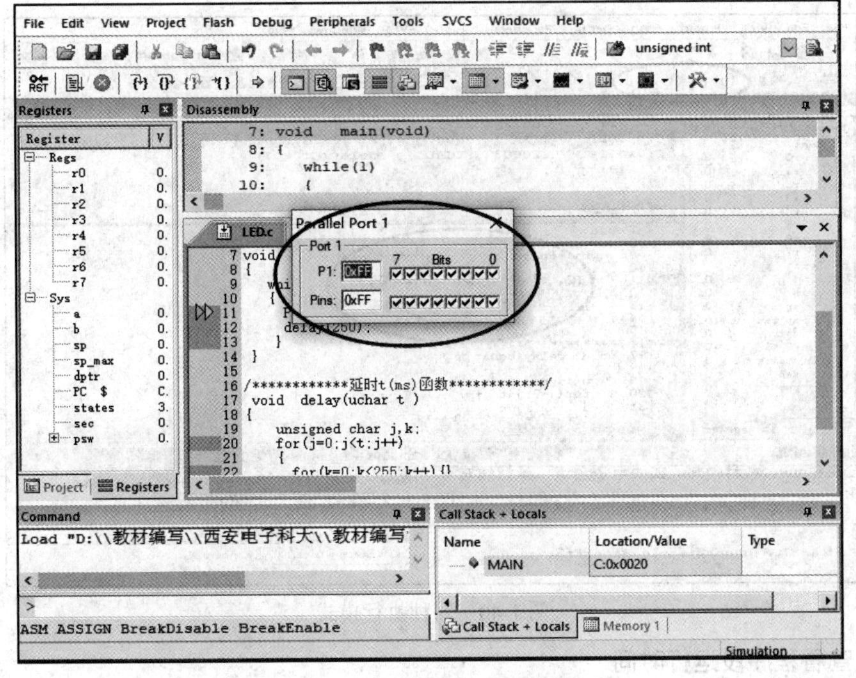

图 1-38　显示 P1 口的变化窗口

(4) 选择“View”菜单中的“Periodic Window Update”选项，如图 1-39 所示。

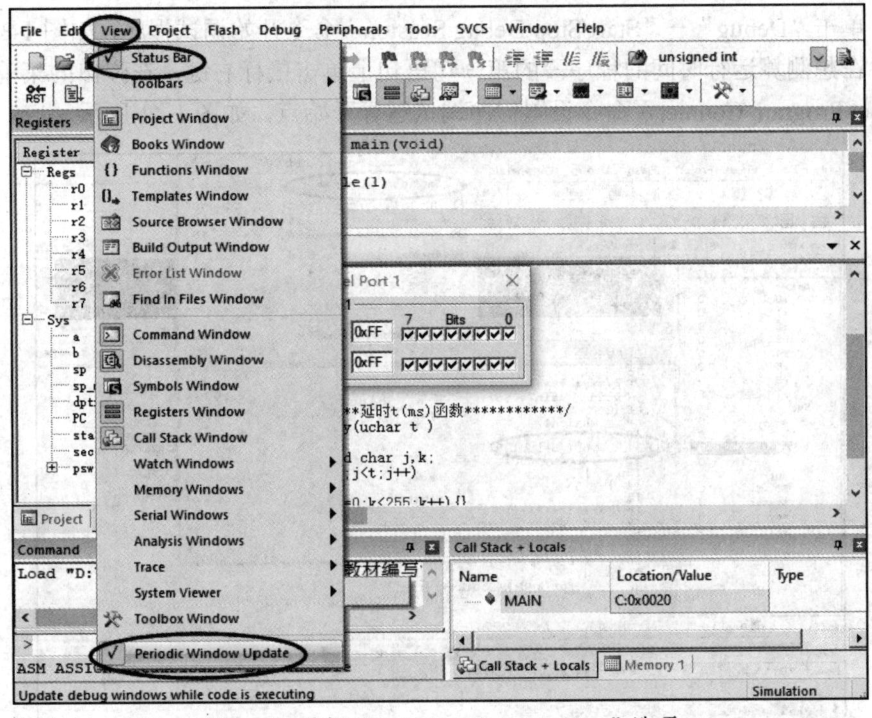

图 1-39　选择“Periodic Window Update”选项

(5) 选择单步跳执行可动态显示 P1 口的变化结果。如图 1-40 所示四个按钮分别代表了单步、单步跳、跳出循环和执行到光标处四种执行模式。

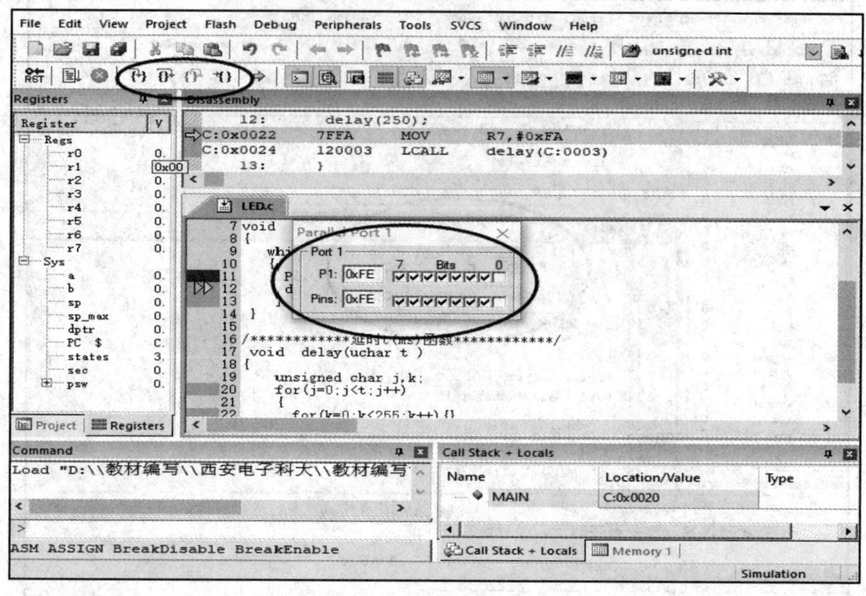

图 1-40　四种执行模式

16. 查看程序段运行时间

(1) 单击“Project”→“Options for Target”命令，在“Target”选项卡里设置晶振频率为实际单片机的晶振频率，即为 12 MHz，如图 1-31 所示。

(2) 单击“Debug”→“Start/Stop Debug Session”命令开始调试程序，如图 1-36 所示。

(3) 在想测算运行时间的程序段的第一句语句上单击鼠标右键，在弹出的菜单选项中选择“Set Program Counter”命令设置程序调试运行开始点，如图 1-41 所示。

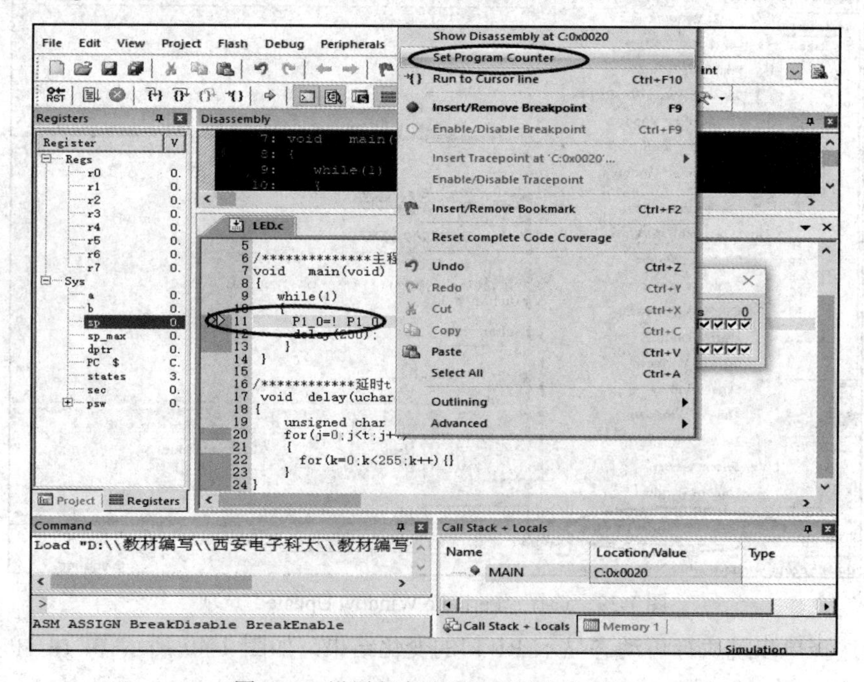

图 1-41　设置程序调试运行开始点窗口

(4) 在想测算运行时间的程序段的结束语句上单击鼠标右键，在弹出的菜单选项中选择“Insert/Remove Breakpoint”命令设置程序调试运行结束点，如图 1-42 所示。

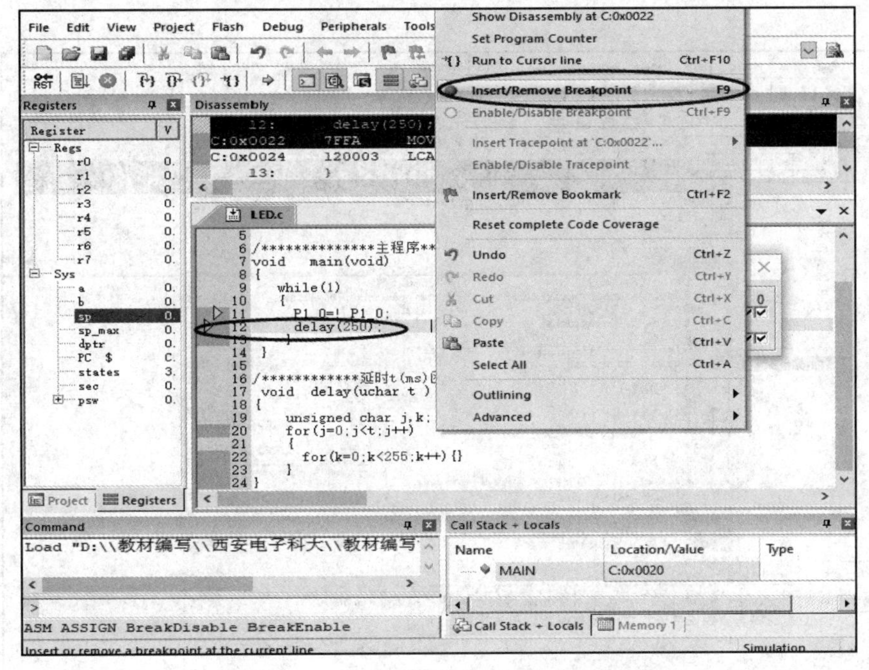

图 1-42　设置程序调试运行结束点窗口

(5) 在 Keil 界面右下角的计时器栏处单击鼠标右键，在弹出的菜单选项中先选择“Show Stop Watch (t1)”选项，然后选择“Reset Stop Watch (t1)”选项设置计时器为 0，如图 1-43 所示。

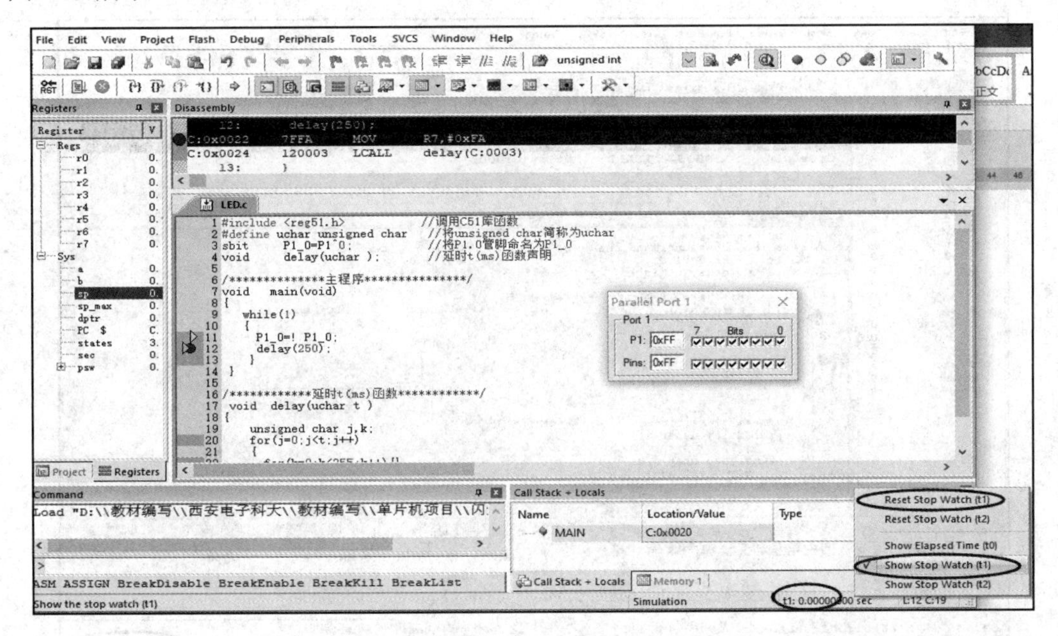

图 1-43　设置计时器为 0

弹出菜单中，上面两个选项是复位“t1”和“t2”的，下面 3 个选项是选择在状态栏上显示运行时间。

(6) 单击 Keil 界面左上角的运行图标运行程序，选定的程序段即开始运行，如图 1-44 所示。

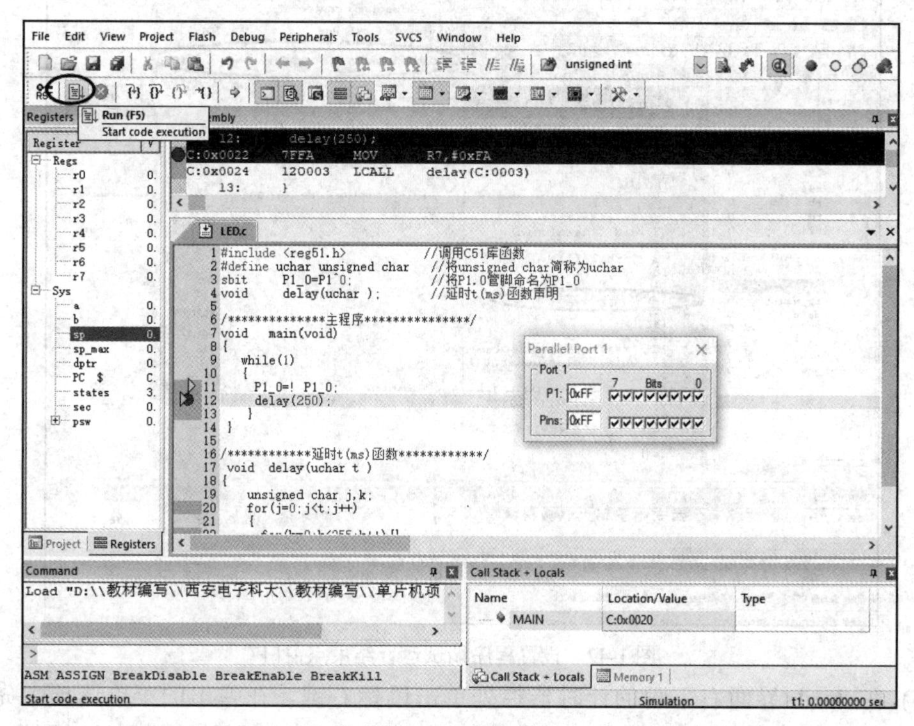

图 1-44　开始运行

运行结束后，可以在“t1”处查看到程序段运行时间，单位为 s，如图 1-45 所示。

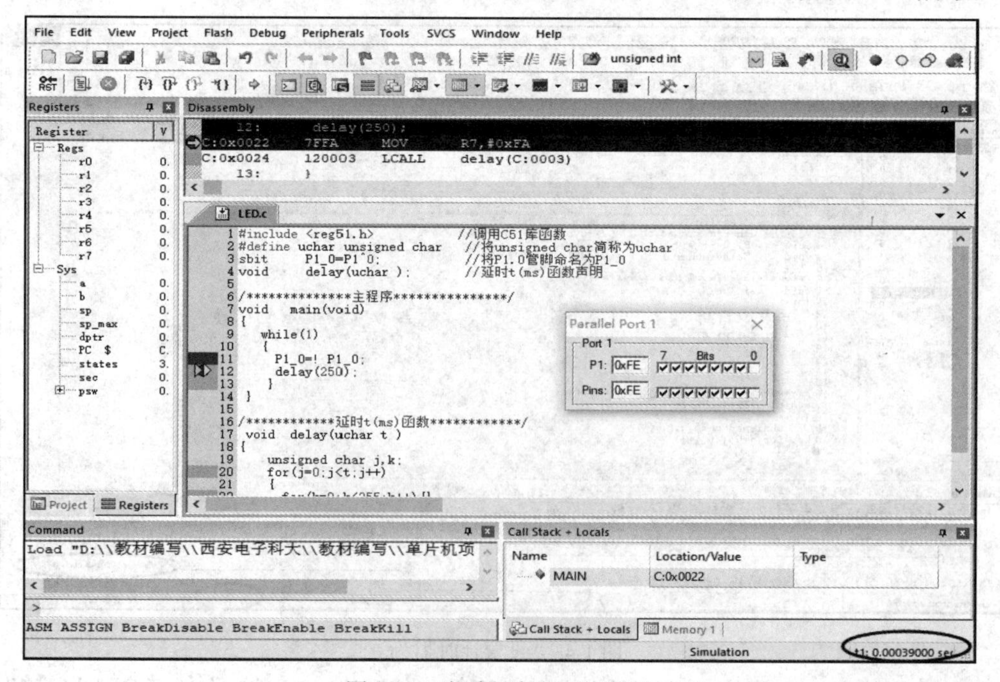

图 1-45　查看程序段运行时间

另外一个方法也可以实现程序段运行时间的测试。根据图1-44所示，“t0”表示程序开始运行到现在的时间，是不能复位的。另外两个“t1”和“t2”可以随时复位，因此可以用来测试具体某一个函数或某一行程序的运行时间。具体操作方法为：在要测试的代码前加一个断点，当程序运行到目标行时会停下，然后复位“t1”或“t2”，并在下一行代码前加断点，然后继续运行程序，程序会停在下一行代码前，这个时候“t1”的值就是目标行程序的运行时间。

1.2.2　Proteus软件的使用

Proteus软件是英国Lab Center Electronics公司发行的电子分析与仿真工具软件，支持硬件电路图设计、PCB布线和电路仿真。Proteus软件

支持单片机应用系统的仿真和调试，使软、硬件设计在制作PCB板前能够得到快速验证，不仅节省成本，还缩短了单片机应用的开发周期。Proteus软件是单片机工程师必须掌握的工具之一。

Proteus软件分为ARES和ISIS两个模块，ARES用来制作PCB，ISIS用来绘制硬件电路图和进行硬件电路仿真。本书中的Proteus软件指的是Proteus ISIS软件，其软件标签界面如图1-46所示。

图1-46　Proteus软件界面

Proteus ISIS软件是一种操作简便、功能强大的原理图编辑工具，它运行于Windows操作系统下，可以仿真、分析各种模拟元器件和集成电路。该软件有以下特点：

(1) 实现了单片机仿真和SPICE电路仿真的结合。具有模拟电路仿真、数字电路仿真、单片机及其外围电路组成的系统仿真、RS232动态仿真、I2C调试器、SPI调试器、键盘和LCD系统仿真等功能；还包含有各种虚拟仪器，如示波器、逻辑分析仪、信号发生器等。

(2) 支持主流单片机系统的仿真。目前支持的单片机类型有68000系列、8051系列、AVR系列、PIC12系列、PIC16系列、PIC18系列、Z80系列、HC11系列以及各种外围芯片。

(3) 提供软件调试功能。在硬件仿真系统中具有全速、单步、设置断点等调试功能，同时，可以观察各个变量、寄存器等的当前状态，因此在该软件仿真系统中，也具有这些功能；同时支持第三方的软件编译和调试环境，如Keil C51 μVision2等软件。

(4) 具有强大的原理图绘制功能。

总之，该软件是一款集单片机和 SPICE 分析于一身的电路设计和仿真软件，功能极其强大。

下面以一个工程项目为例，演示如何实现 Proteus 软件的基本操作，包括新建工程项目、添加组件、绘制硬件电路图以及仿真等。

工程项目设计要求：通过 8051 单片机的输入/输出(I/O)口 P1 的引脚 P1.0 驱动 1 只发光二极管(LED)，并让其闪烁。

单片机引脚 P1.0 能输出高、低电平，但由于单片机 I/O 驱动能力弱，需要连接到正电源 VCC。LED 还需要接 220 Ω 电阻限流，因为电流太大，超过核定电流，会烧坏 LED，而电流太小，则无法点亮 LED。此工程项目需要用到的元器件如表 1-5 所示。

表 1-5　所需元器件表

元件	符号	参数
电阻	RES	220 Ω
单片机	AT89S51	—
LED	LED-RED	红色

1. 运行 Proteus 软件

默认打开一个空白工程项目，工作界面如图 1-47 所示。

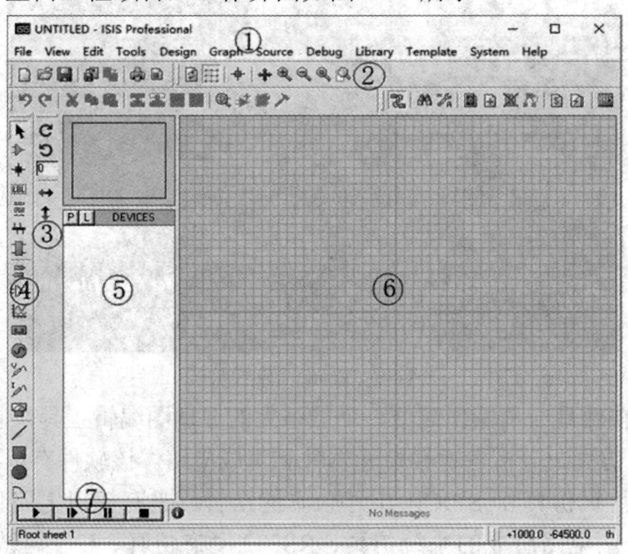

图 1-47　Proteus 软件工作界面

区域①为菜单栏；区域②为工具栏；区域③为元器件调整工具栏；区域④为对象模式区；区域⑤为元器件列表窗口；区域⑥为编辑窗口；区域⑦为运行工具条。

2. 建立工程项目文件

选择菜单“File”→“Save Design”，保存工程项目文件名为“LED.dsn”，保存到新建的文件夹“LED 闪灯项目”中，如图 1-48 所示。每个工程项目对应一个文件夹，可方便文件管理。

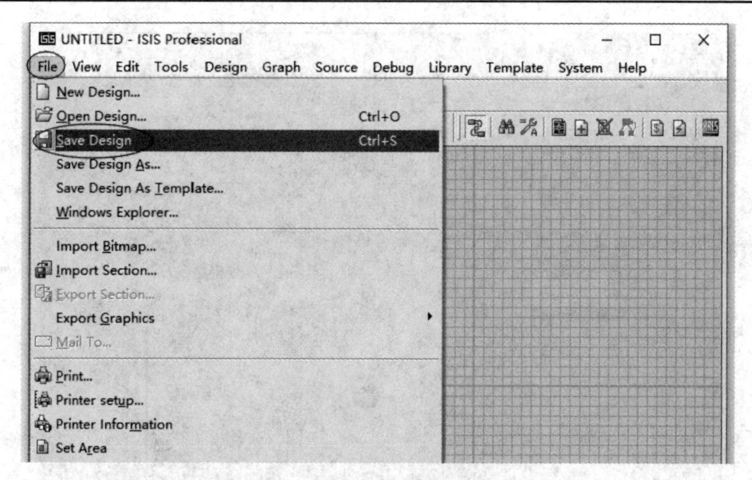

图 1-48　保存工程项目文件窗口

3. 添加元器件到元器件列表

单击对象模式区中第一个图标按钮切换到组件模式后，单击“P”按钮打开“Pick Devices”对话框，调出元器件库，通常需要在“Keywords”栏中输入元器件关键词，关键词就是该元器件名称的英文单词或英文单词的一部分，然后双击搜索结果“Results(2)”中要添加的元器件即可，如图 1-49 所示。

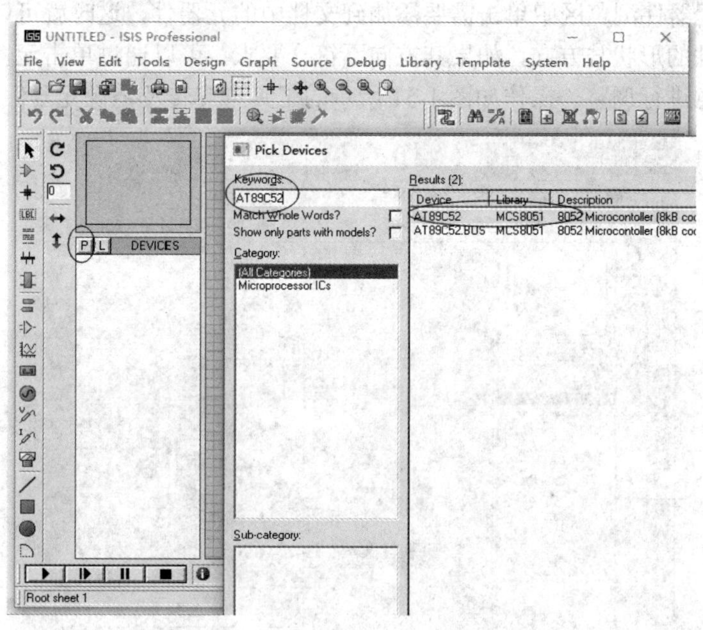

图 1-49　添加元器件到元器件列表窗口

4. 放置元器件到编辑窗口

放置元器件到编辑窗口的顺序为先设置单片机，然后放置 LED 驱动电路。放置原则是：根据原理图从左至右，元器件由大到小。

具体放置方法为：在元器件列表中选择要放置的元器件，然后单击画布空白区，通过鼠标移动元器件到放置位置单击即可，若右击鼠标，则取消放置，如图 1-50 所示。

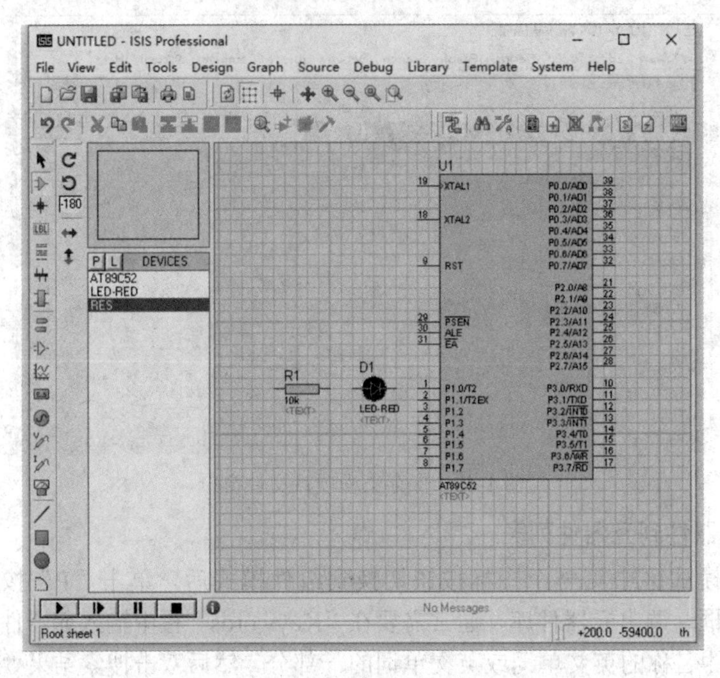

图 1-50　放置元器件

首先，在元器件浏览区中单击需要添加到文档中的元器件，这时就可以在浏览区中看到选择的元器件的形状与方向，如果其方向不符合要求，可以通过单击元器件调整工具栏中的工具来任意进行调整。操作如图 1-51 所示的工具可旋转及镜像元器件。

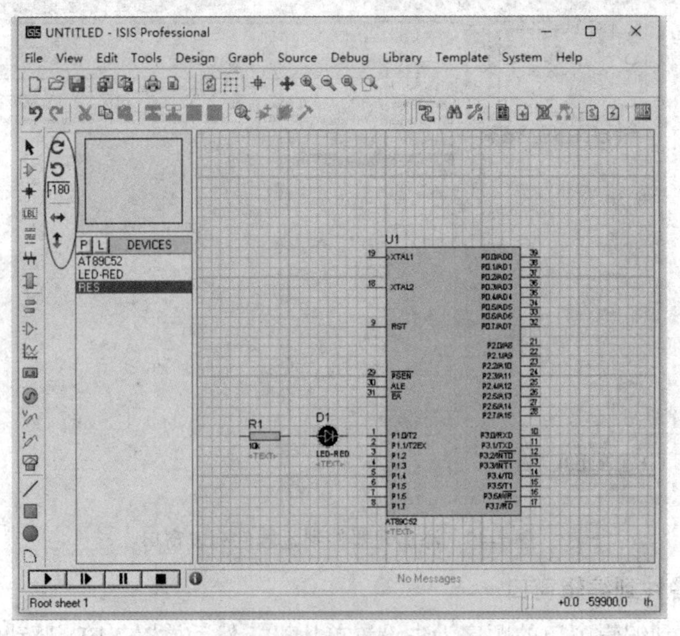

图 1-51　旋转及镜像元器件工具

放大/缩小画布：鼠标滚轮，向前放大，向后缩小。

快速定位：单击预览区，移动鼠标，再次单击确认。

拖动元器件：单击元件，拖到新位置，再单击空白处。

5. 放置电源与地

Proteus 软件中单片机芯片的供电电源和地已经默认画出，不用再画，其他硬件电路则需要添加电源与地。在添加电源和地之前，需要先熟悉模式工具栏中的按钮功能，各个按钮布局如图 1-52 所示。

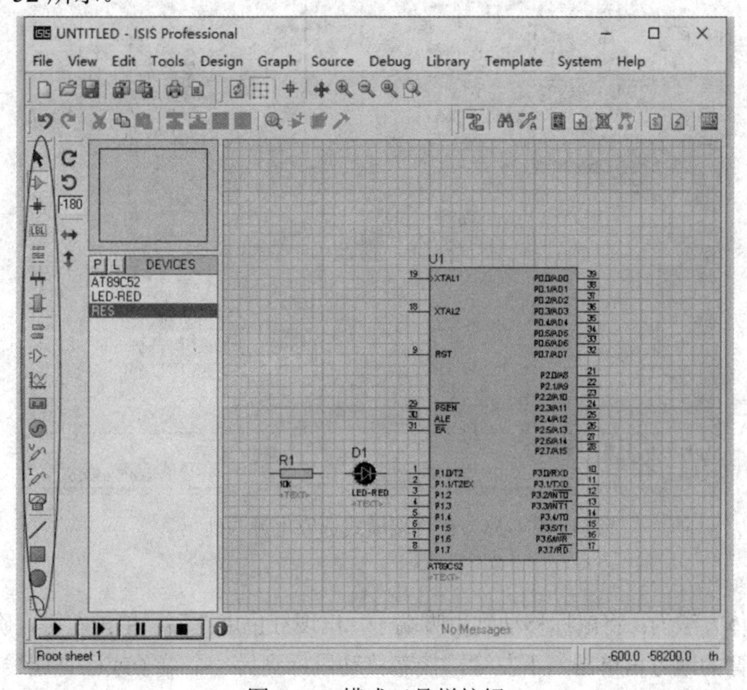

图 1-52　模式工具栏按钮

模式工具栏中部分按钮的功能介绍如下：

：选择模式(Selection Mode)按钮，通常情况下，都需要选中它，比如布局电路图和布线时。

：组件模式(Component Mode)按钮，单击该按钮，能够显示出元器件调整工具栏中的元器件，以便选择。

：线路标签模式(Wire Label Mode)按钮，选中它并单击编辑窗口中电路连线能够为连线添加标签，经常与总线配合使用。

：文本模式(Text Script Mode)按钮，选中它能够为文档添加文本。

：总线模式(Buses Mode)按钮，选中它能够在电路中画总线。关于总线画法的详细步骤与注意事项将在后面会进行专门讲解。

：终端模式(Terminals Mode)按钮，选中它能够为电路添加各种终端，比如输入、输出、电源、地等。

：虚拟仪器模式(Virtual Instruments Mode)按钮，选中它能够在元器件调整工具栏中看到很多虚拟仪器，比如示波器、电压表、电流表等。

下面介绍如何添加电源或地。首先单击，选择终端模式，接着在元器件列表中单击“POWER”(电源)或“GROUND”来选中电源或地，通过元器件调整工具进行适当的调整，然后就可以在编辑窗口中单击放置电源或地了，如图 1-53 所示。

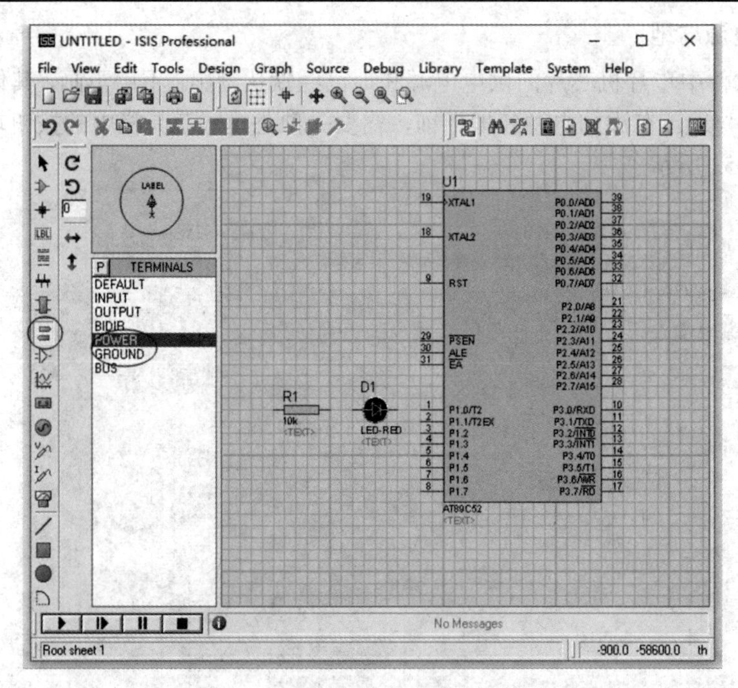

图 1-53　在终端模式选取电源与地

6. 连线

连线的具体方法为：将鼠标移动到引脚端子，出现红色虚框后，单击左键，确定连线起点，然后在需要转弯的地方再单击一下左键，接着移动鼠标到另一个端子或已有连线处后再次单击左键，完成连接，如图 1-54 所示。

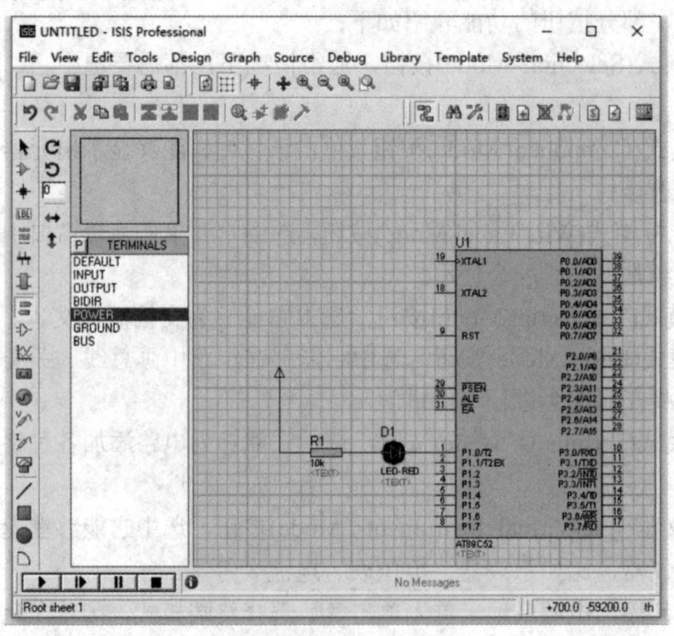

图 1-54　完成连线窗口

完成连接后还需要标号连线，可使用 LBL 工具给连线命名(标号)。标号相同的连线将在物理上连接在一起。

7. 修改元器件的属性

按工程项目要求连接好电路图后还需要做一些修改。R1 电阻值默认为 10 kΩ，这个电阻作为限流电阻显然太大，将使 LED 亮度很低或者根本就不亮，影响仿真结果，所以要进行修改。首先双击电阻图标，将弹出“Edit Component”对话框。对话框中的“Component Reference”是组件标签栏，可以自行填写，也可以取默认值，但要注意在同一电路中不能有两个组件标签相同；“Resistance”栏填写的是电阻值，可以在其框中根据需要填入相应的电阻值。填写时需注意其格式，如果直接填写数字，则默认电阻单位为 Ω；如果在数字后面加上 k，则表示电阻单位为 kΩ。这里填入 220 则表示 220 Ω，如图 1-55 所示。

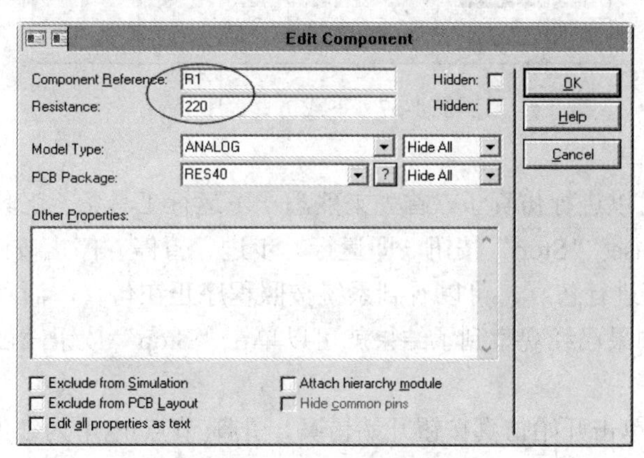

图 1-55　修改电阻参数

经过以上步骤，画好的硬件电路图如图 1-56 所示。

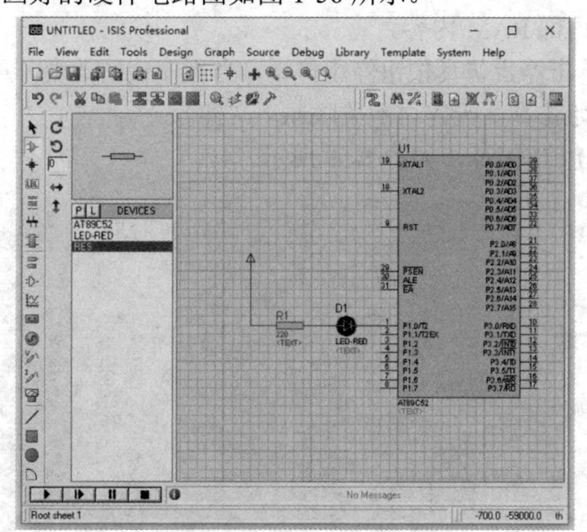

图 1-56　硬件电路完成图

8. 下载仿真程序(.hex)

在 Proteus 软件编辑窗口中双击单片机，弹出一个对话框，在对话框“program file”一栏中单击文件夹标志，选取要加入的 HEX 文件，即“LED.hex”文件，单击“OK”按钮完成下载，如图 1-57 所示。

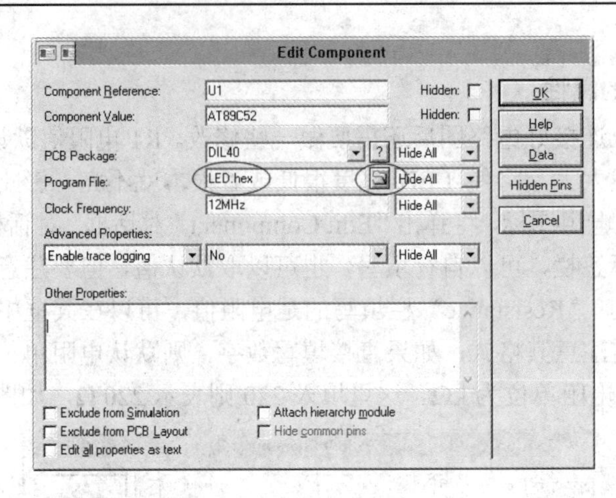

图 1-57　下载仿真程序

9. 仿真

装载好程序就可以进行仿真了。首先来熟悉一下运行工具条。工具条从左到右依次是“Play”“Step”“Pause”“Stop”按钮，即运行、步进、暂停、停止按钮，如图 1-58 所示。单击“Play”按钮可进行仿真，可以看到系统按照程序正在仿真，而且还能看到其高、低电平的实时变化。如果已经观察到了结果就可以单击“Stop”按钮停止仿真。

仿真过程：

(1) 开始仿真：单击开始仿真按钮开始仿真，引脚(节点)电平为红色表示高电平，蓝色表示低电平，灰色表示高阻。

(2) 暂停仿真：单击暂停仿真按钮暂停仿真，在暂停状态可以通过 Debug 菜单查看单片机的特殊寄存器和内部 RAM 内容。

(3) 停止仿真：单击停止仿真按钮停止仿真，当程序代码改变，重新生成.hex 文件后，停止仿真后可直接开始仿真，无需再次关联.hex 文件。

仿真运行结果为 LED 闪烁，如图 1-59 所示。

图 1-58　运行工具条按钮

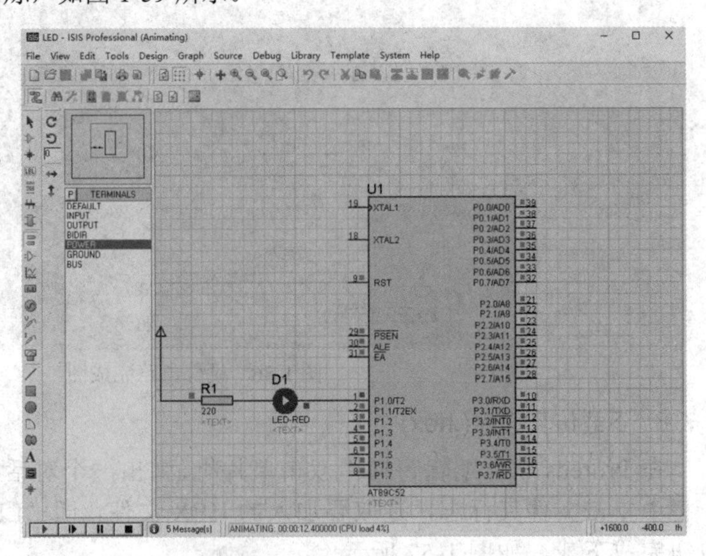

图 1-59　仿真运行结果

1.3　51 单片机开发板的使用

51 单片机开发板也称 51 单片机实验板或 51 单片机学习板，是用于学习 51 系列单片机实验的器件。它将 51 单片机常用的外围元器件，比如流水灯、数码管、矩阵键盘、EEPROM、时钟、蜂鸣器、继电器集成在一小块电路板上，可以直接与 PC 的 USB 口连接，便于携带和学习。另外，一些中小型项目也可以直接在此板上面进行二次开发，开发完成后即可以在此基础上重新画图和制作线路板，极大地缩短了工程项目的开发周期，可节省硬件成本。

51 单片机开发板价格便宜，大概在 200 元左右。利用它可以制作质量可靠的硬件电路和各类应用电路模块，配备有用于程序下载的 USB 接口和详细的操作应用手册，特别是提供了工程项目应用源代码，成为学生或技术人员在实验室学习单片机和进阶的必备工具。

某一型号 51 单片机开发板的构成如图 1-60 所示。

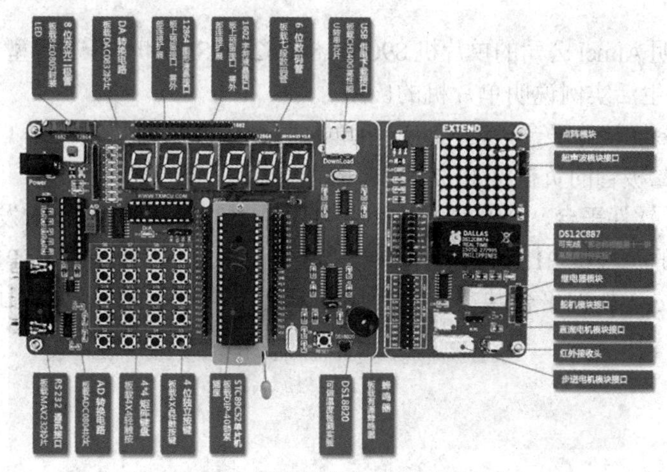

图 1-60　某型号单片机开发板构成

根据实际应用要求，可以配置应用配件，具体如图 1 - 61 所示。

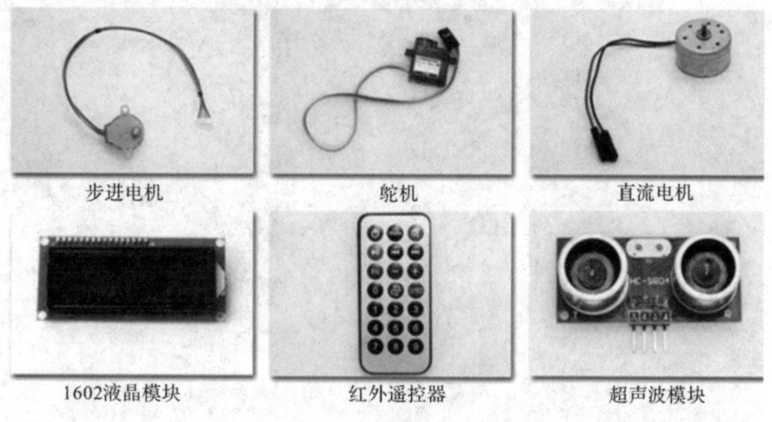

图 1-61　开发板应用配件

图 1-60 所示的开发板具有闪烁灯、流水灯、单键识别、59 s 计数器、矩阵键盘检测、利用定时器和蜂鸣器唱歌、模/数转换、数/模转换、温度检测、液晶显示、串口通信、红

外遥控、步进电机和直流电机控制、无线模块收发数据和超声波测距等功能。

该产品有以下特点：

- 兼容 Win XP、Win 7、Win 8、Win 10 系统平台。
- 仅一个 USB 接口便可实现供电、烧写、串口通信。
- 独立的 A/D 芯片和 D/A 芯片设计。
- 开发板均采用原装芯片，品质保证。
- 锁紧插座设计，便于单片机芯片更换。
- 5 V 电源接口设计，可提升驱动能力。
- 开发板尺寸为 213 mm×100 mm。
- 配套有 51 单片机产品软、硬件手册和视频教程。

习　题

1-1　列表说明 Atmel 公司的单片机 89C51、89C52、89S51 和 89S52 等型号产品的不同点。

1-2　举 3 个生活实例说明单片机的应用

1-3　用 Proteus 软件平台，设计实现用单片机的 P1.1 引脚控制一个 LED(发光二极管)闪烁，要求发光二极管的负极接 P1.1 引脚。

1-4　用 Keil 软件平台，设计实现用单片机 P1.1 引脚控制一个 LED(发光二极管)闪烁，要求发光二极管的负极接 P1.1，并选择单步执行等调试工具，动态显示 P1 口的变化结果。

1-5　用 Proteus 软件平台装载编译程序，实现单片机 P1.1 引脚控制一个 LED 闪烁的仿真。

第 2 章　单片机输入/输出应用

在单片机应用系统中，51 单片机芯片内部由中央处理器(CPU)、存储器、定时器、中断系统等组成。它们可以控制单片机 P0、P1、P2、P3 端口接收和发送 1~8 位的 0 或 1 数字信号，从而控制流水灯、交通灯、键盘、液晶显示器等的输入/输出。单片机内部结构如图 2-1 所示。

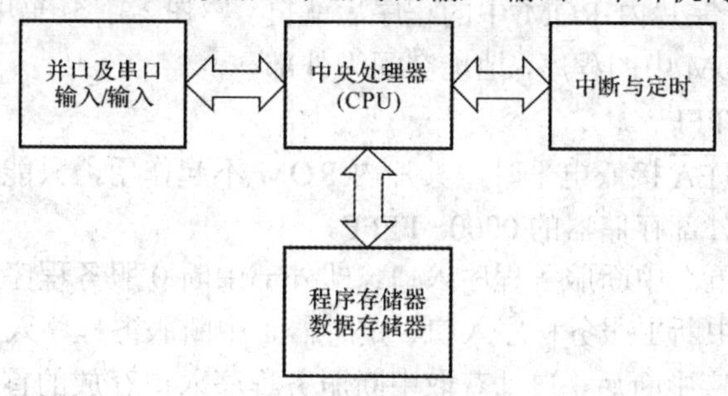

图 2-1　单片机内部结构图

2.1　单片机并行 I/O 端口结构

2.1.1　单片机的中央处理器(CPU)

单片机内部有一个 8 位的 CPU，CPU 内部包含有运算器、控制器及若干寄存器。

8 位的 AT89S51 单片机的 CPU 内部有算术逻辑运算单元(Arithmetic Logic Unit, ALU)，可用于实现加、减、乘、除、加 1、减 1、比较等算术运算及与、或、异或、求补、循环等逻辑运算。CPU 中还有程序计数器、指令控制器等控制部件。

2.1.2　单片机的存储器结构

AT89S51 单片机的存储器分为程序存储器和数据存储器。这种程序存储器和数据存储器分开的结构形式称为哈佛结构，如图 2-2 所示。

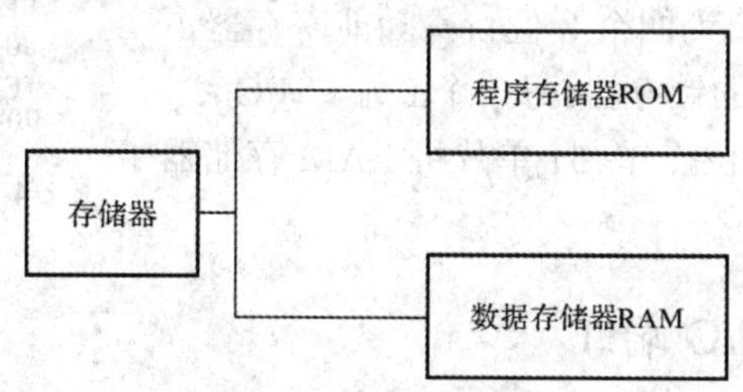

图 2-2　存储器哈佛结构

1. 程序存储器 ROM

程序存储器 ROM(Read Only Memory，只读内存)，用于存放编译好的程序和表格常数。

AT89S51 程序存储器为 4 KB 的 Flash ROM，Flash ROM 也称闪存，它属于内存的一种，不仅具备快速的电可擦除和写入程序的性能，而且不会因断电丢失数据。51 单片机 ROM 存储器结构如图 2-3 所示。

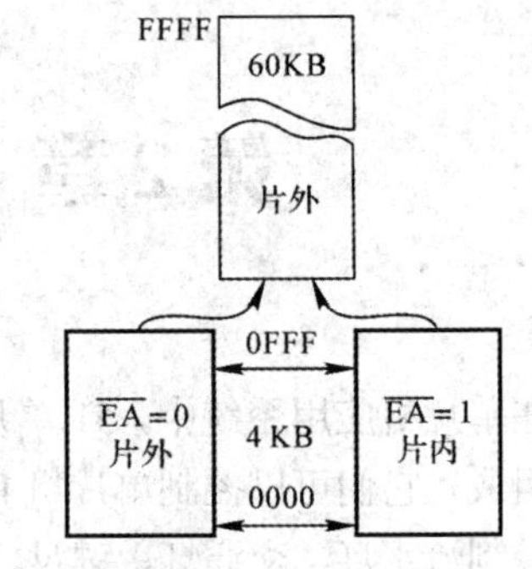

图 2-3　51 单片机 ROM 存储器结构

当 AT89S51 引脚 $\overline{EA}$ 接高电平时，其前 4KB 地址执行片内 ROM 中的程序，地址空间为内部存储器的 0000～0FFF；执行完片内 ROM 中的程序后就自动地转向执行片外 ROM 中的程序，地址空间为外部存储器的 0FFF + 1～FFFF。

当 AT89S51 引脚 $\overline{EA}$ 接低电平时，其片内 ROM 不起作用，只能执行片外的 ROM 中的程序，地址空间为外部存储器的 0000～FFFF。

程序存储器中有五个中断服务程序入口，即外部中断 0 服务程序入口、定时器 0 中断服务程序入口、外部中断 1 服务程序入口、定时器 1 中断服务程序入口和串行接口中断服务程序入口。CPU 响应中断后，自动获取中断服务程序入口存放的首地址，并开始执行对应的中断服务程序。

2. 数据存储器 RAM

数据存储器 RAM(Random Access Memory，随机存取存储器)，可以随时读写，而且速度很快，用于存放运算中的中间结果和标志位，起到数据暂存、缓冲等作用。当电源关闭时 RAM 不能保留已存储的数据。

AT89S51 片内存储器空间为 256 KB。其低 128 KB 是真正的 RAM 区，地址空间为 00～7F；其高 128 KB 为特殊功能寄存器区，地址空间为 7F + 1～FF。

AT89S51 片内存储器的低 128 KB RAM 中共有 0、1、2、3 四组寄存器区，每组有八个工作寄存器，即 R0～R7，共占 32 个单元。若程序中并不同时需要四组寄存器区时，那么其余可用作一般 RAM 单元。CPU 复位后，一般选中第 0 组工作寄存器区。

AT89S51 片内存储器的高 128KBRAM 是特殊功能寄存器，有 21 个专用寄存器，其中就有 I/O 端口 P0、P1、P2 和 P3。

P0、P1、P2、P3 端口为四个 8 位特殊功能寄存器，分别是四个并行 I/O 端口的锁存器。每一个 P 端口 I/O 线，即 8 位中的每一位都可以位操作。51 单片机 RAM 存储器结构如图 2-4 所示。

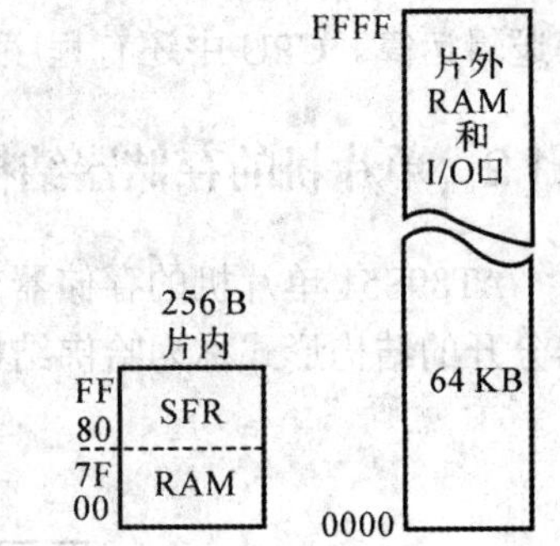

图 2-4　51 单片机 RAM 存储器结构

2.1.3　单片机的并行 I/O 端口

AT89S51 单片机的 P0、P1、P2、P3 端口在使用时有所不同。

P0 端口作为输出口用时，内部没有上拉电阻，是开漏的，不管它的驱动能力有多大，相当于它是没有供电电源的，需要外部的硬件电路提供。绝大多数情况下 P0 端口必须加上拉电阻，上拉电阻阻值应为 1～10 kΩ。

P0 端口有复用功能。当对外部存储器进行读写操作时，P0 端口先是提供外部存储器的低 8 位地址供外部存储器地址锁存器锁存，然后充当数据线，用于写入或读出数据。

P1 端口、P2 端口只是普通 I/O 端口。P2 端口也常作为外部存储器的高 8 位地址。

P3 端口所有管脚除可作为普通 I/O 口外，还有以下复用特殊功能：

P3.0/RXD：串行通信输入端口；

P3.1/TXD：串行通信输出端口；

P3.2/INT0：外部中断 0 输入端口；

P3.3/INT1：外部中断 1 输入端口；

P3.4/T0：定时器 0 外部计数输入端口；

P3.5/T1：定时器 1 外部计数输入端口；

P3.6/WR：外部存储器写信号；

P3.7/RD：外部存储器读信号。

P0 端口能驱动 8 个低功耗高速门电路负载。这些门电路有一个功耗指标，一般为 2 mW，即 P0 端口每个 I/O 都可以接 8 个这样的门电路作为负载。如果这些门电路功耗超过了这个值，那么 P0 端口的功率不足，产生的电平效果会不稳定，可导致外接门电路不能正常识别 P0 端口电平的真正值。P1、P2、P3 端口各能驱动 4 个低功耗高速门电路负载。如需增加负载能力，可在 I/O 口增加驱动器，譬如三极管、移位寄存器 74LS244 与 74LS245、锁存器 74LS373 与 74HC573 等。

2.2　流水灯项目设计

随着人们生活环境的不断改善和美化，在许多场合可以看到彩色霓虹灯不断变化闪烁。LED 由于其丰富的灯光色彩、低造价以及控制简单等特点得到了广泛的应用，用 LED 来装饰街道和城市建筑物已经成为一种时尚，如图 2-5 所示。

图 2-5　LED 的应用

目前市场上各式各样的 LED 控制器可以用硬件电路实现，其电路结构复杂、功能单一，这样一旦制作为成品就只能按照固定的模式闪亮，而不能根据不同场合、不同时间段的需要来调节亮灯时间、模式、闪烁频率等动态参数。这种 LED 控制器结构往往存在芯片过多、电路复杂、功率损耗大等缺点。此外，从功能效果上看，LED 亮灯模式少而且样式单调，缺乏用户可操作性，影响亮灯效果。

流水灯项目要求设计一串 LED 按一定的规律像流水一样连续闪亮。可以利用价格低廉的 AT89S51 系列单片机控制基色 LED，从而实现 LED 丰富的编程可控变化。

2.2.1 硬件电路设计

流水灯项目设计任务为：以 AT89S51 单片机作为主控核心，控制 8 个 LED，根据需要编写若干种 LED 亮灯模式，并根据各种亮灯时间的不同需要，在不同时刻输出灯亮或灯灭的控制信号。

根据设计任务，利用单片机的 P0 端口控制 LED 的发光闪烁，再利用编程实现流水灯。每个 LED 需接一个限流电阻来控制流入 LED 的电流。流水灯硬件电路如图 2-6 所示。

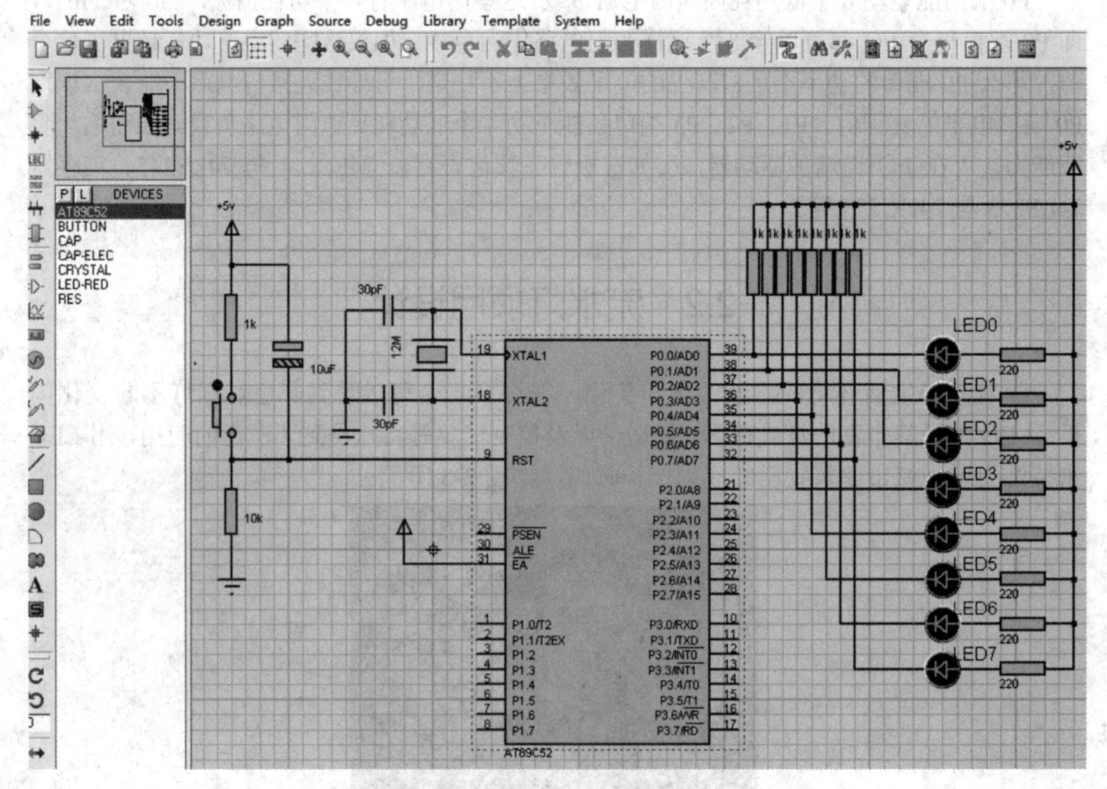

图 2-6　流水灯硬件电路图

1. 单片机复位电路

单片机复位电路的功能是将单片机重启，主要防止出现程序混乱或者死机等现象，目的是使单片机系统进入初始状态，以便随时接受各种指令进行工作。单片机 CPU 复位的可靠性决定了产品系统的稳定性，因此在单片机系统电路当中发生任何一种复位后，系统程序将重新开始执行，系统寄存器也都将恢复为默认值，如表 2-1 所示。

表 2-1　系统寄存器复位状态表

寄存器	复位状态	寄存器	复位状态
PC	0000H	TCON	00H
ACC	00H	TL0	00H
B	00H	TH0	00H
PSW	00H	TL1	00H
SP	07H	TH1	00H
DPTR	0000H	SCON	00H
P0～P3	FFH	SBUF	不确定
TMOD	00H	PCON	0***0000B
IP	***00000B	IE	0**00000B

注：* 表示无关项。

复位后，P0、P1、P2、P3 端口等都为默认初始值 0xFF，表示 P 端口的每一个引脚的状态为 1，输出高电平。

单片机复位只需要让第 9 引脚 RST 持续高电平 2 μs 就可以实现。在 5 V 电源正常工作的 51 单片机中小于 1.5 V 的电压信号为低电平信号，而大于 1.5 V 的电压信号为高电平信号。

单片机复位方法有上电复位和按键复位两种方式。

(1) 单片机上电复位通过上电复位电路实现。上电复位电路由 10 μF 电解电容、10 kΩ 电阻、电源和地串联构成，如图 2-7 所示。

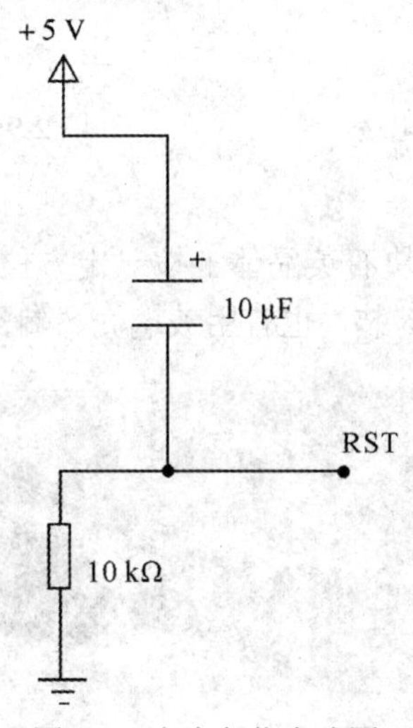

图 2-7　上电复位电路图

上电的含义就是接上 +5 V 电源。由上电复位电路可知，电解电容的大小是 10 μF，电阻的大小是 10 kΩ，构成 *RC* 充电电路。所以根据 *RC* 充电公式，可以算出电解电容两端电压从 0 V 充电到 3.5 V 时需要的时间是 $t = RC\ln[E/(E-V_t)] = 10\text{ k}\times 10\ \mu\text{F}[5/(5-3.5)] \approx 0.12\text{ s}$。也就是说在上电启动的 0.12 s 内，电容两端的电压从 0 增加到 3.5 V。根据串联电路各处电压之和为总电压的原理，这时 10 kΩ 电阻两端的电压从 5 V 减少到 1.5 V。所以在 0.1 s 内，RST 引脚所接收到的电压从 5 V 减少到 1.5 V 时，单片机系统就完成了自动复位。

经过 0.1 s 后，*RC* 充电电路接着充电，电解电容两端电压继续上升，电阻电压继续下降，当 RST 引脚所接收到的电压继续低于 1.5 V，上电复位结束。

(2) 单片机按键复位通过按键复位电路实现。按键复位电路由+5 V 电源、1 kΩ 电阻、按键、10 kΩ 电阻、地串联组成，如图 2-8 所示。

当按下按键时，根据串联电路分压原理，这时 10 kΩ 电阻两端的电压为 5 V × 10 k/(10 k + 1 k) = 4.5 V，则单片机 RST 引脚为高电平，于是 VCC 的 +4.5 V 电平就会直接加到 RST 端。由于人的动作再快也会使按钮保持接通达数十毫秒，所以，完全能够满足复位的时间要求，单片机系统复位。

将上电复位和按键复位结合在一起可构成两种复位方法，如图 2-9 所示。

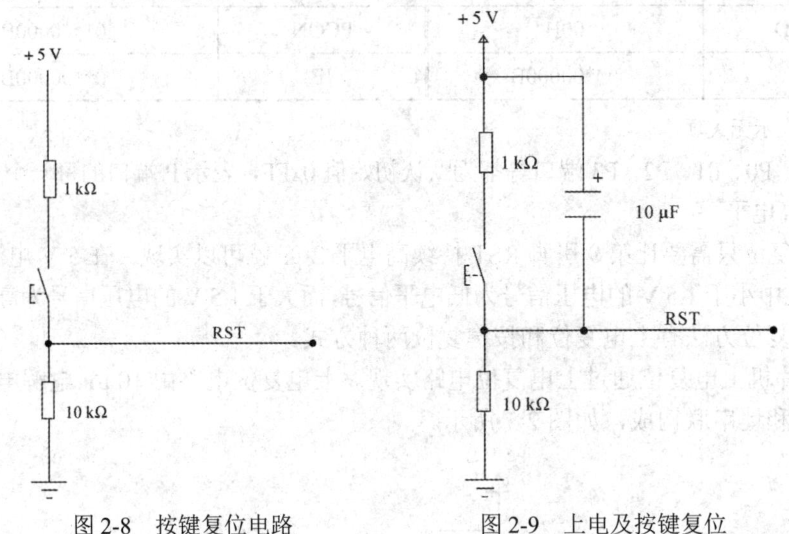

图 2-8　按键复位电路　　　　图 2-9　上电及按键复位

2. 单片机晶振电路

单片机晶体振荡器是指从一块石英晶体上按一定方位角切下的薄片，也简称为石英晶振。其产品一般需要用金属外壳封装，也有用玻璃壳、陶瓷或塑料封装的，如图 2-10 所示。

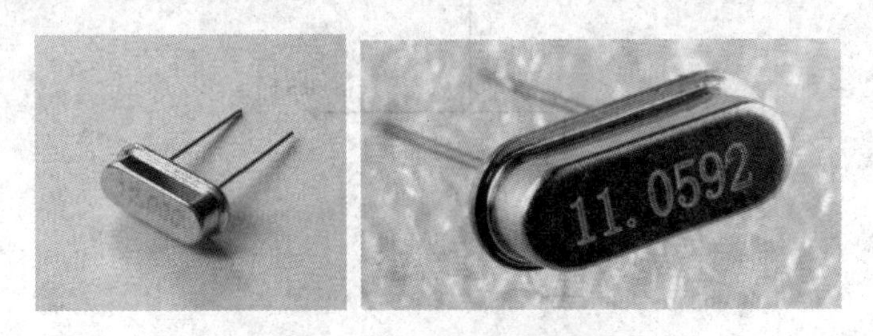

图 2-10　晶振器件实物图

单片机常用的晶振的频率为 12 MHz。但在进行串口通信时，一般选择 11.0592 MHz，因为使用 12 MHz 频率进行串行通信时不容易得到标准的波特率，比如 9600，4800，而使用 11.0592 MHz 频率计算时正好可以得到整除，因此在有通信接口应用的单片机中，晶振的频率一般选用 11.0592 MHz。

负载电容值是晶振的一个重要参数。选择与负载电容值相等的并联电容就可以得到晶振标称的谐振频率。一般的晶振的负载电容为 15 pF 或 12.5 pF，如果要考虑元器件引脚的等效输入电容，则应由两个 30 pF 或者两个 22 pF 的电容构成的晶振电路就是比较好的选择，如图 2-11 所示。

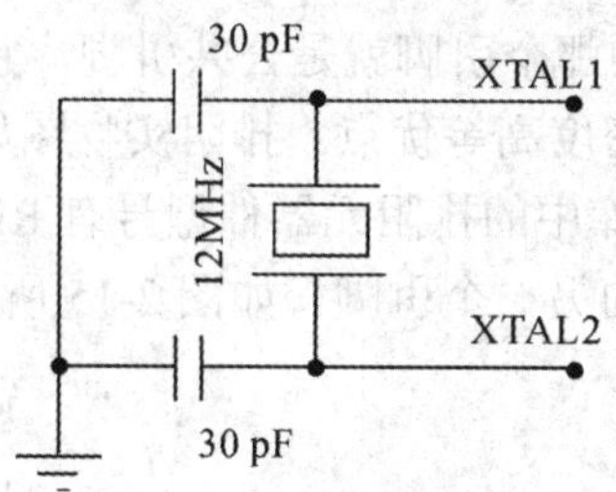

图 2-11　单片机晶振电路

晶振电路形成了单片机的时钟周期、机器周期和指令周期。

(1) 时钟周期：晶振可给单片机提供工作脉冲信号，这个脉冲信号的频率就是单片机的工作速度，比如使用 12 MHz 晶振，单片机工作速度就是 12 MHz，即单片机的时钟周期为 1/12MHz，即(1/12) μs。

(2) 机器周期：一个机器周期包含 12 个时钟周期。在一个机器周期内，CPU 可以完成一个独立的操作。比如，对于 12 MHz 晶振，机器周期为 $12\times(1/12\ \text{MHz}) = 1\ \mu\text{s}$。

(3) 指令周期：它是指 CPU 完成一条指令操作所需的全部时间。每条指令执行时间都是由一个或几个机器周期组成。AT89S51 单片机系统中，有单周期指令、双周期指令和四周期指令。比如，四周期质量的操作时间为 $4\times 1\ \mu\text{s} = 4\ \mu\text{s}$。

3. LED 发光电路

LED(Light Emitting Diode，发光二极管)是一种能够将电能转化为可见光的固态的半导体器件。LED 是一个半导体晶体，被环氧树脂封装起来，一端是负极，另一端连接电源的正极，可以直接发出红、黄、蓝、绿、青、橙、紫、白色的光，如图 2-12 所示。

LED 工作时需要限流，其工作电路如图 2-13 所示。

图 2-12　LED 实物

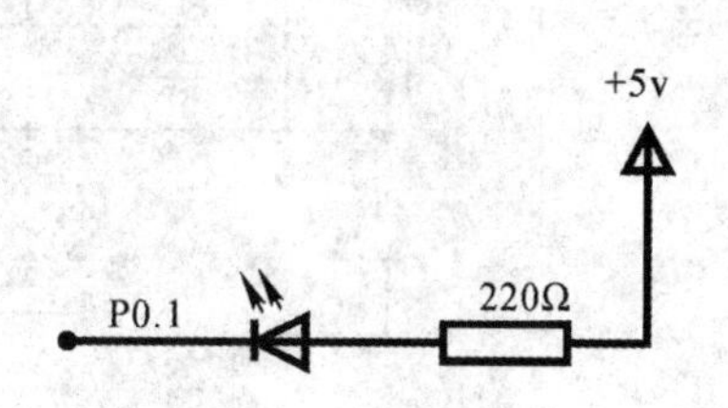

图 2-13　LED 工作电路

当图 2-13 中的位 P0.1 为“1”，即为高电平 5 V 时，LED 熄灭；当位 P0.1 为“0”，即为低电平 0 V 时，LED 点亮。

LED 是一个接近 2 V 的稳压二极管，不同颜色的 LED 稳压不同，但都在 1.7 V 左右。

LED 工作电流一般要求在 15 mA 左右，限流电阻则应为(5−1.7)/15 = 220 Ω。限流电阻太大，比如 10 kΩ，则 LED 工作电流只有 0.33 mA，无法点亮 LED。

在本项目设计中，共有 8 个 LED，要用到 8 个电阻，所以可以采用排阻。排阻就是将若干个参数完全相同的电阻集中封装在一起组合制成的。它们的一个引脚都连到一起，作为公共引脚，其余引脚正常引出。所以如果一个排阻是由 *n* 个电阻构成的，那么它就有 *n*+1 只引脚。一般来说，最左边的那个引脚就是公共引脚，它在排阻上一般用一个色点标出来。排阻具有装配方便和安装密度高等优点。排阻实物图如图 2-14 所示。

Proteus 仿真软件中元器件库中的排阻元器件型号有 RESPACK-8 等，其中引脚 1 为公共引脚，其他引脚为每个电阻的另一个引脚，如图 2-15 所示。

图 2-14　排阻实物图

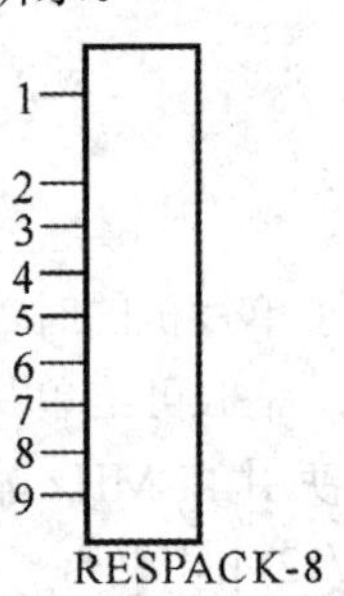

图 2-15　Proteus 仿真软件中元器件库中的排阻元器件引脚图

为避免连线复杂，Proteus 软件采用网络标号实现连接，就是将需要连接的两个点或更多点用相同的网络标号标上，这样网络标号相同的各点之间就表示实现了连接。比如，如图 2-16 所示的使用阻排的流水灯硬件电路图中网络标号为 P0.0 的各点之间是连线的，标记网络标号用 LBL 工具实现。

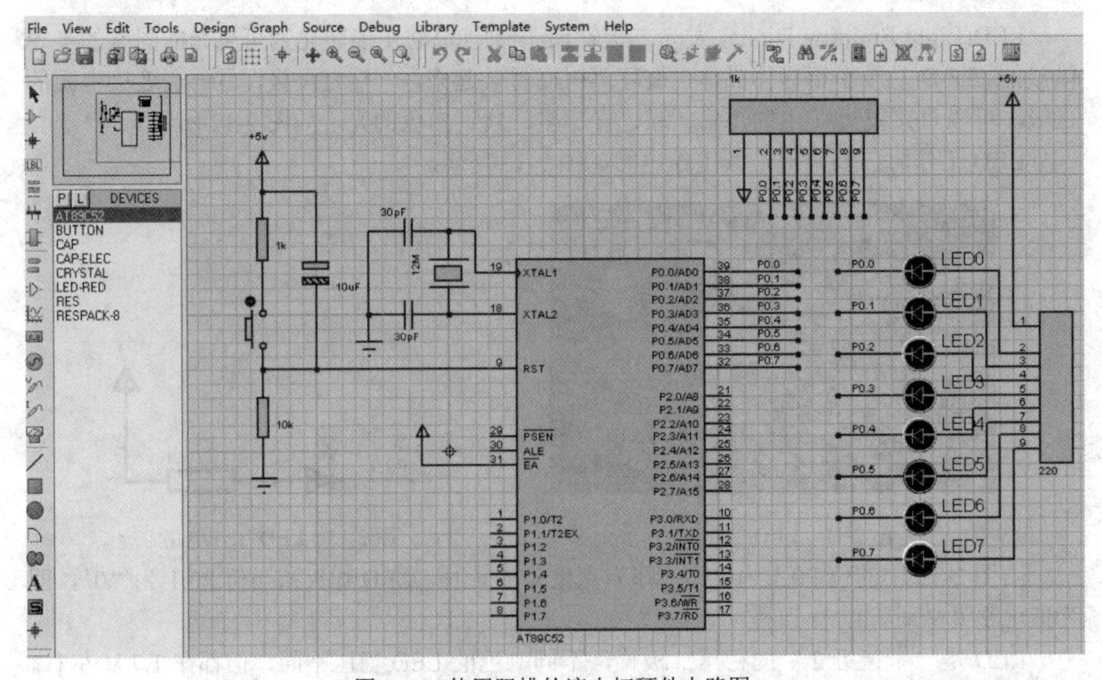

图 2-16　使用阻排的流水灯硬件电路图

2.2.2　程序设计

流水灯项目程序可实现功能为：采用数组实现 8 个 LED 的中间两个灯先亮后灭，并依次向外展开实现流水灯效果。源程序如下：

```
#include <reg51.h>
#define uchar   unsigned char                    //unsigned char 简称为 uchar
void    delay(uchar);                            //延时函数声明

/**************主程序**************/
void main()
{
    uchar i;
    uchar display[]={0xe7, 0xdb, 0xbd, 0x7e};     //输出数据数组
    while(1)
    {
        for(i=0; i<4; i++)
        {
            P0=display[i];                       //P0 端口输出控制流水灯
            delay(250);   delay(250);            //延时 500 ms
        }
    }
}

/***************延时函数 t(ms)*************/
void   delay(unsigned char t )
{
    unsigned char j, k;
    for(j=0; j<t; j++)
    {
        for(k=0; k<255; k++)
        {
        }
    }
}
```

1. Keil C 数据类型

编写 C 语言程序时必须弄清每种数据类型能表示的数据范围及占用的字节数，在满足要求的情况下应尽量使用占用字节数少的数据类型，因为 AT89S51 单片机的存储资源是十分宝贵的。

在标准 C 语言中，基本的数据类型有 char、int、short、long、float 和 double 等，而在 Keil C51 编译器中 int 和 short 相同，一般无 double 类型，如表 2-2 所示。

表 2-2　Keil C 数据类型

基本数据类型	长度(位)	取值范围
unsigned char	8	0 ～ 255
signed char	8	–128 ～ + 127
unsigned int	16	0 ～ 65535
signed int	16	–32768 ～ + 32767
unsigned long	32	0 ～ 4294967295
signed long	32	–2147483648 ～ + 2147483647
float	32	±1.175494E-38 ～ ± 3.402823E+38
bit	1	0 或 1
sbit	1	0 或 1
sfr	8	0 ～ 255
sfr16	16	0 ～ 65535

(1) char 字符类型。

Char 字符类型的长度为一个字节，用于存放字符数据的变量或常量。分为无符号字符类型 unsigned char 和有符号字符类型 signed char，默认值为 signed char 类型。unsigned char 类型用字节中所有的位来表示数值，可以表达的数值范围为 0～255。signed char 类型用字节中最高位字节表示数据的符号，“0”表示正数，“1”表示负数，负数用补码表示。所能表示的数值范围为–128～+127。unsigned char 常用于存放 ASCII 字符或用于存放小于或等于 255 的整型数。

(2) int 整型。

int 整型长度为两个字节，用于存放一个双字节数据。分为有符号 int 整型数 signed int 和无符号整型数 unsigned int，默认值为 signed int 类型。signed int 表示的数值范围为 –32 768～+32 767，字节中最高位表示数据的符号，“0”表示正数，“1”表示负数。unsigned int 表示的数值范围为 0～65 535。

(3) long 长整型。

long 长整型长度为四个字节，用于存放一个四字节数据。分为有符号 long 长整型 signed long 和无符号长整型 unsigned long，默认值为 signed long 类型。signed int 表示的数值范围是 –2 147 483 648～+2 147 483 647，字节中最高位表示数据的符号，“0”表示正数，“1”表示负数。unsigned long 表示的数值范围为 0～4 294 967 295。

(4) float 浮点型。

float 浮点型长度为四个字节，表示的数值范围为 $\pm1.175494\times10^{-38}$～$\pm3.402823\times10^{+38}$。

(5) bit 位标量。

bit 位标量是 C51 编译器的一种扩充数据类型，利用它可定义一个位标量。它的值是一个二进制位，即 0 或 1。

(6) sfr 特殊功能寄存器。

sfr 也是一种扩充数据类型，占用一个内存单元，所能表示的数值范围为 0～255。

利用它可以访问 51 单片机内部的所有特殊功能寄存器。如“sfr P1 = 0x90”这一语句中的“P1”为 P1 端口在单片机内的寄存器，在后面的语句中，用“P1 = 0xff”(对 P1 端口的所有引脚置高电平)之类的语句来操作特殊功能寄存器。

(7) sfr16 16 位特殊功能寄存器。

sfr16 占用两个内存单元，所能表示的数值范围为 0～65535。sfr16 和 sfr 一样用于操作特殊功能寄存器，所不同的是它用于操作占两个字节的寄存器，如定时器 T0 和 T1。

(8) sbit 可录址位。

sbit 同样是 C51 编译器中的一种扩充数据类型，利用它可以访问芯片内部的 RAM 中的可寻址位或特殊功能寄存器中的可寻址位。

2. 数组

数组分为一维、二维、三维和多维数组等，常用的是一维、二维和字符数组。

(1) 一维数组的定义格式如下：类型说明符 数组名[常量表达式]。例如语句“unsigned char a[5]; ”表示定义字符数组 a，且有 5 个元素。

(2) 数组元素的一般形式为：数组名[下标]。例如：tab[5]、num[i+j]、a[i++]都是合法的数组元素。需要采用方括弧而非圆括弧。

(3) 数组初始化赋值的一般形式为：类型说明符 数组名[常量表达式]={值，值……值}。例如语句“int num[10]={ 3, 1, 7, 9, 4, 5, 6, 35, 20, 15 }”就是给数组“num[10]”赋值。其数组元素下标从 0 开始，即从 num[0]开始，到 num[9]结束，共有 10 个元素。

Keil C 规定十六进制数必须以 0x 开头，比如 0x1 表示十六进制数 1，比如 0xe7 就是代表十六进制数 e7，用二进制表示就是 11100111。语句“unsigned char display[] = {0xe7, 0xdb, 0xbd, 0x7e}”就表示四个 8 位的二进制数组元素。

3. LED 控制状态

语句“P0=display[i]”中“i”为循环数，根据设计要求，i 的取值应为 0～3，就是指 11100111、11011011、10111101 和 01111110 四个数组元素循环通过 P0 端口输出，引起 LED0～LED7 状态变化，如表 2 - 3 所示。

表 2-3　LED 的 P0 端口状态表

i = 0	P0.7 = 1	P0.6 = 1	P0.5 = 1	P0.4 = 0	P0.3 = 0	P0.2 = 1	P0.1 = 1	P0.0 = 1
	LED7 灭	LED6 灭	LED5 灭	LED4 亮	LED3 亮	LED2 灭	LED1 灭	LED0 灭
i = 1	P0.7 = 1	P0.6 = 1	P0.5 = 0	P0.4 = 1	P0.3 = 1	P0.2 = 0	P0.1 = 1	P0.0 = 1
	LED7 灭	LED6 灭	LED5 亮	LED4 灭	LED3 灭	LED2 亮	LED1 灭	LED0 灭
i = 2	P0.7 = 1	P0.6 = 0	P0.5 = 1	P0.4 = 1	P0.3 = 1	P0.2 = 1	P0.1 = 0	P0.0 = 1
	LED7 灭	LED6 亮	LED5 灭	LED4 灭	LED3 灭	LED2 灭	LED1 亮	LED0 灭
i = 3	P0.7 = 0	P0.6 = 1	P0.5 = 1	P0.4 = 1	P0.3 = 1	P0.2 = 1	P0.1 = 1	P0.0 = 0
	LED7 亮	LED6 灭	LED5 灭	LED4 灭	LED3 灭	LED2 灭	LED1 灭	LED0 亮

4. 延时作用

单片机执行程序速度很快，没有延时，人眼无法如此之快地捕捉到 LED 的灭和亮的状态。本流水灯项目程序的延时函数延时约 *t* ms。

2.2.3　仿真调试

流水灯程序仿真结果为：8 个 LED 的中间 2 个灯先亮后灭，并依次向外展开实现流水灯效果，如图 2-17 所示。

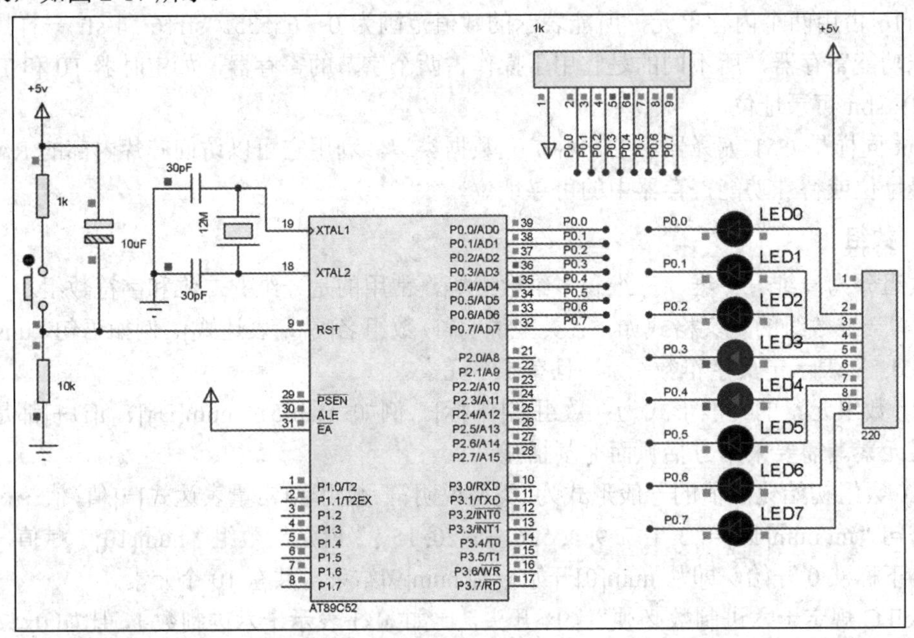

图 2-17　流水灯仿真运行图

2.2.4　项目拓展

拓展一：采用数组实现 8 个 LED 中间两个灯先亮后灭，并依次向外展开，再向内收缩。硬件电路如图 2-17 所示。源程序如下：

```
#include <reg51.h>
#define uchar   unsigned char                              //unsigned char 简称为 uchar
void    delay(uchar);                                      //延时函数声明

/**************主程序***************/
void main()
{
uchar i;
uchar display[]={0xe7, 0xdb, 0xbd, 0x7e, 0xbd, 0xdb};                 //输出数据数组
while(1)
        {   for(i=0; i<6; i++)
                {
                    P0=display[i];                                     //P0 端口输出控制流水灯
                    delay(250);   delay(250);                           //延时 500 ms
```

```
            }
        }
    }

    /****************延时函数 t(ms)*************/
    void    delay(unsigned char t )
    {
    unsigned char j, k;
    for(j=0; j<t; j++)
        {
            for(k=0; k<255; k++)
            {
            }
        }
    }
```

拓展二：采用数组实现 8 个 LED 自上而下点亮。硬件电路如图 2-17 所示。源程序如下：

```
#include <reg51.h>
#define uchar   unsigned char                    //unsigned char 简称为 uchar
void    delay(uchar);                            //延时函数声明

/*************主程序**************/
void main()
{       uchar i;
        uchar display[]={0xfe, 0xfd, 0xfb, 0xf7, 0xef, 0xdf, 0xbf, 0x7f};   //输出数据数组
        while(1)
        {
            for(i=0; i<8; i++)
            {
                P0=display[i];                   //P0 端口输出控制流水灯
                delay(250);   delay(250);        //延时 500 ms
            }
        }
}

/****************延时函数 t(ms)*************/
void    delay(unsigned char t )
{
        unsigned char j, k;
        for(j=0; j<t; j++)
```

```
        {
            for(k=0; k<255; k++)
            {
            }
        }
    }
```

2.3　数码管显示项目设计

发光二极管(LED)常常在各种电子设备中作为指示灯使用。除发光二极管外，常见用于显示的器件还有数码管，比如电子时钟中用于显示时间的器件就是数码管，万用表中的显示屏也是利用了数码管，可显示数字、字母和文字，如图 2-18 所示。

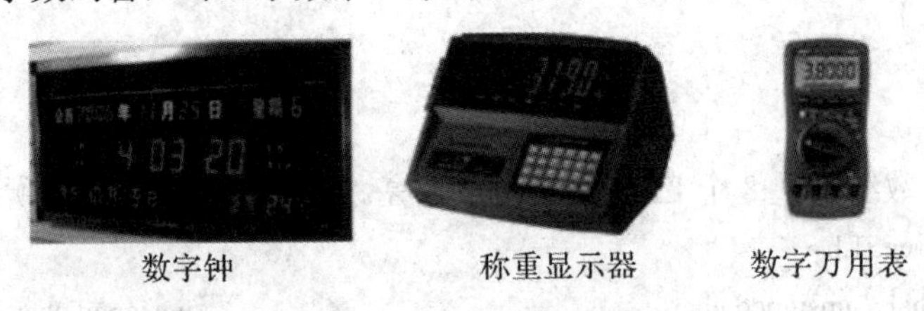

图 2-18　数码管显示应用

2.3.1　硬件电路设计

静态数码管项目设计任务为：单片机控制 P 端口输出，采用单个数码管静态显示数字“6”。单个数码管静态显示数字“6”的硬件电路设计如图 2-19 所示。

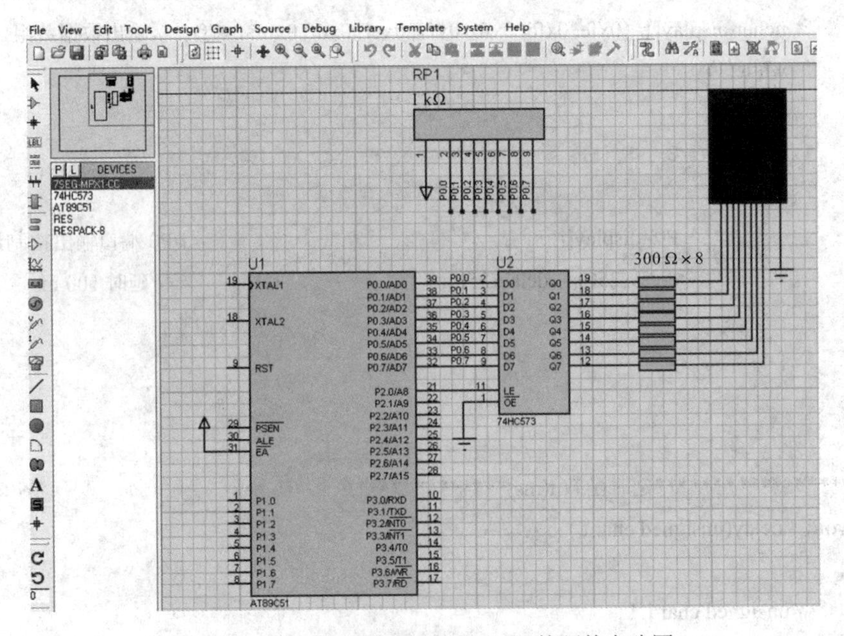

图 2-19　单个数码管显示数值“6”的硬件电路图

1. 数码管的结构

现在经常使用的小型 LED 数码管多为“8”字形 LED 数码管。“8”字形 LED 数码管内部由 8 个发光二极管组成，其中的 7 个发光二极管作为 7 段笔画(a～g)组成“8”字形 LED 数码管结构，故也称 7 段 LED 数码管，剩下的 1 个发光二极管作为小数点(h 或 dp)。

数码管的实物图如图 2-20 所示。数码管的引脚示意图如图 2-21 所示。

数码管内部由 7 个发光二极管和一个公共端组成，按公共端的接法，分为共阴极和共阳极两种结构，如图 2-22 所示。

图 2-20　数码管实物图

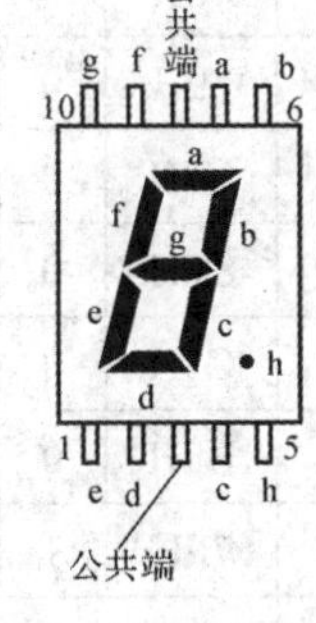

图 2-21　数码管引脚图

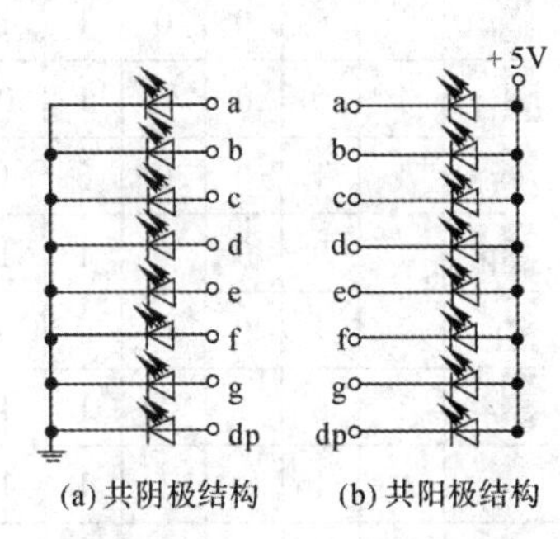

图 2-22　数码管内部结构

由数码管结构可知，在确定数码管为共阳极或共阴极后，控制数码管 dp、g、f、e、d、c、b、a 引脚的高低电平就能控制 8 个发光二极管段，称为段控。比如对共阴极数码管控制 dp、g、f、e、d、c、b、a 引脚电平为 0、1、0、1、1、0、1、1，即暗、亮、暗、亮、亮、暗、亮、亮，则数码管显示数字“2”。该段控正好对应单片机的一个输出口，比如 P0 端口，可以用语句“P0=01011011B(0x5b)”实现。

共阴极、共阳极数码管编码表如表 2-4 所示。

表 2-4　共阴极、共阳极数码管编码表

字符	共阳极数码管									共阴极数码管								
	dp	g	f	e	d	c	b	a	编码	dp	g	f	e	d	c	b	a	编码
0	1	1	0	0	0	0	0	0	C0H	0	0	1	1	1	1	1	1	3FH
1	1	1	1	1	1	0	0	1	F9H	0	0	0	0	0	1	1	0	06H
2	1	0	1	0	0	1	0	0	A4H	0	1	0	1	1	0	1	1	5BH
3	1	0	1	1	0	0	0	0	B0H	0	1	0	0	1	1	1	1	4FH
4	1	0	0	1	1	0	0	1	99H	0	1	1	0	0	1	1	0	66H
5	1	0	0	1	0	0	1	0	92H	0	1	1	0	1	1	0	1	6DH
6	1	0	0	0	0	0	1	0	82H	0	1	1	1	1	1	0	1	7DH
7	1	1	1	1	1	0	0	0	F8H	0	0	0	0	0	1	1	1	07H
8	1	0	0	0	0	0	0	0	80H	0	1	1	1	1	1	1	1	7FH
9	1	0	0	1	0	0	0	0	90H	0	1	1	0	1	1	1	1	6FH
A	1	0	0	0	1	0	0	0	88H	0	1	1	1	0	1	1	1	77H
B	1	0	0	0	0	0	1	1	83H	0	1	1	1	1	1	0	0	7CH

续表

字符	共阳极数码管									共阴极数码管								
	dp	g	f	e	d	c	b	a	编码	dp	g	f	e	d	c	b	a	编码
C	1	1	0	0	0	1	1	0	C6H	0	0	1	1	1	0	0	1	39H
D	1	0	1	0	0	0	0	1	A1H	0	1	0	1	1	1	1	0	5EH
E	1	0	0	0	0	1	1	0	86H	0	1	1	1	1	0	0	1	79H
F	1	0	0	0	1	1	1	0	8EH	0	1	1	1	0	0	0	1	71H
H	1	0	0	0	1	0	0	1	89H	0	1	1	1	0	1	1	0	76H
L	1	1	0	0	0	1	1	1	C7H	0	0	1	1	1	0	0	0	38H
P	1	0	0	0	1	1	0	0	8CH	0	1	1	1	0	0	1	1	73H
U	1	1	0	0	0	0	0	1	C1H	0	0	1	1	1	1	1	0	3EH
-	1	0	1	1	1	1	1	1	BFH	0	1	0	0	0	0	0	0	40H
点	0	1	1	1	1	1	1	1	7FH	1	0	0	0	0	0	0	0	80H
灭	1	1	1	1	1	1	1	1	FFH	0	0	0	0	0	0	0	0	00

2. 数码管静态显示的驱动

1 位数码管的静态显示控制硬件电路如图 2-19 所示。

数码管静态显示时，其公共端接地(共阴极)或接电源(共阳极)，各段选线分别与 I/O 端口接线相连。

优点：数码管静态显示结构简单，显示方便，要显示某个字符只需直接在 I/O 线上发送相应的字段码就可。

缺点：一根数码管需要 8 根 I/O 线，数码管比较多时，需要占用很多 I/O 线。

数码管静态显示需要合适的驱动电流，单片机输出口的输出电流比较小，驱动不了数码管，所以一般要使用 74HC573 锁存器作为驱动，并且还要采用 300 Ω 的限流电阻来接数码管。

74HC573 是一款高速 CMOS 器件。其包含 8 路 D 型透明锁存器，所有锁存器共用一个锁存使能 LE 端和一个输出使能 $\overline{OE}$ 端。D0～D7 为信号输入端，Q1～Q7 为信号输出端。74HC573 引脚如图 2-23 所示。

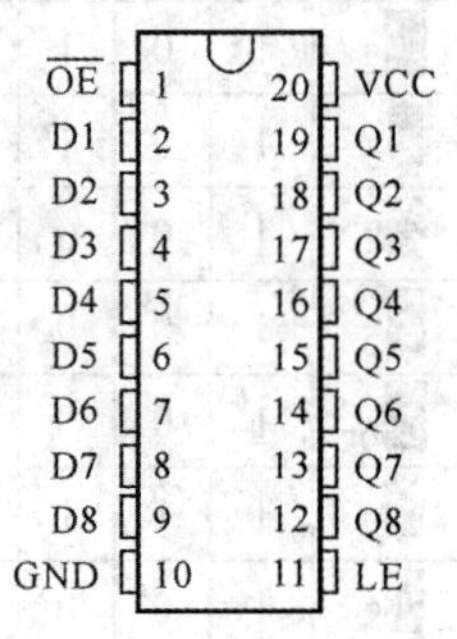

图 2-23　74HC573 引脚图

当 74HC573 的 LE 端为高电平时，数据从 D 端口输入到锁存器，在此条件下，锁存器进入透明模式，也就是说，锁存器的输出状态将会随着对应的输入状态的变化而变化。当 LE 端为低时，锁存器将输入端口上输入的信息锁存，直到 LE 端的上升沿来临。

当 74HC573 的 $\overline{OE}$ 端为低电平时，8 个锁存器中锁存的信息可正常输出；当 $\overline{OE}$ 端为高电平时，输出端进入高阻态。$\overline{OE}$ 端的电平变化不会影响锁存器的状态。

74HC573 的 $\overline{OE}$ 端在使用时通常与 GND 连接在一起，通过 LE 端来选择锁存器的锁存与使用状态。LE 端为高电平时，输入的信号被发送到输出端、LE 为低电平时，输入的信号被锁存在锁存器内。

2.3.2　程序设计

静态数码管显示项目程序设计如下：

```
#include <reg51.h>
sbit LE=P2^0;                                    //P2.0 引脚命名为 LE

/**************主程序***************/
void      main(void)
{
      LE=1;                                      //锁存器数据透明
      P0=0x7d;                                   //七段码显示数字“6”
      LE=0;                                      //锁存器数据锁存
      while(1);
}
```

2.3.3　仿真调试

静态数码管显示项目仿真调试结果为数码管显示数字“6”，如图 2-24 所示。

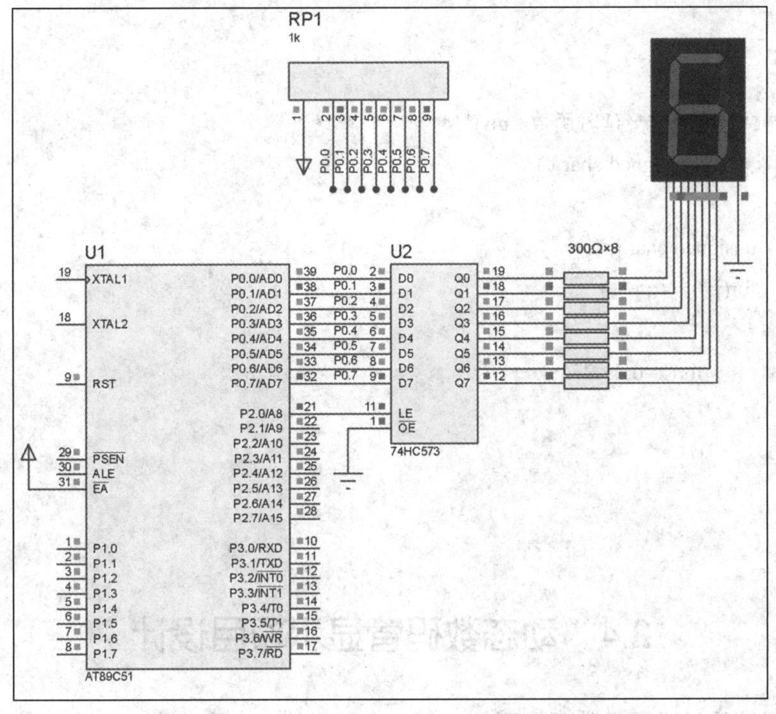

图 2-24　单个数码管显示数字“6”仿真运行图

2.3.4　项目拓展

在数码管上循环显示 16 个字符 0～F 其硬件电路设计图如图 2-19 所示。程序设计如下：

```
#include <reg51.h>
#define uchar   unsigned char                          //unsigned char 简称为 uchar
void     delay(uchar);                                 // 延时函数声明
sbit LE=P2^0;

/*************主程序**************/
void main(void )
{
        unsigned char i;
        unsigned char led[]={0x3f, 0x6, 0x5b, 0x4f, 0x66, 0x6d, 0x7d,
        0x7, 0x7f, 0x6f, 0x77, 0x7c, 0x39, 0x5e, 0x79, 0x71};          //共阴七段码数组
        for(i=0; i<16; i++)
        {
                LE=1;                                  //锁存器数据透明
                P0=led[i];                             //七段码显示
                LE=0;                                  //锁存器数据锁存
                delay(250); delay(250);   delay(250); delay(250);
        }
}

/***************延时函数 t(ms)*************/
void   delay(unsigned char t )
{
        unsigned char j, k;
        for(j=0; j<t; j++)
        {
                for(k=0; k<255; k++)
                {
                }
        }
}
```

2.4　动态数码管显示项目设计

动态数码管的显示是指数码管不是一直点亮显示的，而是间歇点亮显示的。数码管的点亮时间约为 1～2 ms，由于人的视觉暂留现象及发光二极管的余辉效应，尽管实际上数码管不是一直点亮，但只要扫描的速度足够快，给人的印象就是一个稳定的显示，不会有闪烁感。动态显示的效果和静态显示是一样的，但能够节省大量的 I/O 端口，而且功耗更低。

2.4.1 硬件电路设计

动态数码管显示项目设计任务为：单片机控制 P 端口输出，用 6 个数码管动态显示某数字及字符，如显示电流大小为 1.255 A 的数字及字符“1.255 A”。

用 6 个数码管显示数字及字符“1.255 A”的硬件电路如图 2-25 所示。

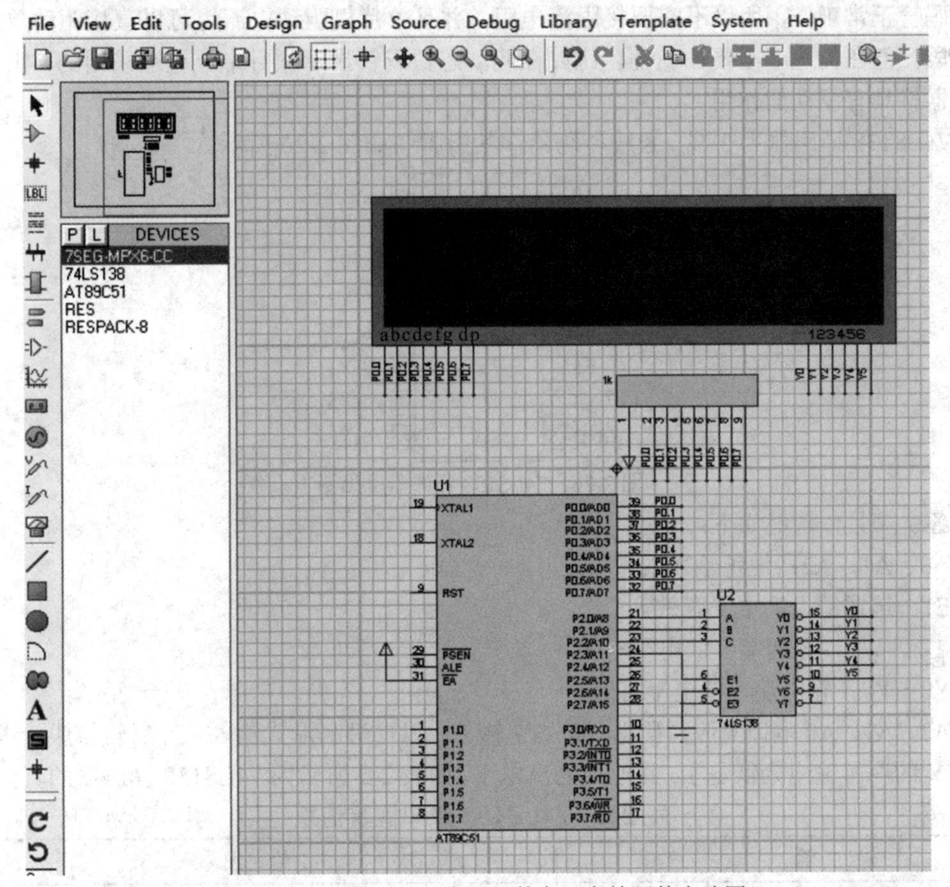

图 2-25　6 个数码管动态显示数字及字符硬件电路图

将 6 个数码管的段选线 a、b、c、d、e、f、g、dp 同名端连接在一起，用单片机的一个 I/O 接口 P0 控制。

每个数码管都有位选通端 1、2、3、4、5、6，位选通端由单片机独立的 I/O 接口 P1 通过控制 74LS138 译码器来控制。当单片机输出字形码时，所有数码管都接收到相同的字形码，但究竟是哪个数码管会显示出字形取决于单片机对位选通端电路的控制。所以只要将需要显示的数码管的选通控制打开，该位就显示出字形，没有选通的数码管就不会亮。通过分时轮流控制各个数码管的选通端，就使各个数码管轮流受控显示，这就是动态驱动。

如果每个数码管在每秒钟显示的总时间太短，则显示的亮度不够，显示的信息就不清楚，这时候应该增加显示的时间。一般来说，通过适当延长每一个数码管显示时间会使所有数码管显示一遍的时间变长，可能会影响显示的频率，所以一般需要慢慢调试。

采用如图 2-25 所示硬件电路图 I/O 接线少，线路简单，但是程序运行时需要 CPU 周期性的刷新，因此会占用 CPU 大量时间。

一般单片机能输出 10 mA 左右的电流，可直接驱动数码管。但数码管多时，需要用静态驱动，则会占用较多 I/O 端口，如 1 个数码管要占 8 个引脚。所以，虽然单片机单个引脚的驱动电流可达 10 mA，但整个芯片的电流有限，因此静态驱动只用于有 1～2 个数码管的场合，或者需要芯片 74HC573 驱动。

动态驱数码管一方面可以节省 I/O 引脚，另一方面由于采用逐个扫描方式点亮，能保证数码管正常工作，所以不需要接限流电阻，并且单片机驱动电流也可以直接驱动单个数码管段。但在位选端需要加驱动，比如在此动态数码管显示项目中位选端采用的 74LS138 译码器就具有驱动的作用。

74LS138 译码器为 3 线－8 线译码器，其引脚图如图 2-26 所示。

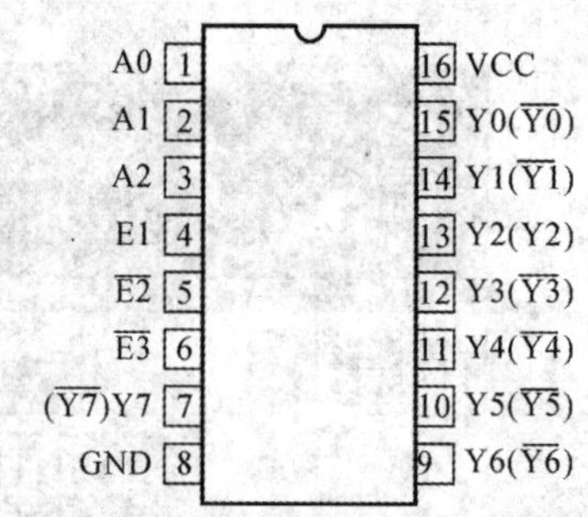

图 2-26　74LS138 译码器引脚图

各引脚具体功能如下：

A0、A1、A2：地址输入端。

E1：选通端，高电平有效。

$\overline{E2}$、$\overline{E3}$：选通端，低电平有效。

Y0～Y7：输出端，低电平有效。

A2、A1、A0 端口对应译码器 Y0～Y7 输出，以二进制形式输入，然后转换成十进制，相应 Y 的序号输出为低电平，其他均为高电平。如表 2-5 所示为 74LS138 译码器的真值表。

表 2-5　74LS138 译码器真值表

输入						输出							
E1	$\overline{E2}$	$\overline{E3}$	A2	A1	A0	Y0	Y1	Y2	Y3	Y4	Y5	Y6	Y7
1	0	0	0	0	0	0	1	1	1	1	1	1	1
1	0	0	0	0	1	1	0	1	1	1	1	1	1
1	0	0	0	1	0	1	1	0	1	1	1	1	1
1	0	0	0	1	1	1	1	1	0	1	1	1	1
1	0	0	1	0	0	1	1	1	1	0	1	1	1
1	0	0	1	0	1	1	1	1	1	1	0	1	1
1	0	0	1	1	0	1	1	1	1	1	1	0	1
1	0	0	1	1	1	1	1	1	1	1	1	1	0

控制数码管选通时，A2、A1、A0 端连接到单片机的 P2.2、P2.1、P2.0 端口，E1 端连接到单片机 P2.3 端口，$\overline{E2}$、$\overline{E3}$ 接地，对照 138 译码器真值表，当 P2=0x8，即 E1 为“1”

时，A2、A1、A0 为“0”，输出 Y0 低电平有效，选通了第 1 个数码管。当 P2 循环增加 1 时，依次可选通第 2、3、4、5、6 个数码管。

2.4.2　程序设计

动态数码管显示程序设计如下：

```
#include <reg51.h>
#define uchar   unsigned char                              //unsigned char 简称为 uchar
void    delay(uchar);                                      //延时函数声明

/**************主程序**************/
void main()
{
        unsigned char i, abc=0x8;                          //首个数码管显示
        unsigned char led[]={0x6, 0x80, 0x5b, 0x6d, 0x6d, 0x77};
        for(i=0; i<6; i++)
        {
            P2=abc++;
            if(abc==0x0e) abc=0x8;                         //第 6 个数码管显示后，循环
            P0=led[i];
            delay(2);                                      //延时 2 ms
        }
}

/****************延时函数 t(ms)*************/
void   delay(uchar t )
{
        uchar j, k;
        for(j=0; j<t; j++)
        {
          for(k=0; k<255; k++)
{
}
        }
}
```

当动态显示数码管移动显示到第 6 个数码管后，要重新回到第 1 个数码管显示，所以有语句“if(abc==0x0e)　abc=0x8；”。

2.4.3　仿真调试

用 6 个数码管动态显示数字及字符“1.255A”的仿真运行图如图 2-27 所示。

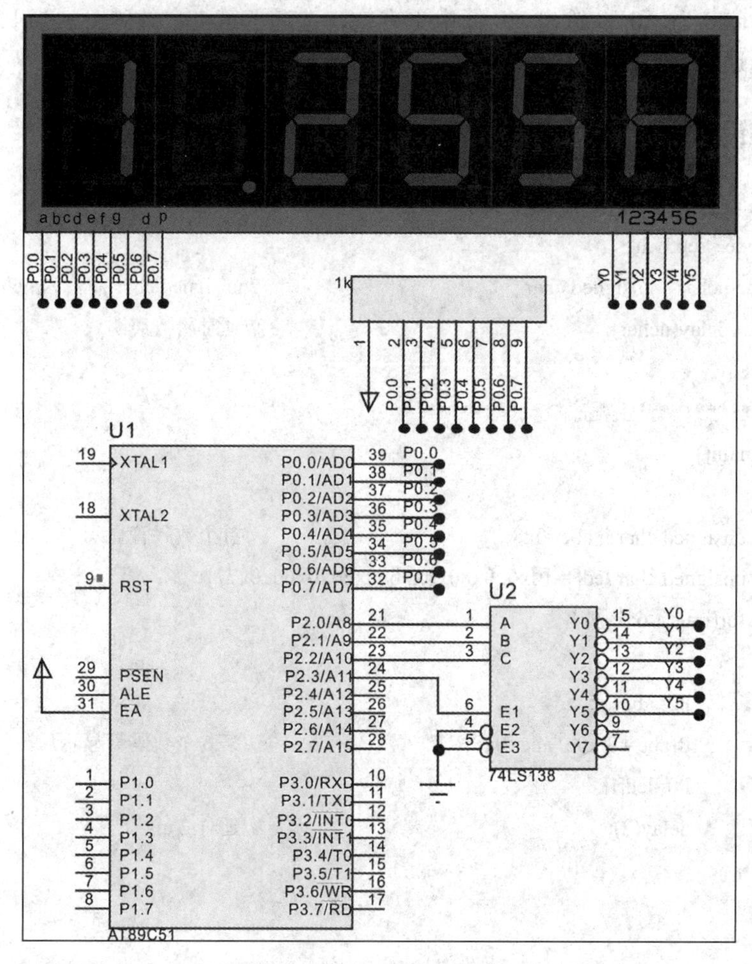

图 2-27　6 个数码管显示数字及字符“1.255A”仿真运行图

2.4.4　项目拓展——多个数码管同时显示

在第 1～6 个数码管位置同时显示 16 个字符 0～F，其硬件电路设计图如图 2-27 所示。程序设计如下：

```
#include <reg51.h>
#define uchar   unsigned char                              //unsigned char 简称为 uchar
void    delay(uchar);                                       //延时函数声明

/**************主程序***************/
void main()
{
    uchar i, l, m, abc=0x8;                                 //首个数码管显示
    uchar led[]={0x3f, 0x6, 0x5b, 0x4f, 0x66, 0x6d, 0x7d, 0x7, 0x7f,
    0x6f, 0x77, 0x7c, 0x39, 0x5e, 0x79, 0x71};              //数码管码表
```

```
        for(i=0; i<16; i++)
        {
            for(m=0; m<100; m++)
            {
                for(l=0; l<6; l++)
                {
                    P2=abc++;
                    if(abc==0x0e) abc=0x8;                //第 6 个数码管后，循环
                    P0=led[i];                            //数码管显示
                    delay(2);                             //延时 2 ms
                }
            }
        }
}

/****************延时函数 t(ms)*************/
void   delay(uchar t )
{
        uchar j, k;
        for(j=0; j<t; j++)
        {
          for(k=0; k<255; k++)
          {
          }
        }
}
```

2.4.5　项目拓展——多个数码管循环显示

在第 1～6 个数码管位置循环显示 12 个字符 0～b，其硬件电路设计图如图 2-27 所示。程序设计如下：

```
#include <reg51.h>
#define uchar   unsigned char                          //unsigned char 简称为 uchar
void    delay(uchar);                                  //延时函数声明

/*************主程序**************/
void main()
{
        unsigned char i, abc=0x8;                      //首个数码管显示
```

```
        unsigned char led[]={0x3f, 0x6, 0x5b, 0x4f, 0x66, 0x6d,
        0x7d, 0x7, 0x7f, 0x6f, 0x77, 0x7c};                    //数码管码表
        for(i=0; i<12; i++)
        {
            P2=abc++;
            if(abc==0x0e) abc=0x8;                             //第 6 个数码管后，循环
            P0=led[i];                                         //数码管显示
            delay(250);    delay(250);                         //延时 500 ms
        }
}

/****************延时函数 t(ms)*************/
void    delay(uchar t )
{
        uchar j, k;
        for(j=0; j<t; j++)
        {
          for(k=0; k<255; k++)
          {
          }
        }
}
```

2.5　独立按键项目设计

单片机控制中，常使用按键作为输入信号。按键实际上就是一个开关，可以独立使用，也可以按规则排列成键盘，其实物如图 2-28 的(a)、(b)、(c)所示。

(a) 弹性按键　　(b) 自锁按键　　(c) 键盘

图 2-28　按键实物图

按键分为弹性按键、自锁按键和键盘。其中弹性按键按下，两个触点闭合导通，放开时，触点在弹力作用下主动动弹起，断开连接，如图 2-28(a)所示。自锁按键在按键第一次

按时，开关接通并保持，即自锁，在开关按钮第二次按时，开关断开，同时开关按钮弹出来，如图 2-28(b)所示。

2.5.1　硬件电路设计

独立按键项目设计任务为：用独立按键控制 LED。

独立按键是直接用 I/O 端口线构成的单个按键电路，其特点是每个按键单独占用一个 I/O 线，每个按键的工作不会影响其他 I/O 端口线的状态。

用独立按键控制 LED 的硬件电路设计图如图 2-29 所示。

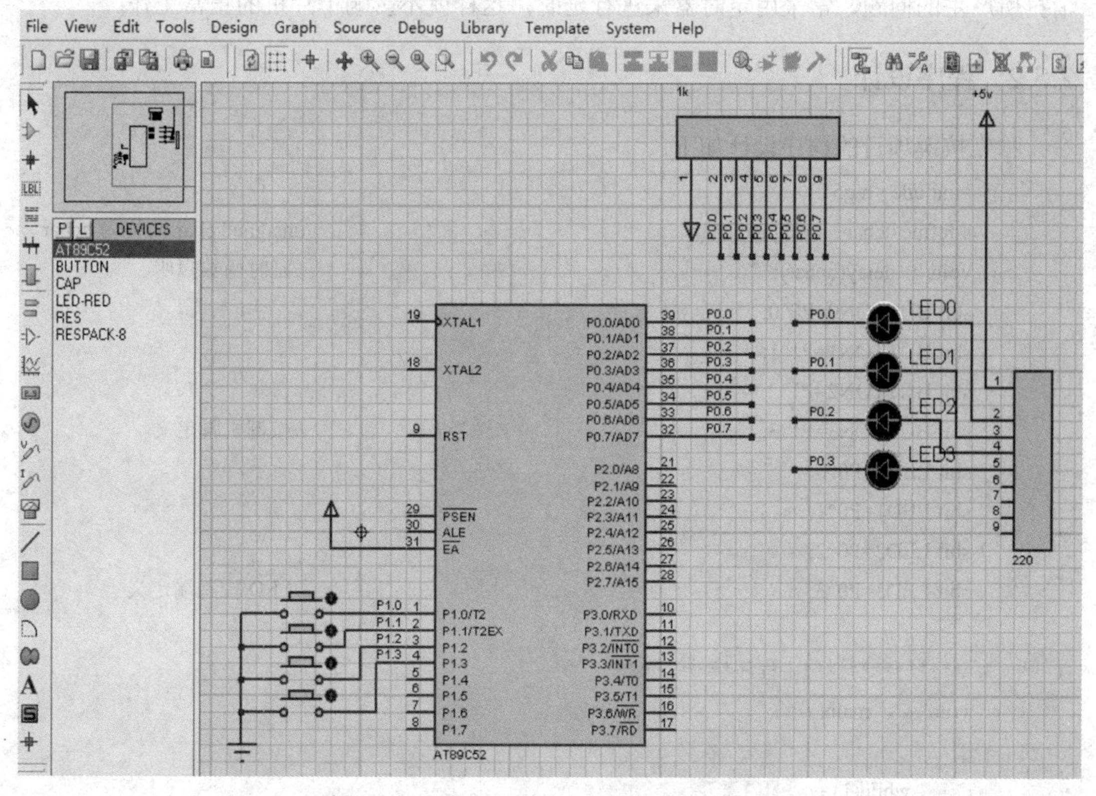

图 2-29　独立按键控制 LED 的硬件电路图

一次按键的过程，并非产生一个理想的有一定宽度的电平脉冲，而是在按下和弹起过程中存在抖动，只有在中间阶段电平信号是稳定的。一次典型的按键过程产生的电平抖动波形如图 2-30 所示。

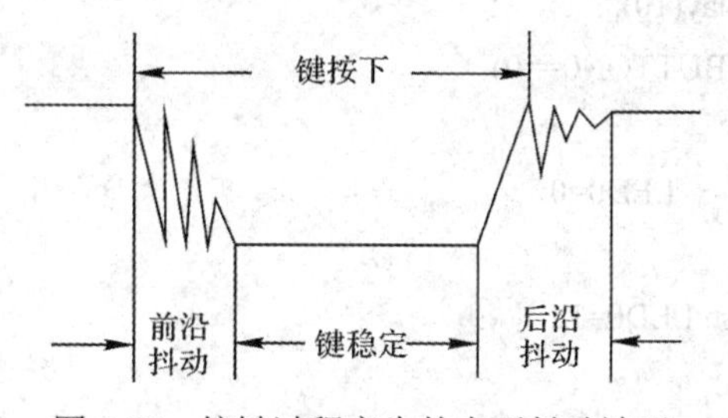

图 2-30　按键过程产生的电平抖动波形

在抖动过程中，产生的电平信号高、低反复变化，如果按键检测是检测下降沿或上升沿或者是用外部中断检测按键，都可能在抖动时重复检测到多次按键。按键抖动时间的长短由按键的机械特性决定，一般为 5～10 ms。所以，按键需要消抖。常用的消抖方法有硬件消抖和软件消抖，常采用软件消抖。最简单的消抖处理就是在首次检测到按键电平变化后，用 delay()程序延时 10 ms，等待抖动过去，然后再检测按键的电平。在延时 10 ms 期间，单片机暂停运行程序等待延时完成，这对处理能力本就紧张的单片机来说无疑是个巨大的浪费。特别是当用单片机同时运行数码管动态扫描等对时序要求高的时候，按键消抖延时期间程序暂停了，数码管也就熄灭了，严重影响了显示效果。为了避免单纯 Delay()消抖所产生的问题，常采用定时器来进行延时，这样就不影响单片机的正常工作。

2.5.2 程序设计

独立按键项目的程序设计如下：

```
#include <reg51.h>
#define uchar   unsigned char                    //unsigned char 简称为 uchar
void    delay(uchar);                            //延时函数声明
sbit BUTTON0=P1^0;
sbit BUTTON1=P1^1;
sbit BUTTON2=P1^2;
sbit BUTTON3=P1^3;                               //按键引脚定义
sbit LED0=P0^0;
sbit LED1=P0^1;
sbit LED2=P0^2;
sbit LED3=P0^3;                                  //LED 控制端定义

/*************主程序**************/
void     main()
{
    while(1)
    {
        if(BUTTON0==0)
        {
            delay(10);                           //延时 10 ms 防抖
            if(BUTTON0==0)                       //查询按键 0
            {
                LED0=0;
            }
            else LED0=1;
        }
        else if(BUTTON1==0)
```

```
        {
            delay(10);
            if(BUTTON1==0)                          //查询按键 1
            {
                LED1=0;
            }
            else LED1=1;
        }
        else if(BUTTON2==0)
        {
            delay(10);
            if(BUTTON2==0)                          //查询按键 2
            {
                LED2=0;
            }
            else LED2=1;
        }
        else if(BUTTON3==0)
        {
            delay(10);
            if(BUTTON3==0)                          //查询按键 3
            {
                LED3=0;
            }
            else LED3=1;
        }
    }
}

/*****************延时函数 t(ms)*************/
void  delay(uchar t )
{
uchar j, k;
    for(j=0; j<t; j++)
    {
      for(k=0; k<255; k++)
      {
      }
    }
}
```

生活中的很多事情都是在满足一定条件下发生的，同样，程序中的某操作语句也是在满足一定逻辑条件下才执行的，这种语句称作条件语句，或称为 if 语句。使用 if 关键字，该某操作语句就称为 if 体或条件语句体，格式如下：

```
if(条件表达式){
        复合语句 A;   //if 体
}
else
{
        复合语句 B;   //else 体
}
```

上述的语句就是通常所称的 if-else 语句。if-else 语句的执行流程为：首先判断关键词 if 后括号内条件表达式的值，如果该表达式的值为逻辑真(非 0)，则执行 if 体(语句 A)，而不执行 else 体(语句 B)，然后继续执行 if-else 之后的其他语句；否则，若该表达式的值为逻辑假(0)，则不执行该 if 体(语句 A)，而执行 else 体(语句 B)，然后继续执行 if-else 之后的其他语句。

2.5.3 仿真调试

独立按键项目的仿真结果为：一按下键，对应的 LED 就亮，如图 2-31 所示。

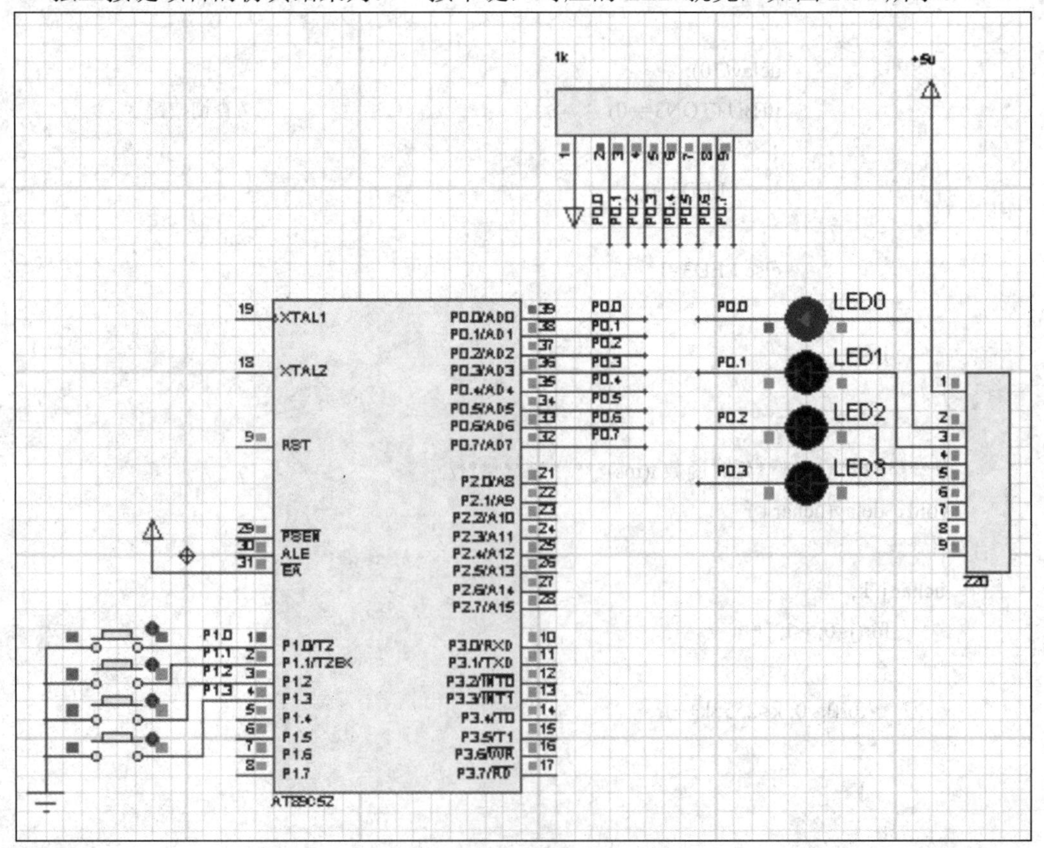

图 2-31　独立按键仿真运行图

2.5.4 项目拓展——抢答器

4 个按键中，如果一个按键被抢先按下，则相应 LED 亮起，再有其他按键按下，则不再作相应变化，其硬件电路设计图如图 2-29 所示。程序编写如下：

```
#include <reg51.h>
#define uchar   unsigned char                        //unsigned char 简称为 uchar
void    delay(uchar);                                //延时函数声明
sbit BUTTON0=P1^0;
sbit BUTTON1=P1^1;
sbit BUTTON2=P1^2;
sbit BUTTON3=P1^3;                                   //按键引脚定义
sbit LED0=P0^0;
sbit LED1=P0^1;
sbit LED2=P0^2;
sbit LED3=P0^3;                                      //LED 控制端定义
uchar i;

/**************主程序***************/
void        main()
{
      while(1)
      {
            if(BUTTON0==0)
            {
                  delay(10);                         //延时 10 ms 防抖
                  if(BUTTON0==0)                     //查询按键 0
                  {
                        LED0=0;
                        i=1;
                  }
            }
            else if(BUTTON1==0)
            {
                  delay(10);
                  if(BUTTON1==0)                     //查询按键 1
                  {
                        LED1=0;
                        i=1;
```

```
                }
            }
            else if(BUTTON2==0)
            {
                delay(10);
                if(BUTTON2==0)                                    //查询按键 2
                {
                    LED2=0;
                    i=1;
                }
            }
            else if(BUTTON3==0)
            {
                delay(10);
                if(BUTTON3==0)                                    //查询按键 3
                {
                    LED3=0;
                    i=1;
                }
            }
            while(i){ };
        }
    }

/****************延时函数 t(ms)*************/
void  delay(uchar t )
{
    uchar j, k;
    for(j=0; j<t; j++)
    {
        for(k=0; k<255; k++){}
    }
}
```

程序中“while(i);”语句中的“i”若为 1，一直执行{}空程序。

2.5.5　项目拓展——加减按键

数码管显示数字 0～9；按下一次按键 B0，则数码管显示加 1；按下一次按键 B1，则数码管显示减 1；按下按键 B2，则数码管清零，显示“0”。其硬件电路设计图如图 2-32 所示。

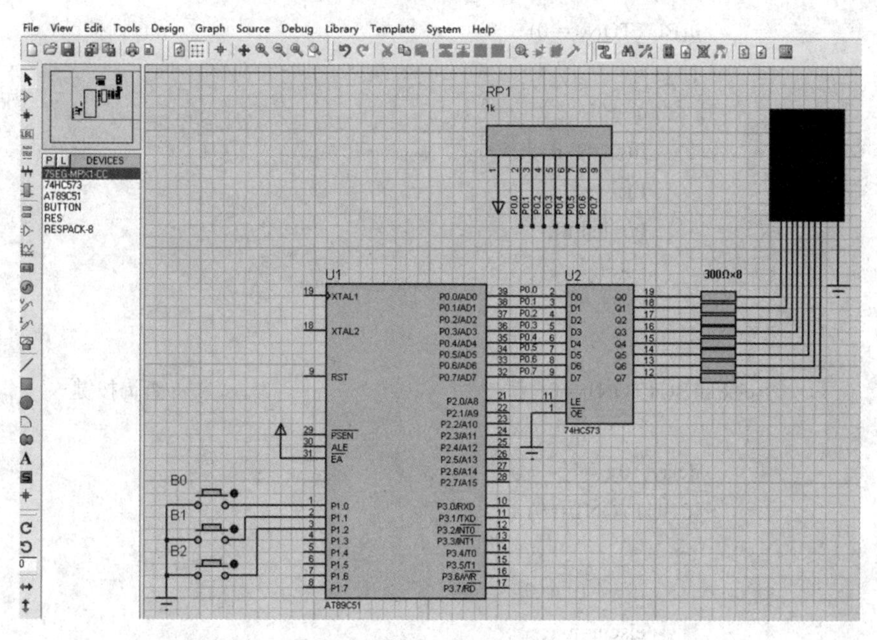

图 2-32　加减按键硬件电路图

加减按键的源程序如下：

```
#include <reg51.h>
#define uchar   unsigned char                    //unsigned char 简称为 uchar
void    delay(uchar);                            //延时函数声明
sbit BUTTON0=P1^0;
sbit BUTTON1=P1^1;
sbit BUTTON2=P1^2;                               //按键引脚定义
sbit LE=P2^0;                                    //74HC573 锁存使能端定义
uchar m, n;

/**************主程序***************/
void        main()
{
      unsigned char led[10]={0x3f, 0x6, 0x5b, 0x4f, 0x66,
      0x6d, 0x7d, 0x7, 0x7f, 0x6f};              //0～9 数码管码表
      LE=1;
      P0=led[0];                                 //数码管显示 0
      LE=0;
      while(1)
      {
            n=m;
            if(BUTTON0==0)
            {
            delay(10);
```

```
                if(BUTTON0==0)                                      //查询按键+
                {
                        n=n+1;
                        if(n>=9) n=9;
                        LE=1;
                        P0=led[n];
                        LE=0;
                }
        }
        else if(BUTTON1==0)                                         //查询按键-
        {
                delay(10);
                if(BUTTON1==0)
                {
                        if(n<=0) n=0;
                        else n=n-1;
                        LE=1;
                        P0=led[n];
                        LE=0;
                }
        }
        else if(BUTTON2==0)                                         //查询按键归零
        {
        delay(10);
                if(BUTTON2==0)
                {
                        n=0;
                        LE=1;
                        P0=led[0];
                        LE=1;
                }
        }
        delay(250);
        m=n;
    }
}

/****************延时函数 t(ms)*************/
void    delay(uchar t )
{
```

```
        uchar j, k;
        for(j=0; j<t; j++)
        {
                for(k=0; k<255; k++)
                {
                }
        }
}
```

2.6　矩阵按键项目设计

矩阵按键项目设计任务为：识别矩阵按键号，并用数码管显示。

2.6.1　硬件电路设计

矩阵按键项目硬件电路设计图如图 2-33 所示。

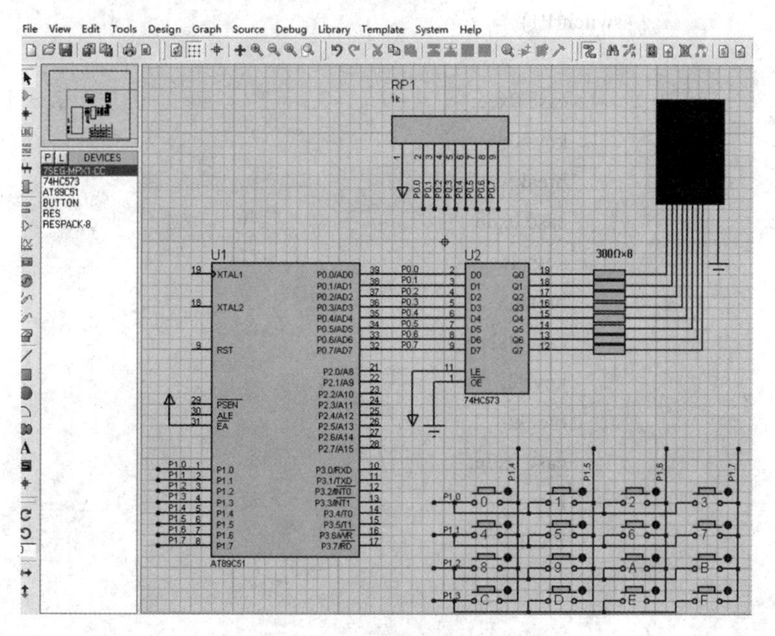

图 2-33　矩阵键盘硬件电路图

2.6.2　程序设计

矩阵按键项目的程序设计如下：

```
#include <reg51.h>
#define uchar   unsigned char                              //unsigned char 简称为 uchar
void    delay(uchar);                                      //延时函数声明
uchar led[]={0x3f, 0x6, 0x5b, 0x4f, 0x66, 0x6d, 0x7d, 0x7, 0x7f,
```

```
0x6f, 0x77, 0x7c, 0x39, 0x5e, 0x79, 0x71};                     //数码管码表

/**************主程序**************/
void    main(void)
{
      P0=led[0];                                                //数码管显示 0
      while(1)
      {
      unsigned char   key;
      P1=0x0f;
      if((P1&0x0f)!=0x0f)
      {
            delay(10);                                          //延时 10 ms，防抖
            if((P1&0x0f)!=0x0f)
            {
                  P1=0xfe;                                      //第一行
                  switch(P1)
                  {
                        case 0xee:                              //第一行第一列
                        key=0;
                        break;
                        case 0xde:
                        key=1;
                        break;
                        case 0xbe:
                        key=2;
                        break;
                        case 0x7e:
                        key=3;
                        break;
                  }

                  P1=0xfd;                                      //第二行
                  switch(P1)
                  {
                        case 0xed:                              //第二行第一列
                        key=4;
                        break;
                        case 0xdd:
                        key=5;
```

```
        break;
        case 0xbd:
        key=6;
        break;
        case 0x7d:
        key=7;
        break;
    }

    P1=0xfb;                                    //第三行
    switch(P1)
    {
        case 0xeb:                              //第三行第一列
        key=8;
        break;
        case 0xdb:
        key=9;
        break;
        case 0xbb:
        key=10;
        break;
        case 0x7b:
        key=11;
        break;
    }

    P1=0xf7;                                    //第四行
    switch(P1)
    {
        case 0xe7:                              第四行第一列
        key=12;
        break;
        case 0xd7:
        key=13;
        break;
        case 0xb7:
        key=14;
        break;
        case 0x77:
        key=15;
```

```
                    break;
                }
            }
        }
        P1=0x0f;
        while((P1&0x0f)!=0x0f);                               //释放按键
        P0=led[key];                                          //显示键号
        }
}

/*****************延时函数 t(ms)**************/
void   delay(uchar t )
{
        uchar j, k;
        for(j=0; j<t; j++)
        {
            for(k=0; k<255; k++)
            {
            }
        }
}
```

1. swith case 语句

switch 是“开关”的意思，它也是一种“选择”语句，但它的用法非常简单。switch 是多分支选择语句。说得通俗点，多分支语句就是多个 if 语句。

从功能上说，switch 语句和 if 语句完全可以相互取代。但从编程的角度，它们又各有各的特点，所以至今为止也不能说谁可以完全取代谁。

当嵌套的 if 比较少时(三个以内)，用 if 编写程序会比较简洁。但是当选择的分支比较多时，嵌套的 if 语句层数就会很多，导致程序冗长，可读性下降。因此 C 语言提供 switch 语句来处理多分支选择。所以 if 语句和 switch 语句可以说是分工明确。在很多大型的项目中，多分支选择的情况经常会遇到，所以 switch 语句用得还是比较多的。

switch 的一般形式如下：

```
switch (表达式)
{
  case 常量表达式 1：
  语句 1；
  break；
  case 常量表达式 2：
  语句 2；
  break；
```

```
    ⋮
    case 常量表达式 n：
    语句 n；
    break；
    default:
    语句 n+1；
    break；
}
```

说明：

(1) switch 语句后面括号内的“表达式”可以是 int 型变量或 char 型变量，也可以直接是整数或字符常量，但不可以是实数，float 型变量、double 型变量及小数常量。

(2) switch 语句下的 case 和 default 必须用一对大括号{}括起来。

(3) 当 switch 语句后面括号内“表达式”的值与某个 case 语句后面的“常量表达式”的值相等时，就执行此 case 语句后面的语句。执行完一个 case 语句后面的语句后，流程控制转移到下一个 case 语句继续执行。如果只想执行这一个 case 语句，不想执行其他 case 语句，那么就需要在这个 case 语句后面加上 break 语句跳出 switch 语句。

switch 是选择语句，不是循环语句。break 语句一般是跳出循环，但 break 语句还有一个用法，就是跳出 switch 语句。

(4) 若所有的 case 语句中的“常量表达式”的值都没有与 switch 后面括号内“表达式”的值相等，就执行 default 后面的语句，default 是“默认”的意思。如果 default 是最后一条语句的话，那么其后就可以不加 break 语句，因为既然已经是最后一句了，则执行完后自然就退出 switch 语句了。

(5) 每个 case 后面“常量表达式”的值必须互不相同，否则就会出现互相矛盾的现象，而且这样会造成语法错误。

2. “&”与运算

“&”表示按位逻辑与运算。

3. 判断按键是否按下的程序

判断按键是否按下的程序如下：

```
P1=0x0f;
  if((P1&0x0f)!=0x0f)
    {
          delay(10);
          if((P1&0x0f)!=0x0f)
          {
```

“P1 = 0x0f;”语句实现从 P1 口送出数值 0000 1111。“if((P1&0x0f)! = 0x0f)”语句中的“P1”是读取的 P1 端口的值。当有键按下时，从硬件电路分析可知，该行列相连，按键取值多为“0”，所以“P1”的值为 0000 1110、0000 1101、0000 1011、0000 0111 其中之一，不等于 0x0f。“delay(10);”语句实现按键消抖。

4. 判断行按键程序

程序中“P1 = 0xfe;”“P1 = 0xfd;”“P1 = 0xfb;”“P1 = 0xf7;”语句都是实现从 P1 端口送出数值，从硬件分析可知分别用来判断第 1、2、3、4 行的按键。

5. 判断列按键程序

判断按键在第几列按下，采用 switch case 语句，比如判断第 1 列按键程序如下：

```
switch(P1)
      {
       case 0xee:
            key=0;
            break;
        ⋮
```

该程序段中“switch(P1)”语句的“P1”是读入数值，只要是第一行第一列按键被按下，从硬件分析可知该数值为 0xee，所以第 0 个按键。

6. 等待释放按键程序

“P1 = 0x0f;　　while((P1&0x0f)! = 0x0f);”语句用来判断按键是否释放。其中“P1 = 0x0f;”语句实现从 P1 端口送出数值，“while((P1&0x0f)! = 0x0f){};”语句中的“P1”是读取的数值。当有按键按键按下时，“P1” ≠ 0x0f，所以执行 while 语句后面可省略的空程序{}，即处于等待状态。

2.6.3　仿真调试

矩阵按键项目仿真调试运行图，如图 2-34 所示。

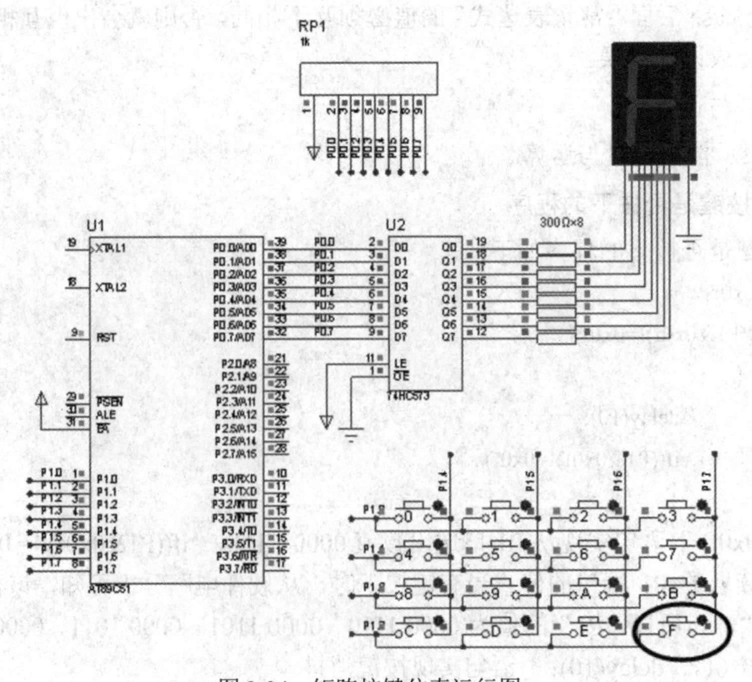

图 2-34　矩阵按键仿真运行图

图 2-34 中，按下 F 键，则数码管显示字符“F”。

2.7　LCD1602 显示项目设计

LCD(Liquid Crystal Display)意为液晶显示器。液晶本身并不发光，而是通过液晶偏转来控制光线通过，从而达到白底黑字或黑底白字显示的目的。

液晶显示器具有功耗低、抗干扰能力强等优点，广泛用在仪器仪表和控制系统中，如图 2-35 所示。

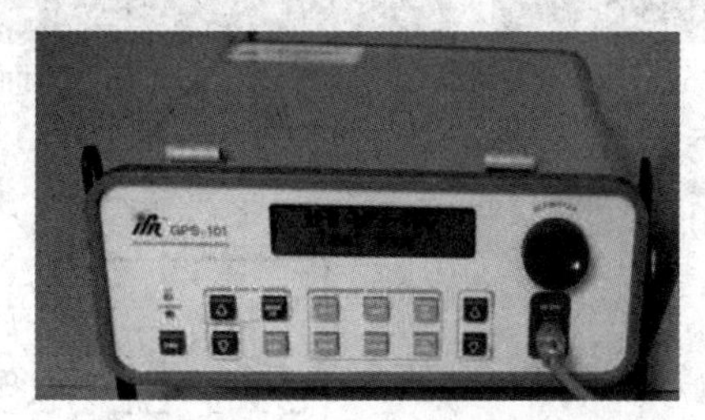

图 2-35　LCD 的应用

2.7.1　硬件电路设计

单片机控制的 LCD1602 显示项目硬件电路设计图如图 2-36 所示。

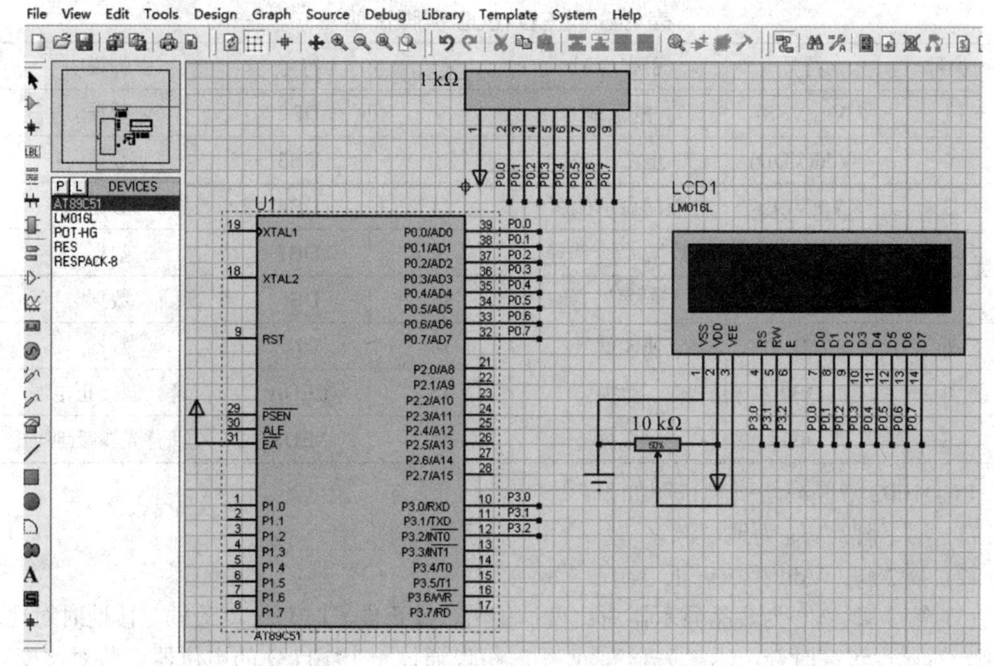

图 2-36　LCD 显示项目硬件电路图

在单片机的应用中，常采用 LCD1602 液晶模块。它是一种专门用来显示字母、数字、符号等的点阵型液晶模块，由若干个 5×7 或者 5×11 等点阵字符位组成，每个点阵字符位都可以显示一个字符。每位之间有间隔，每行之间也有间隔，起到字符间距和行间距的作用。液晶模块包括液晶驱动控制芯片及相关电路，即插即用。

LCD1602 液晶模块是指显示的内容为 16×2，即可以显示两行，每行 16 个字符液晶模块。目前市面上字符液晶模块绝大多数是基于 HD44780 液晶驱动芯片的，其控制原理是完全相同的，因此基于 HD44780 液晶驱动芯片的控制程序可以很方便地应用于市面上大部分的字符型液晶模块。LCD1602 液晶模块实物如图 2-37 所示。

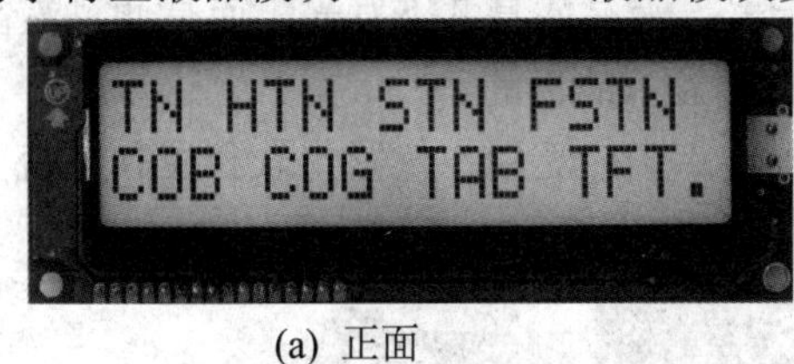

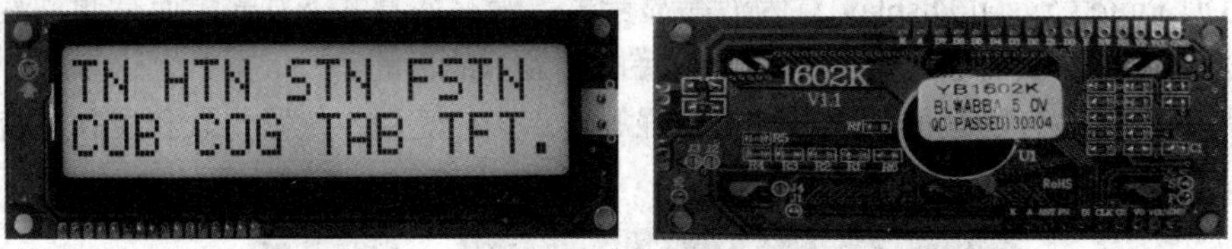

(a) 正面　　(b) 反面

图 2-37　LCD1602 模块实物图

LCD1602 液晶模块技术参数如下：

(1) 显示容量：16×2 个字符。

(2) 芯片工作电压：4.5～5.5 V。

(3) 工作电流：2.0 mA(5.0 V)。

(4) 模块最佳工作电压：5.0 V。

(5) 字符尺寸：2.95 mm×4.35 mm(W×H)。

LCD1602 液晶模块各引脚如图 2-38 所示。

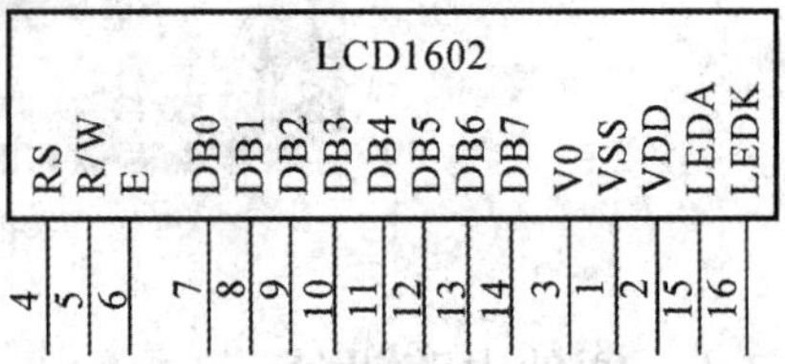

图 2-38　LCD1602 引脚图

LCD1602 液晶模块各引脚说明如表 2-6 所示。

表 2-6　LCD1602 引脚说明

编号	符号	引脚说明	编号	符号	引脚说明
1	Vss(VSS)	电源地	9	DB2	数据
2	Vdd(VDD)	电源正极	10	DB3	数据
3	V0(VEE)	液晶显示偏压	11	DB4	数据
4	RS	数据/命令选择	12	DB5	数据
5	R/W	读/写选择	13	DB6	数据
6	E	使能信号	14	DB7	数据
7	DB0	数据	15	LEDA	背光源接正电源
8	DB1	数据	16	LEDK	背光源接地

LCD1602 液晶模块引脚说明如下：

(1) 第 1 脚：Vss 为地电源。

(2) 第 2 脚：Vdd 接 5 V 正电源。

(3) 第 3 脚：V0 为液晶显示器对比度调整端，接正电源时对比度最弱，接地时对比度最高。对比度过高时会产生“鬼影”，使用时可以通过一个 10 kΩ 的电位器调整对比度。

(4) 第 4 脚：RS 为寄存器选择，高电平时选择数据寄存器、低电平时选择指令寄存器。

(5) 第 5 脚：R/W 为读/写信号线，高电平时进行读操作，低电平时进行写操作。当 RS 和 R/W 共同为低电平时可以写入指令或者显示地址；当 RS 为低电平，R/W 为高电平时可以读忙信号；当 RS 为高电平，R/W 为低电平时可以写入数据。

(6) 第 6 脚：E 端为使能端，当 E 端由高电平跳变为低电平时，液晶模块执行命令。

(7) 第 7～14 脚：DB0～DB7 为 8 位双向数据线。

(8) 第 15 脚：背光源接 5 V 正电源。

(9) 第 16 脚：背光源接地。

2.7.2 程序设计

LCD1602 显示项目程序可实现在第一行第一列显示字符串“AT89S51<-->”，在第二行第一列显示字符串“LCD1602”。程序设计如下：

```
#include <reg51.h>
#define uchar   unsigned char                        //unsigned char 简称为 uchar
uchar LCDline1[]="AT89S51<-->";                      //定义第一行的字符串
uchar LCDline2[]="LCD1602";                          //定义第二行的字符串
sbit LCD_RS=P3^0;                                    //P3.0 为 LCD_RS 控制选择
sbit LCD_E=P3^2;                                     //P3.2 为 LCD_E 使能端
sbit LCD_RW=P3^1;                                    //P3.1 为 LCD_R/W 读写选择
bit LCD_Busy();                                      //忙函数声明
void LCD_write_command(uchar );                      //写命令函数声明
void LCD_write_data(uchar ) ;                        //写数据函数声明
void LCD_init( ) ;                                   //初始化函数声明
void LCD_1_line(uchar pos1, uchar*LCDline1);         //第一行显示函数声明
void LCD_2_line(uchar pos2, uchar*LCDline2);         //第二行显示函数声明
void     delay(uchar);                               //延时函数声明

/**************主程序***************/
void main(void)
{
    LCD_init( ) ;
    LCD_1_line(0x00, LCDline1);                      //第一行显示
    LCD_2_line(0x00, LCDline2);                      //第二行显示
    while(1);
}

/*************忙检测函数**************/
bit LCD_Busy()
{
    bit LCD_Busy;
    LCD_RS=0;
    LCD_RW=1;
```

```
        LCD_E=1;
        delay(1);
        LCD_Busy=(bit)(P0&0x80);                    //取 LCD 数据首位，即忙信号位
        LCD_E=0;
        return LCD_Busy;
}

/*************写命令函数**************/
void LCD_write_command(uchar cmd)
{
        while(LCD_Busy());                          //等待显示器忙检测完毕
        delay(1);
        LCD_RS=0;
        LCD_RW=0;
        P0=cmd;
        delay(1);
        LCD_E=1;
        delay(1);
        LCD_E=0;
}

/**************写数据函数**************/
void LCD_write_data(uchar dat)
{
        while(LCD_Busy());                          //等待显示器忙检测完毕
        delay(1);
        LCD_RS=1;
        LCD_RW=0;
        P0=dat;
        delay(1);
        LCD_E=1;
        delay(1);
        LCD_E=0;
}

/**************初始化函数**************/
void LCD_init( )
{
        LCD_write_command(0x38);                    // 16×2，5×7 点阵，8 位
        delay(1);
```

```
        LCD_write_command(0x01);                          //清屏
        delay(1);
        LCD_write_command(0x06);                          //光标右移，字符不移
        delay(1);
        LCD_write_command(0x0f);                          //显示开，有光标，光标闪烁
        delay(1);
}

/**************显示第一行字符**************/
void LCD_1_line(uchar pos1, uchar*LCDline1)
{
        uchar   i=0;
        LCD_write_command(0x80+pos1);                     //在第一行 pos1 位置显示
        while(LCDline1[i]!='\0')                          //显示首行字符串
        {
                LCD_write_data(LCDline1[i]);
                i++;
                delay(1);
   }
}

/**************显示第二行字符**************/
void LCD_2_line(uchar pos2, uchar*LCDline2)
{
        uchar i=0;
        LCD_write_command(0x80+0x40+pos2);                    //在第二行 pos2 位置显示
        while(LCDline2[i]!='\0')                              //显示第二行字符串
        {
                LCD_write_data(LCDline2[i]);
                i++;
                delay(1);
        }
}

/****************延时函数 t(ms)*************/
void   delay(uchar t )
{
        uchar j, k;
        for(j=0; j<t; j++)
        {
```

```
            for(k=0; k<255; k++)
            {
            }
        }
    }
```

1. LCD1602 液晶模块控制指令

LCD1602 液晶模块内部的控制器共有 11 条控制指令，如表 2-7 所示。

表 2-7　LCD1602 液晶模块指令表

序号	指令	RS	R/W	DB7	DB6	DB5	DB4	DB3	DB2	DB1	DB0
1	清显示	0	0	0	0	0	0	0	0	0	1
2	光标返回	0	0	0	0	0	0	0	0	1	*
3	置输入模式	0	0	0	0	0	0	0	1	I/D	S
4	显示开/关控制	0	0	0	0	0	0	1	D	C	B
5	光标或字符移位	0	0	0	0	0	1	S/C	R/L	*	*
6	置功能	0	0	0	0	1	DL	N	F	*	*
7	置字符发生存储器地址	0	0	0	1	字符发生存储器地址					
8	置数据存储器地址	0	0	1	显示数据存储器地址						
9	读忙标志或地址	0	1	BF	计数器地址						
10	写数到 CGRAM 或 DDRAM	1	0	要写的数据内容							
11	从 CGRAM 或 DDRAM 读数	1	1	读出的数据内容							

LCD1602 液晶模块的读写操作、屏幕和光标的操作都是通过指令编程来实现的。各指令功能介绍如下：

(1) 指令 1：清显示。例如指令码 01H 表示光标复位到地址 00H 位置。

(2) 指令 2：光标复位，光标返回到地址 00H。*代表不需要。

(3) 指令 3：设置光标和显示模式。I/D 控制光标移动方向，高电平右移，低电平左移；S 控制屏幕上所有文字是否左移或者右移，高电平表示移动，低电平不移动。

(4) 指令 4：控制显示开关。D 控制整体显示的开与关，高电平表示开显示，低电平表示关显示；C 控制光标的开与关，高电平表示有光标，低电平表示无光标；B 控制光标是否闪烁，高电平闪烁，低电平不闪烁。

(5) 指令 5：光标或显示移位。S/C 为高电平时移动显示的文字，低电平时移动光标；R/L 为低表示左移，高表示右移。

(6) 指令 6：功能设置命令。DL 为高电平时为 4 位总线，低电平时为 8 位总线；N 为低电平时为单行显示，高电平时双行显示；F 为低电平时显示 5×7 的点阵字符，高电平时显示 5×10 的点阵字符。

(7) 指令 7：设置字符发生器 RAM 地址。

(8) 指令 8：设置 DDRAM 地址。

(9) 指令 9：读忙信号和光标地址。BF 为忙标志位，高电平表示忙，此时模块不能接收命令或者数据，如果为低电平表示不忙。

(10) 指令 10：写数据。

(11) 指令 11：读数据。

2. LCD1602 液晶模块操作时序

LCD1602 液晶模块的 4 种基本操作如表 2-8 所示。

表 2-8　LCD1602 液晶模块的 4 种基本操作

基本操作	输　入	输　出
读状态	RS = L，R/W = H，E = H	DB0～DB7 为状态字
写指令	RS = L，R/W = L，DB0～DB7 为指令码，E 由高变低产生下降沿	无
读数据	RS = H，R/W = H，E = H	DB0～DB7 为数据
写数据	RS = H，R/W = L，DB0～DB7 为数据，E 由高变低产生下降沿	无

其中，LCD1602 液晶模块读操作时序如图 2-39 所示。

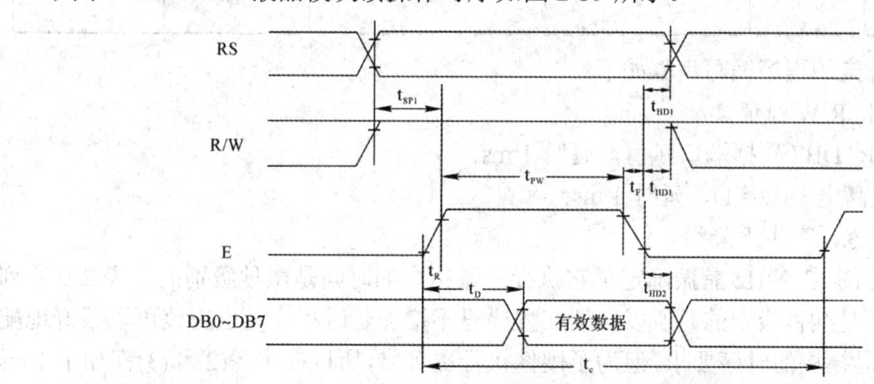

图 2-39　LCD1602 液晶模块读时序图

LCD1602 液晶模块写时序图如图 2-40 所示。

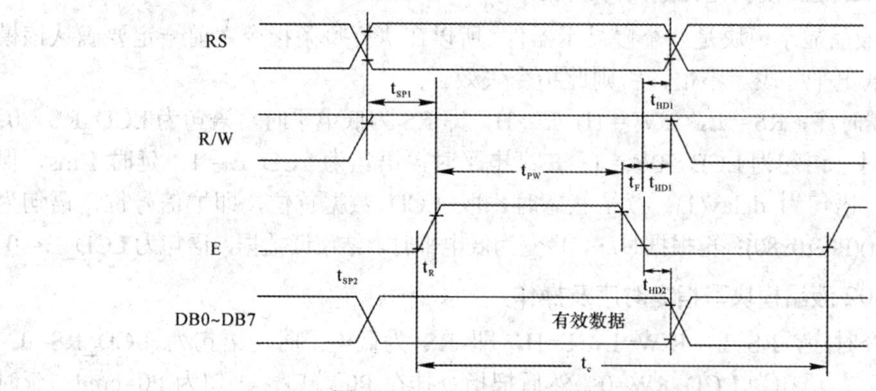

图 2-40　LCD1602 液晶模块写时序图

LCD1602 液晶模块时序参数如表 2-9 所示。

表 2-9　LCD1602 液晶模块时序参数表

时序参数	符号	权限值			单位	测试条件
		最小值	典型值	最大值		
E 信号周期	t_c	400	—	—	ns	引脚 E
E 脉冲宽度	t_{PW}	150	—	—	ns	
E 上升沿/下降沿时间	t_P, t_F	—	—	25	ns	
地址建立时间	t_{SP1}	30	—	—	ns	引脚 E、RS、R/W
地址保持时间	t_{HD1}	10	—	—	ns	
数据建立时间(读操作)	t_P	—	—	100	ns	引脚 DB0～DB7
数据保持时间(读操作)	t_{HD2}	20	—	—	ns	
数据建立时间(写操作)	T_{SP2}	40	—	—	ns	
数据保持时间(写操作)	t_{HD2}	10	—	—	ns	

从时序图确定的程序编写步骤如下：

(1) 为 RS 和 R/W 赋值；

(2) 为 DB0～DB7 数据端口赋值，延时 1 ms；

(3) 将 E 置高电平(E = 1)，延时 1 ms；

(4) 将 E 清零，产生下降沿。

单片机的外部 12 MHz 晶振确定了它执行一条指令的时间是微秒级别的。表 2-9 所列的时间参数全部是纳秒级别的，所以即便在程序里不增加延时程序，也应该可以很好地配合 LCD1602 液晶模块的时序要求，但为了硬件执行更可靠，所以在步骤(2)和(3)都加了 1 ms 延时，即 delay(1)。

3. LCD1602 液晶模块忙检测时序及操作

LCD1602 液晶显示模块是一个慢显示器件，所以在执行每条指令之前一定要确认该模块的忙标志为低电平，表示不忙，否则此指令失效。

根据读数据时序，RS = L，R/W = H，E = H，即 RS 为低电平时，语句为 LCD_RS = 0；R/W 为高电平时，语句为 LCD_RW = 1；E 高电平时，语句为 LCD_E = 1；延时 1 ms，保证可靠读数据，语句为 delay(1)；读忙状态时，取 LCD 数据首位，即忙信号位，语句为 LCD_Busy = (bit)(P0&0x80)；再根据时序，E 变为低电平时，结束读数据，语句为 LCD_E = 0。

4. LCD1602 液晶模块写指令时序及操作

根据写指令时序，RS=L，R/W=L，E=H，即 RS 为低电平时，语句为 LCD_RS=0；R/W 为低电平时，语句为 LCD_RW=0；然后把指令挂在 P0 端口，语句为 P0=cmd；延时 1 ms，语句为 delay(1)；E 高电平时，语句为 LCD_E = 1；延时 1 ms，保证可靠写指令，语句为 delay(1)；再根据时序，E 变为低电平时，结束写指令，语句为 LCD_E = 0。

5. LCD1602 液晶模块写数据时序及操作

根据写指令时序，RS = H，R/W = L，E = H，即 RS 为高电平时，语句为 LCD_RS = 1；R/W 为低电平时，语句为 LCD_RW = 0；然后把数据挂在 P0 端口，语句为 P0 = dat；延时 1 ms，语句为 delay(1)；E 高电平，语句为 LCD_E = 1；延时 1 ms，保证可靠写数据，语句为 delay(1)；再根据时序，E 变为低电平，结束写数据，语句为 LCD_E = 0。

6. LCD1602 液晶模块行列显示地址

LCD1620 液晶模块要显示字符时要先输入显示字符地址，也就是告诉模块在哪里显示字符，如图 2-41 所示为 LCD1602 液晶模块的内部显示地址。

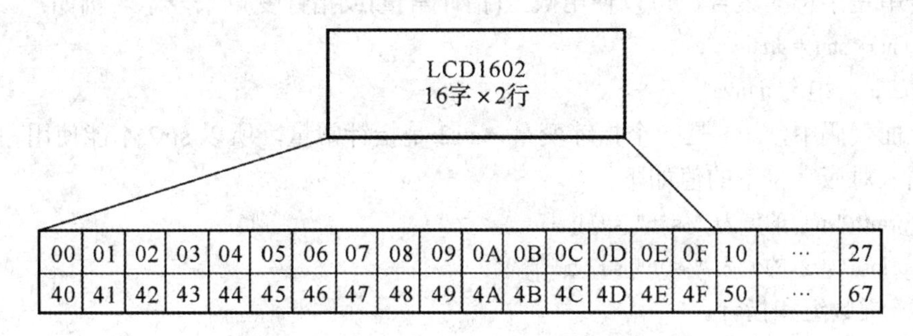

00	01	02	03	04	05	06	07	08	09	0A	0B	0C	0D	0E	0F	10	…	27
40	41	42	43	44	45	46	47	48	49	4A	4B	4C	4D	4E	4F	50	…	67

图 2-41　LCD1602 液晶模块内部显示地址

例如，第二行第一个字符的地址是 40H，那么是否直接写入 40H 就可以将光标定位在第二行第一个字符的位置呢？这样是不行的，因为根据指令 8，写入显示地址时要求最高位 DB7 恒定为高电平 1，所以实际写入的数据应该是 0100 0000B(40H) + 1000 0000B(80H) = 1100 0000B(C0H)。因此，在显示子程序中，第二行 pos2 位显示的函数语句中位置量为 0x80 + 0x40 + pos2，主程序语句为 LCD_write_command (0x80 + 0x40 + pos2)；第一行的 pos1 位显示子程序语句中的位置量为 0x80 + pos1，子程序语句为 LCD_write_ command(0x80 + pos1)。

7. C 语言程序设计的指针

在 C 语言里，基本变量存放的是数据，而指针变量是存放地址的变量。在 C 语言中，指针也称之为地址，所以某某变量的指针可以理解为某某变量的在内存中的地址。如 b 变量的指针是 1000，可以理解为 b 在内存中的地址是 1000。

(1) 定义指针变量。

在 C 语言指针的定义形式为：类型说明符*指针变量名。例如：

```
int *p1, *p2;
int* p1, p2;        // p1 是整型指针，p2 是整型变量
```

在 C 语言里可以在变量前加&符号以取得变量的地址，同样地，可以在指针变量前加*运算符取得指针变量指向的变量的值(该内存地址上存放的数据)，如：

```
int a = 4;
int *p = &a;
printf("指针 p 指向的变量的值是 %d \r\n", *p); // 注意在这行代码里，p 是指针，*p 是指向的
                                                变量的值
```

(2) 指针变量作为函数参数。

带有指针变量的函数定义形式如下：

```
void fun(int *p1, int *p2)
```

其调用方式如下：

```
int *ptr1 = &a1;
int *ptr2 = &a2;
fun(ptr1, ptr2)
```

(3) 字符串与指针。

字符串是字符的集合，可以使用数组(指针常量)或指针变量来表示。例如：

```
char *str1 = "tianya";
char str2[] = "tianya";
```

在上面代码中，str1 是一个指针变量，str2 是指针常量，所以 str2 不能使用++或--运算符。输入对应字符串的值如下：

```
printf("str1 的值为 %s \n", str1);
printf("str2 的值为 %s \n", str2);
```

(4) 一维数组和指针。

数组与指针是两个让人比较容易迷惑的概念，最主要就是各种不同的表示方式所代表了不同的含义。

```
int a[5];       // a 其实是一个常量指针，指向数组的第一个元素 a[0]
int *p = a;     // 等效于 int *p = &a[0]
```

通过指针可以引用数组元素，例如：

```
int a[5] = {10, 20, 30, 40, 50};
int *p = a;   // 或 int *p = &a[0]
printf("the seconde elem is %d \n", a[1]); //20
printf("the seconde elem is %d \n", *(a+1)); //20
printf("the seconde elem is %d \n", p[1]); //20
printf("the seconde elem is %d \n", *(p+1)); //20
```

类似地推算可以知道：a[i]等同于*(a + i); a[0]等同于*a 或*(a + 0); *(p + i)等同于 ptr[i]。另外在一些书中会介绍运算符*和[ ]等同。结合前面的例子，再看下面的一个例子。

```
int a[5] = {10, 20, 30, 40, 50};
int *p = a;       // 或 int *p = &a[0];
printf("the seconde elem is %d \n", a[1]+1); //21
printf("the seconde elem is %d \n", *a+1); //11, 可以看成 (*a)+1 或 *(a+0)+1
printf("the seconde elem is %d \n", p[1]+1); //21
printf("the seconde elem is %d \n", *p+1); //11, 可以看成 (*p)+1 或 *(p+0)+1
```

当运算符*与运算符++或--相遇时，可出现如下情况：

第一种情况：

```
int a[5] = {10, 20, 30, 40, 50};
int *p = a;       // 或 int *p = &a[0]
```

```
printf("*p++ = %d \n", *p++); //10, 可以看成 *(p++)
```

第二种情况：

```
int a[5] = {10, 20, 30, 40, 50};
int *p = a;        //或 int *p = &a[0]
printf("*++p = %d \n", *++p); //20, 可以看成 *(++p)
```

第三种情况：

```
int a[5] = {10, 20, 30, 40, 50};
int *p = a;        //或 int *p = &a[0]
printf("++*p = %d \n", ++*p); //11, 可以看成 ++(*p)
```

运算符*与++和--的运算符优先级相同，结合方向是由右往左。

当 p = &a[i] 时，则有：

*p++ 相当于 a[i++];

*++p 相当于 a[++i];

*p-- 相当于 a[i--];

*--p 相当于 a[--i]。

2.7.3　仿真调试

第一行显示“AT89S51<-->”，第二行显示字符串“LCD1602”，并且显示光标。LCD1602 显示项目仿真运行图结果如图 2-42 所示。

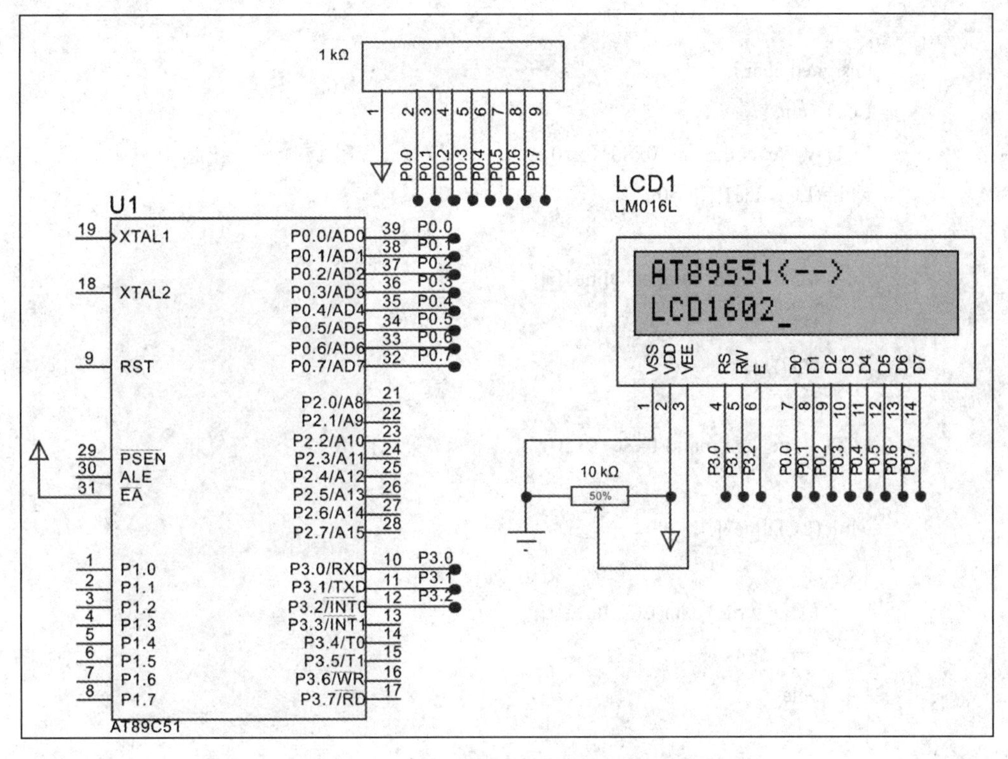

图 2-42　LCD1602 显示项目仿真运行图

2.7.4 项目拓展——将整屏字符从右向左动态移动

LCD1602 显示项目拓展(将整屏字符从右向左动态移动)项目硬件电路如图 2-36 所示。程序如下：

```
#include <reg51.h>
#define uchar    unsigned char
uchar LCDline1[]="AT89S51<-->";                  //第一行字符串
uchar LCDline2[]="LCD1602";                      //第二行字符串
sbit LCD_RS=P3^0;                                //P3.0 为 LCD_RS，寄存器选择
sbit LCD_E=P3^2;                                 //P3.2 为 LCD_E，使能端
sbit LCD_RW=P3^1;                                //P3.1 为 LCD_RW，读写选择
bit LCD_Busy();                                  // 忙函数声明
void LCD_write_command(uchar );                  //写命令函数声明
void LCD_write_data(uchar ) ;                    //写数据函数声明
void LCD_init( ) ;                               //初始化函数声明
void     delay(uchar);

/*************主程序**************/
void main(void)
{
        unsigned char i;
        LCD_init( ) ;
        LCD_write_command(0x80+0x10);            //第一行第 17 个字符位起
        while(LCDline1[i]!='\0')
        {
                LCD_write_data(LCDline1[i]);
                i++;
                delay(1);
        }
        LCD_write_command(0x80+0x50);            //第二行第 17 个字符位起
        i=0;
        while(LCDline2[i]!='\0')
        {
                LCD_write_data(LCDline2[i]);
                i++;
                delay(1);
        }
        for(i=0; i<16; i++)
```

```
        {
            LCD_write_command(0x1c);            //向左移一个字符位
            delay(255);
        }
        while(1);
}

/*************忙检测函数**************/
bit LCD_Busy()
{
        bit LCD_Busy;
        LCD_RS=0;
        LCD_RW=1;
        LCD_E=1;
        delay(1);
        LCD_Busy=(bit)(P0&0x80);            //取 LCD1602 数据首位，即忙信号位
        LCD_E=0;
        return LCD_Busy;
}

/*************写命令函数**************/
void LCD_write_command(uchar cmd)
{
        while(LCD_Busy());                  //等待显示器忙检测完毕
        delay(1);
        LCD_RS=0;
        LCD_RW=0;
        P0=cmd;
        delay(1);
        LCD_E=1;
        delay(1);
        LCD_E=0;
}

/*************写数据函数**************/
void LCD_write_data(uchar dat)
{
        while(LCD_Busy());                  //等待显示器忙检测完毕
        delay(1);
```

```
        LCD_RS=1;
        LCD_RW=0;
        P0=dat;
        delay(1);
        LCD_E=1;
        delay(1);
        LCD_E=0;
}

/**************初始化函数**************/
void LCD_init( )
{
        LCD_write_command(0x38);                //16×2 行，5×7 点阵，8 位
        delay(1);
        LCD_write_command(0x01);                //清屏
        delay(1);
        LCD_write_command(0x06);                //光标右移，字符不移
        delay(1);
        LCD_write_command(0x0f);                //显示开，有光标，光标闪烁
        delay(1);
}

/****************延时函数 t(ms)*************/
void   delay(uchar t )
{
        uchar j, k;
        for(j=0; j<t; j++)
        {
                for(k=0; k<255; k++){}
        }
}
```

程序中：语句“LCD_write_command(0x80+0x10)”表示在首行最右侧，即第一行第 17 列显示字符命令；语句“LCD_write_command(0x80+0x50);”表示在第二行第 17 列显示字符命令。语句“LCD_write_command(0x1c);”为整屏字符左移命令。

2.7.5　项目拓展——自定义字符

LCD1602 显示项目拓展(自定义字符)中要用到字符“℃”，字符“℃”表示摄氏度，在 ASCII 码表中没有，所以，在使用前需要自定义编制。该拓展项目硬件电路图如图 2-36

所示。程序如下：

```
#include <reg51.h>
#define uchar    unsigned char
sbit LCD_RS=P3^0;                          //P3.0 为 LCD_RS，选寄存器
sbit LCD_E=P3^2;                           //P3.2 为 LCD_E，使能端
sbit LCD_RW=P3^1;                          //P3.1 为 LCD_RW，读写选
bit LCD_Busy();                            //忙函数声明
void LCD_write_command(uchar );            //写命令函数声明
void LCD_write_data(uchar ) ;              //写数据函数声明
void LCD_init( ) ;                         //初始化函数声明
void LCD_zimo();                           //字模函数声明
void     delay(uchar);

/**************主程序**************/
void main(void)
{
      LCD_init( ) ;
      LCD_zimo();
      LCD_write_command(0x80+0x06);        //第一行第 7 列位置
      LCD_write_data(0x00);                //显示存放 0x00 空间字模
      while(1);
}

/*************忙检测函数**************/
bit LCD_Busy()
{
      bit LCD_Busy;
      LCD_RS=0;
      LCD_RW=1;
      LCD_E=1;
      delay(1);
      LCD_Busy=(bit)(P0&0x80);             //取 LCD1602 数据首位，忙信号位
      LCD_E=0;
      return LCD_Busy;
}
/*************写命令函数**************/
void LCD_write_command(uchar cmd)
{
      while(LCD_Busy());                   //等待显示器忙检测完毕
```

```
    delay(1);
    LCD_RS=0;
    LCD_RW=0;
    P0=cmd;
    delay(1);
    LCD_E=1;
    delay(1);
    LCD_E=0;
}
/**************写数据函数**************/
void LCD_write_data(uchar dat)
{
    while(LCD_Busy());                      //等待显示器忙检测完毕
    delay(1);
    LCD_RS=1;
    LCD_RW=0;
    P0=dat;
    delay(1);
    LCD_E=1;
    delay(1);
    LCD_E=0;
}
/**************初始化函数**************/
void LCD_init( )
{
    LCD_write_command(0x38);                //16×2 行，5×7 点阵，8 位
    delay(1);
    LCD_write_command(0x01);                //清屏
    delay(1);
    LCD_write_command(0x06);                //光标右移，字符不移
    delay(1);
    LCD_write_command(0x0f);                //显示开，有光标，光标闪烁
    delay(1);
}
/**********造字模，存放在 0x00 空间********/
void LCD_zimo()
{
    LCD_write_command(0x40);
    LCD_write_data(0x16);
```

```
        LCD_write_command(0x41);
        LCD_write_data(0x09);
        LCD_write_command(0x42);
        LCD_write_data(0x08);
        LCD_write_command(0x43);
        LCD_write_data(0x08);
        LCD_write_command(0x44);
        LCD_write_data(0x08);
        LCD_write_command(0x45);
        LCD_write_data(0x09);
        LCD_write_command(0x46);
        LCD_write_data(0x06);
        LCD_write_command(0x47);
        LCD_write_data(0x00);
}
/****************延时函数 t(ms)*************/
void   delay(uchar t )
{
        uchar j, k;
        for(j=0; j<t; j++)
        {
          for(k=0; k<255; k++){}
        }
}
```

以上程序中，在对 LCD1602 液晶模块的初始化中先设置了其显示模式，并实现了液晶模块显示字符时光标是自动右移的，无需人工干预。

在设置 LCD1602 液晶模块的屏幕对比度的时候，能够看到 5×8 的点阵，其实液晶显示的都是字符的字模。LCD1602 液晶模块内部已经存储了 160 个不同的点阵字符图形，其字符图形对应的存储地址如表 2-10 所示。

表 2-10　LCD1602 液晶模块内部字符图形对应的存储地址表

	0000	0001	0010	0011	0100	0101	0110	0111	1000	1001	1010	1011	1100	1101	1110	1111
××××0000	(1)	—	—	0	@	P	`	p	—	—	—	ー	タ	ミ	α	p
××××0001	(2)	—	!	1	A	Q	a	q	—	—	。	ア	チ	ム	ä	q
××××0010	(3)	—	"	2	B	R	b	r	—	—	「	イ	ツ	メ	β	θ
××××0011	(4)	—	#	3	C	S	c	s	—	—	」	ウ	テ	モ	ε	∞
××××0100	(5)	—	$	4	D	T	d	t	—	—	、	エ	ト	ヤ	μ	Ω
××××0101	(6)	—	%	5	E	U	e	u	—	—	・	オ	ナ	ユ	σ	ü
××××0110	(7)	—	&	6	F	V	f	v	—	—	ヲ	カ	ニ	ヨ	ρ	Σ

续表

	0000	0001	0010	0011	0100	0101	0110	0111	1000	1001	1010	1011	1100	1101	1110	1111
××××0111	(8)	—	'	7	G	W	g	w	—	—	ア	キ	ヌ	ラ	g	π
××××1000	(1)	—	(	8	H	X	h	x	—	—	ィ	ク	ネ	リ	√	x̄
××××1001	(2)	—	)	9	I	Y	i	y	—	—	ゥ	ケ	ノ	ル	⁻¹	y
××××1010	(3)	—	*	:	J	Z	j	z	—	—	ェ	コ	ハ	レ	j	千
××××1011	(4)	—	+	;	K	[	k	{	—	—	ォ	サ	ヒ	ロ	×	万
××××1100	(5)	—	,	<	L	¥	l	|	—	—	ャ	シ	フ	ワ	¢	円
××××1101	(6)	—	-	=	M	]	m	}	—	—	ュ	ス	ヘ	ン	£	÷
××××1110	(7)	—	.	>	N	^	n	→	—	—	ョ	セ	ホ	゛	ñ	—
××××1111	(8)	—	/	?	O	_	o	←	—	—	ッ	ソ	マ	゜	ö	█

LCD1602 液晶模块内部存储的字符有阿拉伯数字、英文字母的大小写、常用的符号和日文假名等。每一个字符都有一个固定的代码，比如大写的英文字母“A”的代码是 0100 0001B(41H)，显示时液晶模块把地址 41H 中的点阵字符图形显示出来，人们就能看到字母“A”了。

但有些字符是没有的，比如“℃”，需要自定义。

LCD1602 液晶模块显示的都是字符的字模，且能存储 8 个自定义字符。这 8 个自定义字符存储空间分别为：0x40～0x47、0x48～0x4F、0x50～0x57、0x58～0x5F、0x60～0x67、0x68～0x6F、0x70～0x77、0x78～0x7F。这 8 个字符可以对应存放在 LCD1602 液晶模块的 0x00H、0x01H、0x02H、0x03H、0x04H、0x05H、0x06H、0x07H 地址中。

每个字符一般由 8 行构成，每一行有命令字，例如 0x40、0x48、0x50, 0x58、0x60、0x68、0x70、0x78 为建立 1 个字模首行的命令字，第二行命令字加 1，以此类推。

以 0x40 命令字来说，它的存储空间如图 2-43 所示。

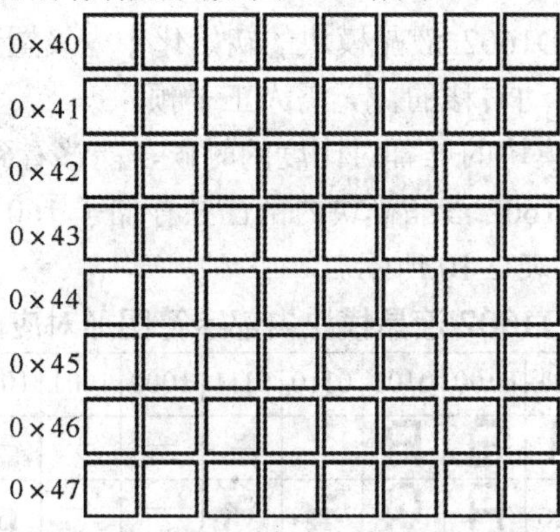

图 2-43　0×40 命令字存储空间图

如果使用 5×7 点阵字符的话，那么最左 3 位和最后一行的数据实际上是没用的，通常置为 0。如果要自定义一个符号“℃”，那么需先填框，如图 2-44(黑 1 白 0)所示。

由图 2-44 可知，0x40～0x47 存储空间对应的命令字为 0x40～0x47，对应的该字模的数据为 0x16、0x09、0x08、0x08、0x08、0x09、0x06、0x00。所以，该字模首行的命令字为 0x40，程序语句应为“LCD_write_command(0x40)”；首行的数据为 0x16，程序语句应为“LCD_write_data(0x16)”，依次类推。

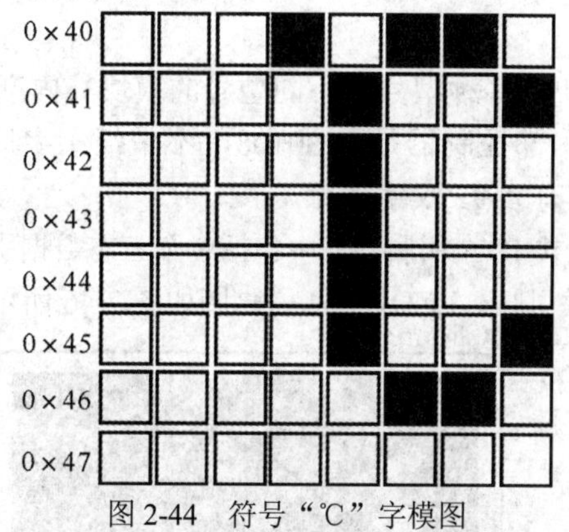

图 2-44　符号“℃”字模图

由存储空间 0x40～0x47 建立的这个字模对应的地址为 0x00H，所以使用时会把这些编码填充到 LCD1602 液晶模块的可写芯片的 0x00H 中。

在显示器的第一行显示自定义的字符“℃”，并带光标闪烁。其仿真运行图如图 2-45 所示。

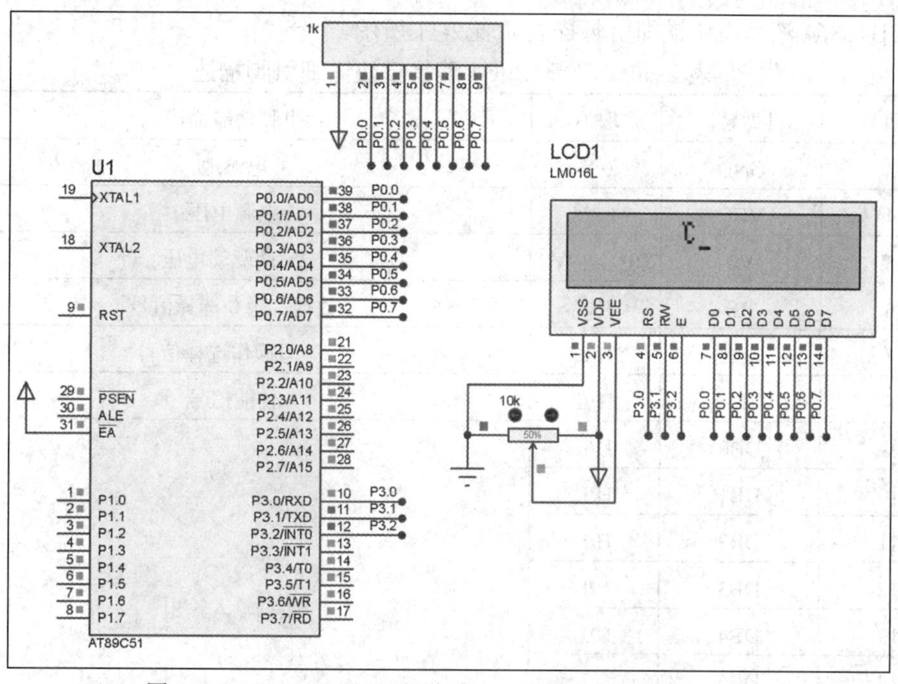

图 2-45　LCD1602 显示项目拓展——自定义字符仿真运行图

2.8　LCD12864 液晶显示项目设计

LCD(AMPIRE)12864 为图形点阵液晶显示器，它主要采用动态驱动原理，由行驱动控制器和列驱动器两部分组成，可实现 128 列×64 行全点阵液晶显示。其可显示 8×4 个 16×16 点阵汉字或 16×4 个 16×8 点阵 ASCII 字符集，也可显示图形。

2.8.1　硬件电路设计

LCD12864 液晶模块有多种型号，不同型号的模块其内部的驱动控制器是不一样的。AMPIRE12864 模块的内部控制器是 KS0108，不带汉字字库；SMG12864ZK 模块采用 ST7920 内部控制器，带有 8192 汉字字库。

LCD12864 液晶模块共 18 个引脚，其中包括 8 个三态数据引脚，5 个控制信号引脚，1 个复位引脚和 4 个电源相关引脚。LCD12864 引脚图如图 2-46 所示。

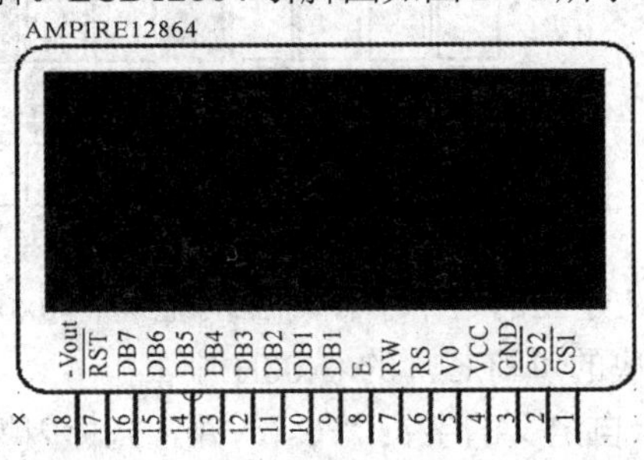

图 2-46　LCD12864 液晶模块引脚示意图

LCD12864 液晶模块详细引脚描述如表 2-11 所示。

表 2-11　LCD12864 液晶模块详细引脚描述

引脚号	引脚名称	取值	引脚功能描述
3	GND	0 V	电源地
4	VCC	+5 V	电源电压
5	V0	0～-10V	LCD 驱动电压
6	RS	H/L	数据、指令选择信号
7	R/W	H/L	读/写操作选择信号
8	E	H/L	使能信号
9	DB0	H/L	数据输入输出
10	DB1	H/L	
11	DB2	H/L	
12	DB3	H/L	
13	DB4	H/L	
14	DB5	H/L	
15	DB6	H/L	
16	DB7	H/L	
1	$\overline{CS1}$	H/L	片选信号，当 $\overline{CS1}$ = L 时，液晶左半屏显示
2	$\overline{CS2}$	H/L	片选信号，当 $\overline{CS2}$ = L 时，液晶右半屏显示
17	$\overline{RST}$	H/L	复位信号，低电平有效
18	Vout	-10 V	输出-10 V 的负电压

LCD12864 液晶模块共有 5 个控制引脚，对应 5 个控制信号。5 个控制信号分别是寄存器选择信号 RS，读写控制信号 R/W，使能信号 E，左屏片选信号 $\overline{\text{CS1}}$，右屏片选信号 $\overline{\text{CS2}}$。

RS 和 R/W 信号配合选择决定 LCD12864 液晶模块读写方式，共有 4 种模式，如表 2 - 12 所示。

表 2-12　LCD12864 液晶模块读写方式的 4 种模式

RS 信号	R/W 信号	功 能 说 明
L	L	写指令到指令暂存器(IR)
L	H	读出忙标志(BF)及地址计数器(AC)的状态
H	L	写入数据到数据暂存器(DR)
H	H	从数据暂存器(DR)中读出数据

使能信号 E 控制方式如表 2-13 所示。

表 2-13　使能信号 E 控制方式

E 状态	执行动作	功　能
高→低	I/O 缓冲→DDRAM	配合 R/W 写数据或指令
高	DDRAM→I/O 缓冲	配合 RS 进行读数据或指令

LCD12864 液晶模块的寄存器选择信号 RS、读写控制信号 R/W 与 8 位三态数据端口输入输出的控制代码的不同组合可组成不同的控制指令，这些指令控制液晶模块完成各种操作。

LCD12864 液晶显示项目的硬件电路设计如图 2-47 所示。

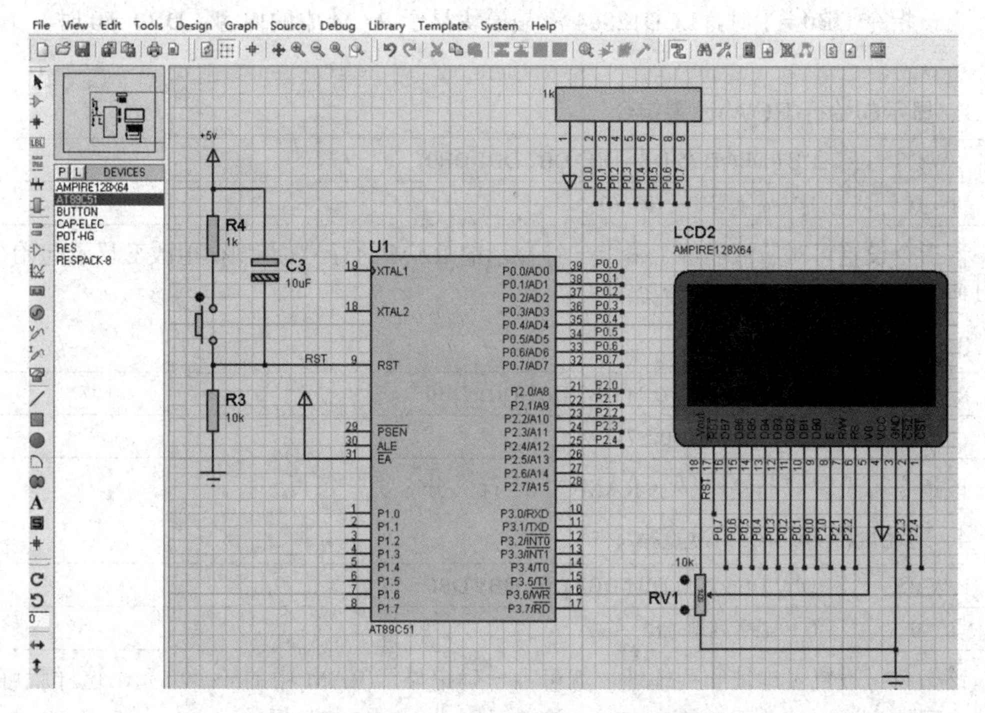

图 2-47　LCD12864 液晶显示项目硬件电路图

2.8.2 程序设计

LCD12864(KS0108 控制器)液晶模块的指令系统比较简单，总共只有 7 种。其指令表如表 2-14 所示。

表 2-14　LCD12864(KS0108 控制器)液晶模块显示指令表

指令名称	控制信号		控制代码							
	R/W	RS	DB7	DB6	DB5	DB4	DB3	DB2	DB1	DB0
显示开关	0	0	0	0	1	1	1	1	1	1/0
显示起始行设置	0	0	1	1	X	X	X	X	X	X
页设置	0	0	1	0	1	1	1	X	X	X
列地址设置	0	0	0	1	X	X	X	X	X	X
读状态	1	0	BUSY	0	ON/OFF	$\overline{RST}$	0	0	0	0
写数据	0	1	写数据							
读数据	1	1	读							

各指令功能详细介绍如下：

1. 显示开/关指令

R/W RS	DB7 DB6 DB5 DB4 DB3 DB2 DB1 DB0
0　0	0 0 1 1 1 1 1 1/0

当该指令 DB0 = 1 时，LCD12864 液晶模块显示 RAM 中的内容；DB0 = 0 时，关闭显示。

2. 显示起始行(ROW)设置指令

R/W RS	DB7 DB6 DB5 DB4 DB3 DB2 DB1 DB0
0　0	1 1　显示起始行(0～63)

该指令设置可对应液晶屏上最上一行显示的 RAM 的行号，有规律地改变显示起始行，可以使 LCD 实现滚屏显示的效果。

3. 页(PAGE)设置指令

R/W RS	DB7 DB6 DB5 DB4 DB3 DB2 DB1 DB0
0　0	1 0 1 1 1　页号(0～7)

该指令可设置液晶模块显示 RAM 共 64 行，分 8 页，每页 8 行。

4. 列地址(Y Address)设置指令

R/W RS	DB7 DB6 DB5 DB4 DB3 DB2 DB1 DB0
0　0	0 1　显示列地址(0～63)

该指令可设置页地址和列地址，就可唯一确定显示 RAM 中的一个单元，这样就可以用读或写指令读出该单元中的内容或向该单元写进一个字节数据。

5. 读状态指令

R/W RS	DB7 DB6 DB5 DB4 DB3 DB2 DB1 DB0
1　0	BUSY 0 ON/OFF REST 0 0 0 0

该指令用来查询液晶模块内部控制器的状态，各参量含义如下：

BUSY：1 表示内部在工作；0 表示正常状态。

ON/OFF：1 表示显示关闭；0 表示显示打开。

RESET：1 表示复位状态；0 表示正常状态。

在 BUSY 和 RESET 状态时，除读状态指令外，其他指令均不对液晶模块产生作用。

在对液晶显示模块操作之前需要查询 BUSY 状态，以确定是否可以对液晶显示模块进行操作。

6. 写数据指令

R/W RS	DB7 DB6 DB5 DB4 DB3 DB2 DB1 DB0
0　1	写数据

7. 读数据指令

R/W RS	DB7 DB6 DB5 DB4 DB3 DB2 DB1 DB0
1　1	读显示数据

读、写数据指令每执行完一次读、写操作，列地址就自动加一。必须注意的是，进行读操作之前，必须有一次空读操作，然后再读才会读出所要读的单元中的数据。

BF 标志提供内部工作情况。BF = 1 表示模块在进行内部操作，此时模块不接收外部指令和数据；BF = 0 时模块为准备状态，随时可接收外部指令和数据。利用表 2-14 中的“读取忙标志和地址”指令，可以将 BF 读到 DB7 总线，从而检验液晶模块的工作状态。

在 LCD12864 液晶模块的初始化阶段，DDRAM 列地址的设定和行地址的设定都是由写控制指令来完成的。当 R/W = 0，RS = 0 时，在使能信号的配合下就可以把控制命令写入到指令暂存器(IR)。LCD12864 液晶模块写时序图如图 2-48 所示。

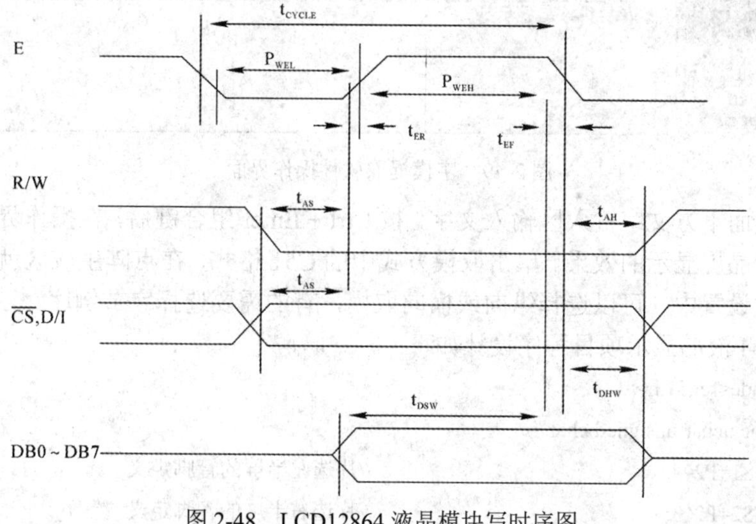

图 2-48　LCD12864 液晶模块写时序图

当寄存器选择控制信号 RS = 0，即为写控制命令，当 RS = 1 时即为写数据。

在对 LCD12864 液晶模块进行操作前需初始化，对其做一些必要的设置。这些设置包括：基本指令操作设置；开显示，关光标，不闪烁清除显示设置；光标的移动方向，以及使 DDRAM 的地址计数器加 1 等设置。

使用图形液晶模块可以显示汉字和图形。LCD12864 液晶模块内置了液晶显示驱动控制器，在液晶屏上横向 8 个点为 1 个字节数据，每个字节在显示缓冲区内有对应的地址，液晶屏幕的左上角横向 8 个点对应液晶模块显示缓冲区的首地址。LCD12864 液晶模块采用图形显示方式在液晶显示器上用点阵来显示汉字，最常用的是 16×16 点阵的汉字，一个 16×16 点阵的汉字可用 32 个字节表示。

LCD12864 液晶模块一共可以显示 32 个字，4 行，每行 8 个字，左半屏 4 个，右半屏 4 个，用 CS1，CS2 进行片选。每个字占 2 页，第 0 页显示上半字，第 1 页显示下半字，显示 1 个字需要一个 16×16 点阵；8 小行为 1 页，DDRAM 共 64 小行，即 8 页，Page0～Page7，所以只能显示 4 行汉字。

可以下载一些字模提取软件来获得字模。其中一个软件的操作界面，如图 2-49 所示。

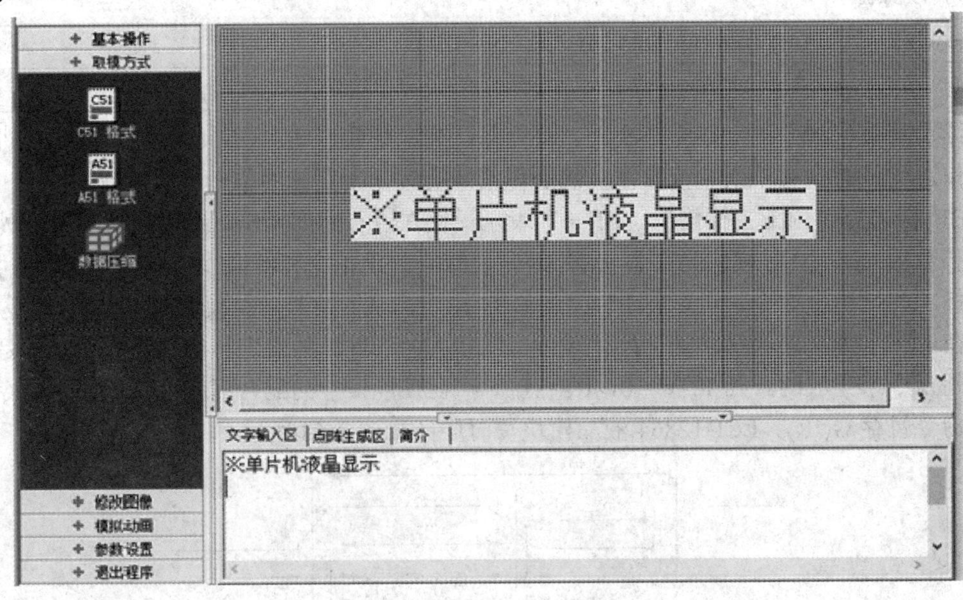

图 2-49　字模提取软件操作界面

在操作界面下方文字输入区输入文字，按 Ctrl + Enter 组合键后，在操作界面上方显示的图像就是液晶屏显示的效果。单击取模方式中的 C51 格式，在点阵生成区就可得到字模数据。在参数设置中，可以选择纵向或横向取模，有的需要选择字节倒序。

LCD12864 液晶显示项目程序设计如下：

```
#include<reg51.h>
#define uchar unsigned char
sbit CS1=P2^4;                    //片选左半屏的管脚定义
sbit CS2=P2^3;                    //片选右半屏的管脚定义
```

```
sbit LCD_RS=P2^2;                        //H 数据输入，L 指令码输入
sbit LCD_RW=P2^1;                        //H 读取，L 写入
sbit LCD_E=P2^0;                         //使能，由 H 到 L 完成使能
uchar code matrix[]={
/*--  文字:  ※  --*/
/*--  宋体 12;   此字体下对应的点阵为：宽 x 高=16x16   --*/
0x00, 0x82, 0x84, 0x08, 0x10, 0x20, 0x46, 0x86, 0x40, 0x20, 0x10, 0x08, 0x84, 0x82, 0x00, 0x00,
0x40, 0x21, 0x11, 0x08, 0x04, 0x02, 0x31, 0x30, 0x01, 0x02, 0x04, 0x08, 0x11, 0x21, 0x40, 0x00,
/*--  文字:  单  --*/
/*--  宋体 12;   此字体下对应的点阵为：宽 x 高=16x16   --*/
0x00, 0x00, 0xF8, 0x49, 0x4A, 0x4C, 0x48, 0xF8, 0x48, 0x4C, 0x4A, 0x49, 0xF8, 0x00, 0x00, 0x00,
0x10, 0x10, 0x13, 0x12, 0x12, 0x12, 0x12, 0xFF, 0x12, 0x12, 0x12, 0x12, 0x13, 0x10, 0x10, 0x00,
/*--  文字:  片  --*/
/*--  宋体 12;   此字体下对应的点阵为：宽 x 高=16x16   --*/
0x00, 0x00, 0x00, 0xFE, 0x20, 0x20, 0x20, 0x20, 0x20, 0x3F, 0x20, 0x20, 0x20, 0x20, 0x00, 0x00,
0x00, 0x80, 0x60, 0x1F, 0x02, 0x02, 0x02, 0x02, 0x02, 0x02, 0xFE, 0x00, 0x00, 0x00, 0x00, 0x00,
/*--  文字:  机  --*/
/*--  宋体 12;   此字体下对应的点阵为：宽 x 高=16x16   --*/
0x10, 0x10, 0xD0, 0xFF, 0x90, 0x10, 0x00, 0xFE, 0x02, 0x02, 0x02, 0xFE, 0x00, 0x00, 0x00, 0x00,
0x04, 0x03, 0x00, 0xFF, 0x00, 0x83, 0x60, 0x1F, 0x00, 0x00, 0x00, 0x3F, 0x40, 0x40, 0x78, 0x00,
/*--  文字:  液  --*/
/*--  宋体 12;   此字体下对应的点阵为：宽 x 高=16x16   --*/
0x10, 0x60, 0x02, 0x8C, 0x00, 0x84, 0xE4, 0x1C, 0x05, 0xC6, 0xBC, 0x24, 0x24, 0xE4, 0x04, 0x00,
0x04, 0x04, 0x7E, 0x01, 0x00, 0x00, 0xFF, 0x82, 0x41, 0x26, 0x18, 0x29, 0x46, 0x81, 0x80, 0x00,
/*--  文字:  晶  --*/
/*--  宋体 12;   此字体下对应的点阵为：宽 x 高=16x16   --*/
0x00, 0x00, 0x00, 0x00, 0x7F, 0x49, 0x49, 0x49, 0x49, 0x49, 0x7F, 0x00, 0x00, 0x00, 0x00, 0x00,
0x00, 0xFF, 0x49, 0x49, 0x49, 0x49, 0xFF, 0x00, 0xFF, 0x49, 0x49, 0x49, 0x49, 0xFF, 0x00, 0x00,
/*--  文字:  显  --*/
/*--  宋体 12;   此字体下对应的点阵为：宽 x 高=16x16   --*/
0x00, 0x00, 0x00, 0xFE, 0x92, 0x92, 0x92, 0x92, 0x92, 0x92, 0x92, 0xFE, 0x00, 0x00, 0x00, 0x00,
0x40, 0x42, 0x44, 0x58, 0x40, 0x7F, 0x40, 0x40, 0x40, 0x7F, 0x40, 0x50, 0x48, 0x46, 0x40, 0x00,
/*--  文字:  示  --*/
/*--  宋体 12;   此字体下对应的点阵为：宽 x 高=16x16   --*/
0x40, 0x40, 0x42, 0x42, 0x42, 0x42, 0x42, 0xC2, 0x42, 0x42, 0x42, 0x42, 0x42, 0x40, 0x40, 0x00,
0x20, 0x10, 0x08, 0x06, 0x00, 0x40, 0x80, 0x7F, 0x00, 0x00, 0x00, 0x02, 0x04, 0x08, 0x30, 0x00,
};

/****************延时函数 t(ms)*************/
```

```
void   delay(uchar t )
{
      uchar j, k;
      for(j=0; j<t; j++)
      {
        for(k=0; k<255; k++)
        {
        }
      }
}

/*************忙检测函数*************/
bit Busy_12864()                                    //忙检测函数
{
      bit LCD_Busy;
      LCD_RS=0;
      LCD_RW=1;
      LCD_E=1;
      delay(1);
      LCD_Busy=(bit)(P0&0x80);                    //取 LCD12864 数据首位，即忙
      LCD_E=0;
      return LCD_Busy;
}

/*************写命令函数*************/
void write_command(uchar cmd)
{
      while(Busy_12864());                         //LCD12864 忙检测
      LCD_RS=0;
      LCD_RW=0;
      P0=cmd;
      LCD_E=1;
      delay(1);
      LCD_E=0;                                    //E 下降沿，写指令
}

/**************写数据函数**************/
void write_data(uchar dat)
{
```

```
        while(Busy_12864());                          //LCD12864 忙检测
        LCD_RS=1;
        LCD_RW=0;
        P0=dat;
        LCD_E=1;
        delay(1);
        LCD_E=0;                                      //E 下降沿，写数据
}

/************字符起始页函数**************/
void Page(uchar p)
{
        p=p|0xb8;       //实际页数和 b8(即 10111000B)的或运算就是要送的代码，逻辑加法
        while(Busy_12864());                          //LCD12864 忙检测
        write_command(p);
}

/************字符起始列函数**************/
void Colum(uchar c)                       //字符起始列，c 取值为 0～63，左右半屏各 64 列
{
        c=c|0x40;                         //实际列数和 40(即 01000000)的或运算就是要送的代码
        while(Busy_12864());              //等待显示器忙检测完毕
        write_command(c);
}

/***********清屏函数**********/
void intial_12864()
{
        uchar i, j;
        CS1=0;
        CS2=1;
        write_command(0x3f);                      //0x3f：左屏开显示
        CS1=1;
        CS2=0;
        write_command(0x3f);                      //0x3f：右屏开显示
        CS1=0;
        CS2=1;                                    //清左屏
        for(i=0; i<8; i++)
        {
```

```
            Page(i);
            Colum(0x00);
            for(j=0; j<64; j++)
            {
              write_data(0x00);
            }
        }
        CS1=1;
        CS2=0;                                  //清右屏
        for(i=0; i<8; i++)
        {
            Page(i);
            Colum(0x00);
            for(j=0; j<64; j++)
            {
              write_data(0x00);
            }
        }
}

/************16×16 汉字显示程序***********/
void Display(uchar *matrix, uchar page, uchar colum)//先上半字，再下半字；由左向右逐列送值
{
        uchar i, j;
        Page(page);
        Colum(colum);
        for(i=0; i<16; i++)
        {
            write_data(*matrix);        //指针 matrix 指向数组 matrix 进行去字模数据
            matrix++;
        }
        Page(page+1);                   //换页，显示下半字，一个字需要两页才可以完成显示
        Colum(colum);
        for(j=0; j<16; j++)
        {
            write_data(*matrix);
            matrix++;
        }
}
```

```
/**************主程序***************/
void main(void)                                //在第 2 行(3、4 页)显示 6 个字
{
    intial_12864();
    CS1=0;
    CS2=1;
    Display(matrix+0, 0x01, 0);              //左屏第 1 个字：第 1 页第 0 列
    Display(matrix+32, 0x01, 16);            //左屏第 2 个字：第 1 页第 16 列
    Display(matrix+64, 0x01, 32);            //左屏第 3 个字：第 1 页第 32 列
    Display(matrix+96, 0x01, 48);            //左屏第 4 个字：第 1 页第 48 列
    CS1=1;
    CS2=0;
    Display(matrix+128, 0x01, 0);            //右屏第 1 个字：第 1 页第 0 列
    Display(matrix+160, 0x01, 16);           //右屏第 2 个字：第 1 页第 16 列
    Display(matrix+192, 0x01, 32);           //右屏第 3 个字：第 1 页第 32 列
    Display(matrix+224, 0x01, 48);           //右屏第 4 个字：第 1 页第 48 列
    while(1);
}
```

2.8.3　仿真调试

LCD12864 液晶显示项目仿真调试过程中需要按复位键。其仿真运行图如图 2 - 50 所示。

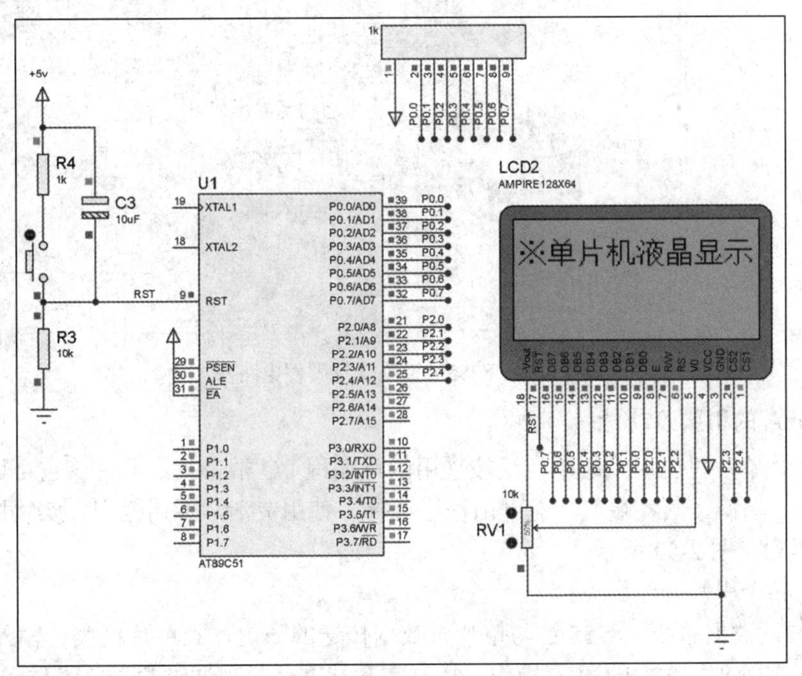

图 2-50　LCD12864 液晶显示项目仿真运行图

2.9　8255A 扩展项目设计

51 单片机共有 4 个并行 I/O 端口，但这些 I/O 端口并不能完全提供给用户使用，51 单片机可提供给用户使用的 I/O 端口只有 P1～P3 部分端口。因此，在大部分的 51 单片机应用系统设计中，都不可避免地要进行 I/O 端口扩展，因此通常采用 8255A 扩展芯片。

2.9.1　硬件电路设计

通过单片机控制 8255A 的 PC 端口获得按键开关量“0”；控制 8255A 的 PB 端口使 LED 点亮；控制 8255A 的 PA 端口使喇叭蜂鸣。8255A 扩展项目硬件设计电路图如图 2-51 所示。

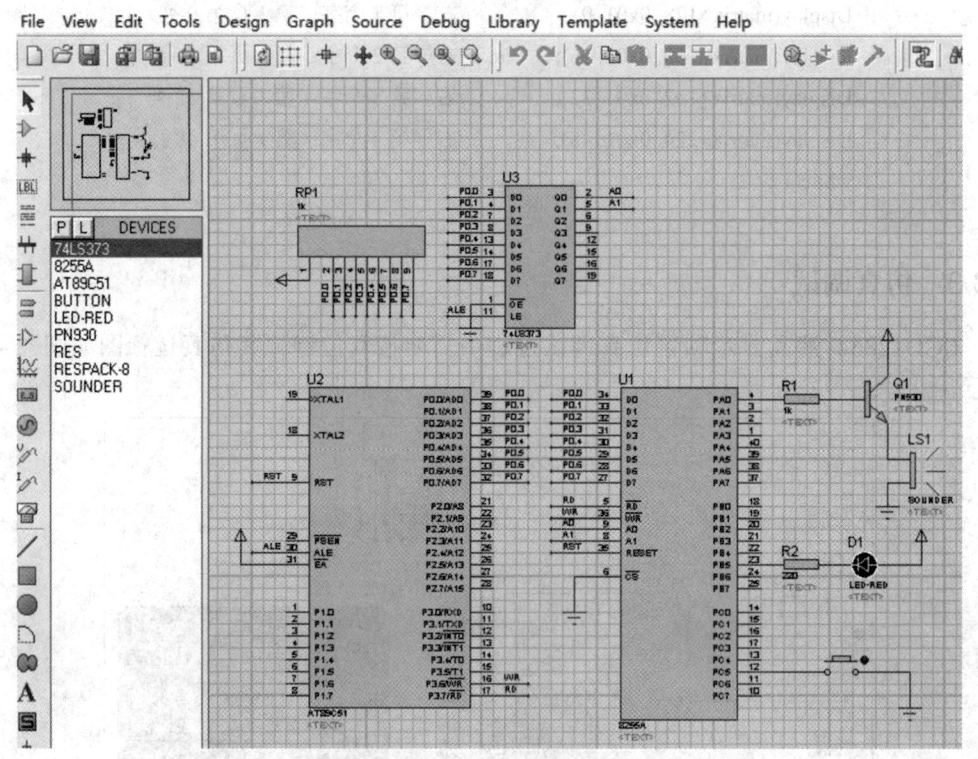

图 2-51　8255A 扩展项目硬件电路图

1. 8255A 的引脚及功能

8255A 是单片机应用系统中广泛被采用的可编程 I/O 端口扩展芯片。它可以扩展 3 个 8 位并行 I/O 端口，其各端口功能可由程序选择，使用灵活，通用性强。实物图与引脚图分别如图 2-52、图 2-53 所示。

8255A 各个引脚介绍如下：

D0～D7：数据总线，8255A 与单片机数据传送的通道，当单片机执行输入/输出指令时，通过它实现 8 位数据的读/写操作，控制字和状态信息也通过数据总线传送。

图 2-52　8255A 实物图

引脚	编号	编号	引脚
PA3	1	40	PA4
PA2	2	39	PA5
PA1	3	38	PA6
PA0	4	37	PA7
$\overline{RD}$	5	36	WR
$\overline{CS}$	6	35	RESEET
GND	7	34	D0
A1	8	33	D1
A0	9	32	D2
PC7	10	31	D3
PC6	11	30	D4
PC5	12	29	D5
PC4	13	28	D6
PC0	14	27	D7
PC1	15	26	VCC(+5V)
PC2	16	25	PB7
PC3	17	24	PB6
PB0	18	23	PB5
PB1	19	22	PB4
PB2	20	21	PB3

8255A

图 2-53　8255A 引脚图

PA0～PA7：端口 A 输入/输出线。

PB0～PB7：端口 B 输入/输出线。

PC0～PC7：端口 C 输入/输出线。

RESET：复位输入线，当该输入端处于高电平时，所有内部寄存器(包括控制寄存器)均被清除，所有 I/O 端口均被置成输入方式。

$\overline{CS}$：芯片选择信号线，当这个输入引脚为低电平时，即$\overline{CS}$=0 时，表示芯片被选中，允许 8255A 与单片机进行通信；$\overline{CS}$=1 时，8255 无法与单片机进行数据传输。

$\overline{RD}$：读信号线，当$\overline{RD}$产生一个低脉冲且$\overline{CS}$=0 时，允许单片机通过数据总线从 8255A 读取数据。

$\overline{WR}$：写入信号线，当$\overline{WR}$产生一个低脉冲且$\overline{CS}$=0 时，允许单片机通过数据总线将数据或控制字写入 8255A。

VCC：+5 V 单电源供电。

A1，A0：地址选择线，用来选择 8255A 的 PA 端口，PB 端口，PC 端口和控制寄存器，单片机实现选择 8255A 的端口，再通过数据端口的 DB0～DB7 实现单片机与 8255A 之间的数据输入输出。当 A1 = 0，A0 = 0 时，PA 端口被选择；当 A1 = 0，A0 = 1 时，PB 端口被选择；当 A1 = 1，A0 = 0 时，PC 端口被选择；当 A1 = 1，A0 = 1 时，控制寄存器被选择。8255A 端口控制表如表 2-15 所示。

表 2-15　8255A 端口控制表

单片机给 8255A 的选择信号			单片机实现的 8255A 端口选择
$\overline{CS}$	A1	A0	
0	0	0	PA
0	0	1	PB
0	1	0	PC
0	1	1	控制寄存器

2. 8255A工作方式及其控制字

8255A 工作方式有方式 0、方式 1 和方式 2，这 3 种工作方式可通过程序对控制端口设置来指定。具体介绍如下：

(1) 工作方式 0 为基本输入输出方式。

方式 0 将 PA 端口和 PB 端口定义为输入或输出端口，将 PC 端口分成高四位和低四位两部分，这两个部分也可分别定义为输入或输出。在方式 0 时，所有端口输出均有锁存，输入只有缓冲，无锁存。PC 端口还具有按位将其各位清 0 或置 1 的功能。方式 0 常用于与外设无条件的数据传送或接收外设的数据。

(2) 工作方式 1 为选通输入/输出方式。

PA 端口借用 PC 端口的一些信号线用作控制和状态信号，组成 A 组，PB 端口借用 PC 端口的一些信号线用作控制和状态信号，组成 B 组。

(3) 工作方式 2 为双向输入/输出方式。

方式 2 是 A 组独有的工作方式。外设既能在 PA 端口的 8 条引线上发送数据，又能接收数据。此方式需要借用 PC 端口的 5 条信号线作控制和状态线。

控制命令字由 8255A 的控制寄存器的 D0～D7 共 8 位组成，具体说明如图 2-54 所示。

一般情况下，8255A 工作方式采用方式 0。图 2 - 54 中的输入/输出是指 8255A 与外部设备之间的数据输入/输出。在本项目中，需要将按键的开关量输入到 8255A 的 PC 端口，需要通过 8255A 的 PA 端口输出控制喇叭，以及需要通过 8255A 的 PB 端口输出控制 LED。当然，这些都需要单片机控制选择端口。单机片、8255A 和外部设备三者之间的关系如图 2-55 所示。

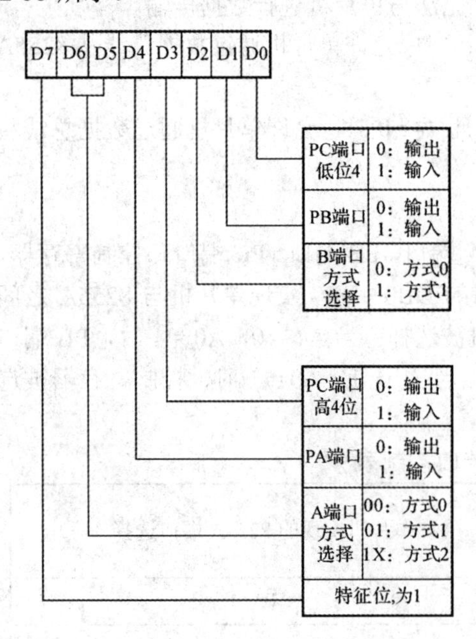

图 2-54　8255A 控制命令字说明

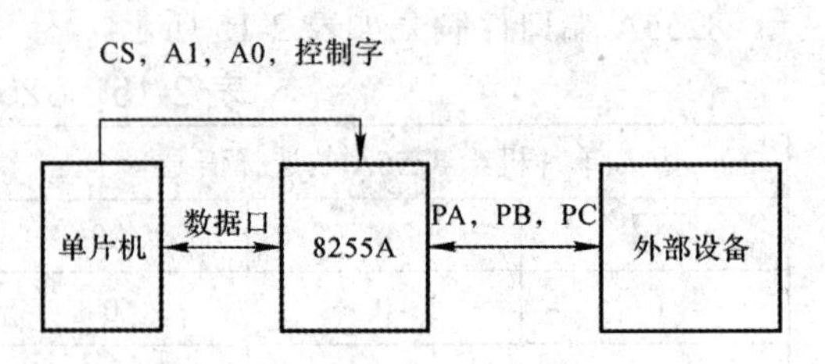

图 2-55　单片机、8255A 和外部设备关系图

3. 74LS373

74LS373 的引脚如图 2-56 所示。

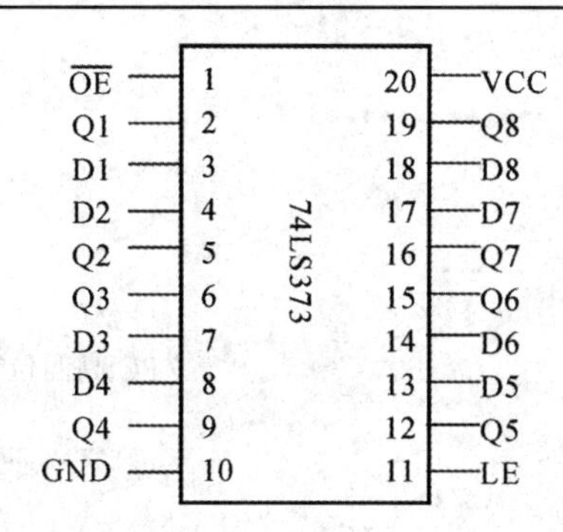

图 2-56　74LS373 引脚图

74LS373 引脚介绍如下：

D0～D7：数据输入端；

Q0～Q7：输出端；

$\overline{OE}$ 输出使能端：低电平有效；

LE 引脚：锁存允许端。

74LS373 是三态输出的八 D 锁存器，它的输出端 Q0～Q7 可直接与总线相连。当锁存允许端 LE 为高电平时，Q 随数据 D 而变；当 LE 为低电平时，D 被锁存为建立的数据电平。74LS373 输出功能表如表 2-16 所示。

表 2-16　74LS373 输出功能表

$\overline{OE}$	LE	功能
0	0	Q0～Q7 锁定
0	1	Q0～Q7 = D0～D7
1	×	Q0～Q7 高阻态

在表 2 - 16 中，使能端 $\overline{OE}$ 接地，LE 端与 51 单片机的地址允许锁存信号 ALE 相连，LE 信号高电平则畅通无阻，也就是单片机 P0.0 与 A0 相等，单片机 P0.1 与 A1 相等，单片机实现对 A0 和 A1 的赋值；LE 信号变低电平则关门锁存，也就是锁定了单片机 A0 和 A1 的值，切断了与单片机 P0.0、P0.1 的联系，这时，P0 端口作为数据端口可以传输数据，不影响单机片 A0 和 A1 的值。

2.9.2　程序设计

8255A 项目程序设计如下：

```
#include <reg51.h>
#include <absacc.h>
#define uchar   unsigned char
#define   PA   XBYTE[0x00fc]                //PA 端口外部地址定义
#define   PB XBYTE[0x00fd]                  //PB 端口外部地址定义
#define   PC   XBYTE[0x00fe]                //PC 端口外部地址定义
#define   Ctrl   XBYTE[0x00ff]              //控制端口外部地址定义
void   delay(uchar);
```

```
/**************主程序**************/
void main(void)
{
    uchar i;
    Ctrl=0x88;                              // PC 高四位输入，PA、PB 输出
    while(1)
    {
        PA=PA&0xfe;                         //关蜂鸣器
        PB=PB|0x20;                         //关 LED
        if((PC&0x20)==0x00)
        {
            delay(10);
            if((PC&0x20)==0x00)             //有按键否
            {
                PB=PB&0xdf;                 //LED 点亮
                for(i=0; i<=100; i++)
                {
                    PA=PA^0x01;             //开蜂鸣器
                    delay(2);
                }
            }
        }
    }
}

/****************延时函数 t(ms)*************/
void    delay(uchar t )
{
    uchar j, k;
    for(j=0; j<t; j++)
    {
      for(k=0; k<255; k++)
      {
      }
    }
}
```

在程序中，用语句“#include<absacc.h>”中定义的宏来访问绝对地址，包括 CBYTE、XBYTE、PWORD、DBYTE 等。

程序中的语句"#define　PA　XBYTE[0x00fc]"定义了 PA 端口的物理地址为 0x00FC，用二进制表达为 0000 0000 1111 1100。其中，P2 端口引脚悬空默认为 0，所以，单片机 P2 端口为 0000 0000；而 P0 端口引脚悬空默认为 1，P0.1 和 P0.0 可变化，所以单片机 P0 端口为 1111 1111。PA 端口为 00，PB 端口为 01，PC 端口为 10，PD 端口为 11，所以，相应的地址为 0x00FC、0x00FD、0x00FE、0x00FF。后面若再出现 PA，则单片机端口 P0 和 P2 联合输出绝对物理地址 0x00FC，使得 A0 和 A1 为 0，指向了 8255A 的 PA 端口。

2.9.3 仿真调试

8055A 扩展项目仿真调试结果为：按下 8255A 的 PC5 引脚的按钮作为输入，可控制 PA0 引脚的蜂鸣器和 PB5 引脚的闪烁灯。8255A 扩展项目仿真运行图如图 2 - 57 所示。

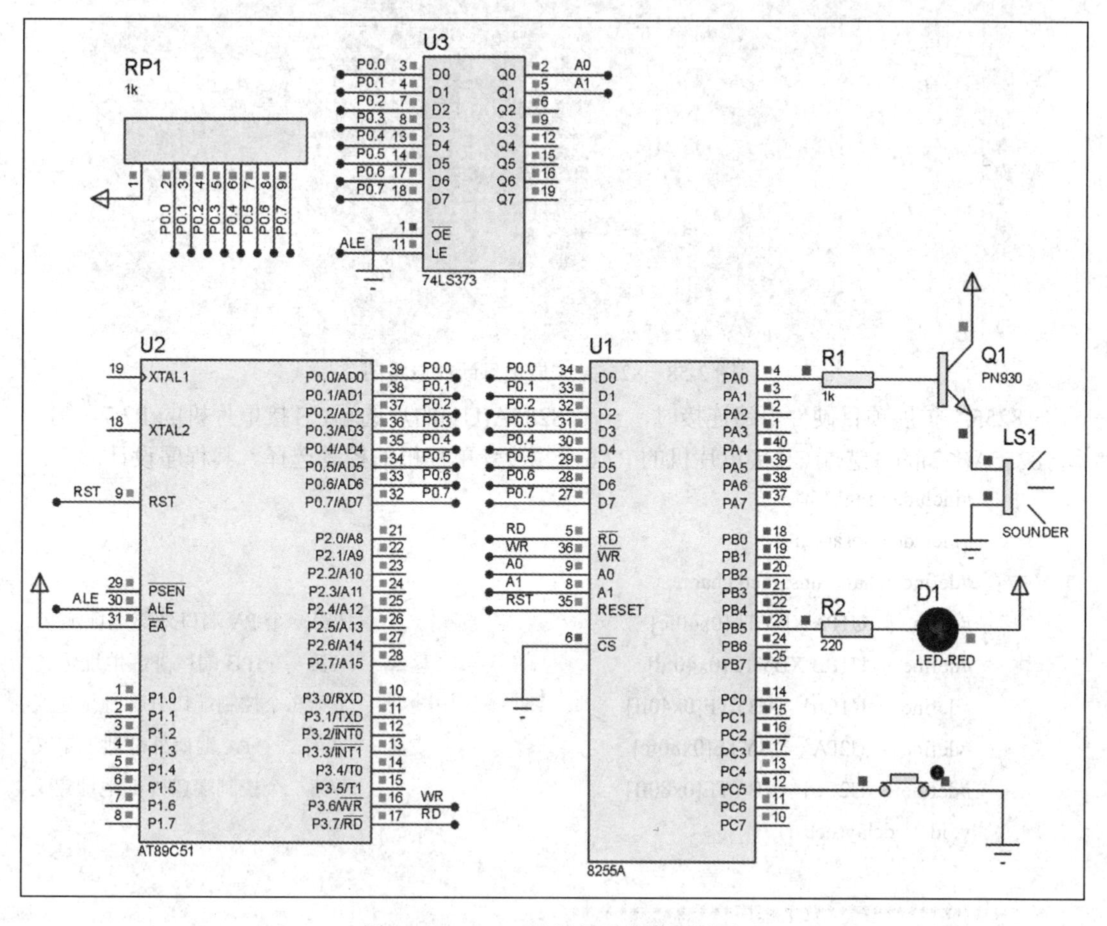

图 2-57　8255A 扩展项目仿真运行图

2.9.4 项目拓展——双 8255A 应用

8255A 项目拓展(双 8255A 应用)的任务为：使用两个 8255A 扩展 I/O 端口，用其中的一个 8255A 的 PA 端口读取按键开关信息，用另一个 8255A 的 PA 端口和 PB 端口控制 LED 点亮和喇叭蜂鸣。其硬件电路如图 2-58 所示。

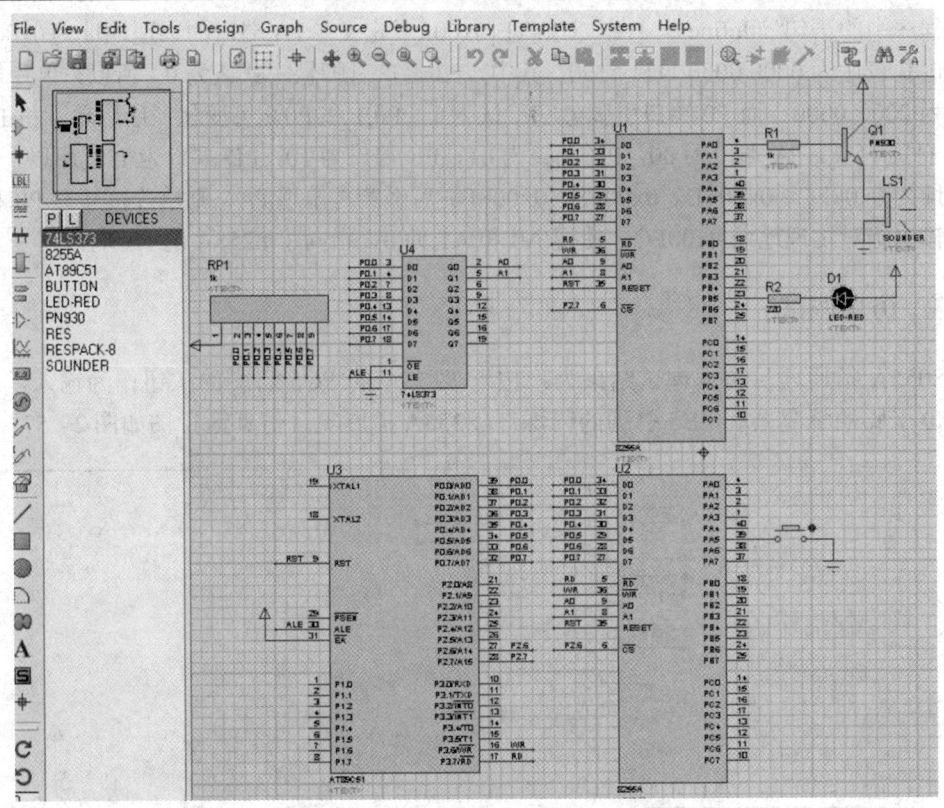

图 2-58　8255A 扩展项目硬件电路图

8255A 扩展项目硬件电路连接时，一个 8255A(U1)的片选端$\overline{CS}$接单片机的 P2.7，另一个 8255A(U2)的片选端$\overline{CS}$接单片机的 P2.6，并接受单片机的控制选择。其程序设计如下：

```
#include <reg51.h>
#include <absacc.h>
#define uchar    unsigned char
#define    U1PA XBYTE[0x40fc]                  //第一个 PA 端口外部地址定义
#define    U1PB XBYTE[0x40fd]                  //第一个 PB 端口外部地址定义
#define    U1Ctrl    XBYTE[0x40ff]             //第一个控制端口外部地址定义
#define    U2PA    XBYTE[0x80fc]               //第二个 PA 端口外部地址定义
#define    U2Ctrl    XBYTE[0x80ff]             //第二个控制端口外部地址定义
void    delay(uchar);

/**************主程序**************/
void main(void)
{
      unsigned char i;
      U1Ctrl=0x80;                             // PA、PB、PC 输出
      U2Ctrl=0x90;                             // PA 输入，PB、PC 输出
      while(1)
```

```
        {
        U1PA=U1PA&0xfe;                    //关蜂鸣器
        U1PB=U1PB|0x20;                    //关 LED
        if((U2PA&0x20)==0x00)
            {
            delay(10);
            if((U2PA&0x20)==0x00)          //按键按下否
            {
                U1PB=U1PB&0xdf;            //LED 点亮
                for(i=0; i<=100; i++)
                {
                  U1PA=U1PA^0x01;          //开蜂鸣器
                  delay(2);
                }
            }
        }
    }
}

/****************延时函数 t(ms)*************/
void   delay(uchar t )
{
    uchar j, k;
    for(j=0; j<t; j++)
    {
      for(k=0; k<255; k++)
{
}
    }
}
```

在程序中，语句“#define　U1PA　XBYTE[0x40fc]”中的“0x40fc”数据的含义是在P2 和 P0 端口输出数据“0100 0000 1111 1100”，8255A(U1)的片选端 $\overline{CS}$ 为“0”有效，而8255A(U2)的片选端 $\overline{CS}$ 为“1”无效，所以选择了 U1；8255A(U1)的地址选择端口 A1 和A0 为“00”，因此选择其 PA 端口。

语句“#define　U2Ctrl　XBYTE[0x80ff]”中的“0x80ff”数据的含义是在 P2 和 P0端口输出数据“1000 0000 1111 11116”，8255A(U2)的片选端 $\overline{CS}$ 为“0”有效，而 8255A(U1)的片选端 $\overline{CS}$ 为“1”无效，所以选择了 U2；8255A(U2)的地址选择端口 A1 和 A0 为“11”，因此选择其控制口。以此类推。

运行结果如图 2-59 所示。

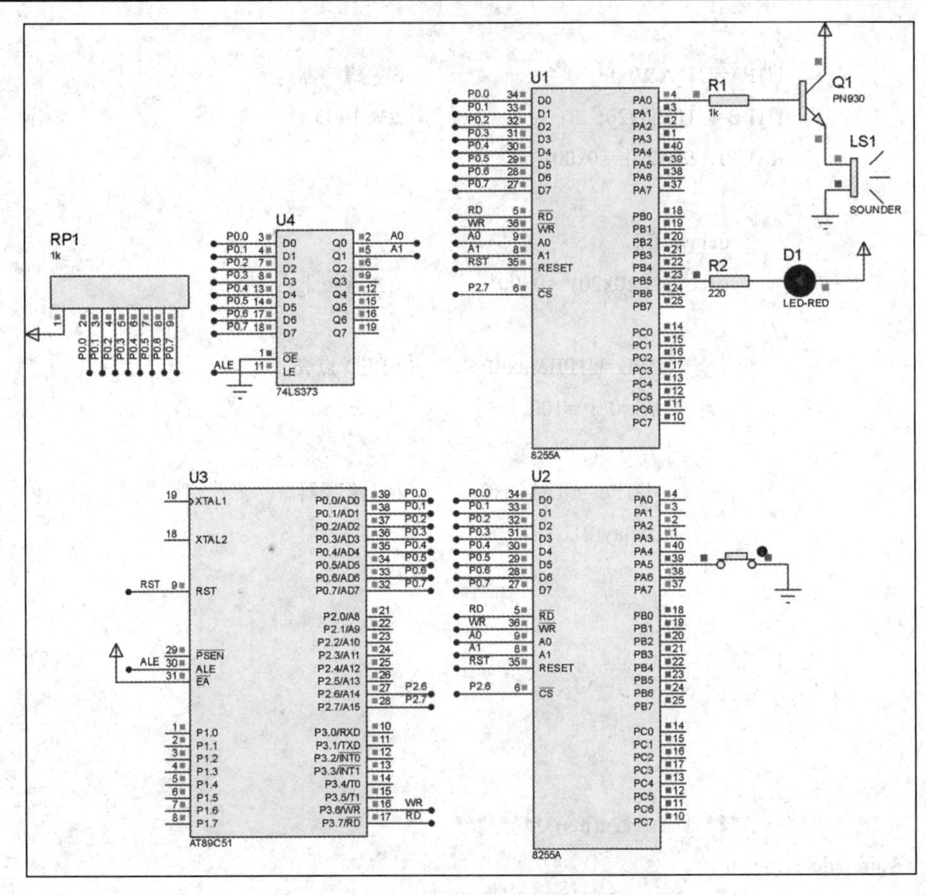

图 2-59　8255A 扩展项目的仿真运行图

习　题

2-1　说明存储器 RAM、ROM、Flash Memory、EEPROM 的区别和联系。

2-2　设计单片机最小系统的上电复位电路、按钮复位电路和晶振时钟电路。

2-3　分析按钮复位电路和上电复位电路的工作原理。

2-4　设计电路并编写程序实现用单片机的 P0 端口控制 8 个 LED，实现下表所示状态 1、状态 2、状态 3、状态 4、状态 5、状态 6 的循环仿真，要求 LED 负极接 P0 端口。

	P0.7	P0.6	P0.5	P0.4	P0.3	P0.2	P0.1	P0.0
状态 1	不亮	不亮	不亮	不亮	不亮	不亮	不亮	亮
状态 2	亮	不亮	不亮	不亮	亮	亮	亮	亮
状态 3	亮	亮	亮	不亮	亮	不亮	不亮	不亮
状态 4	不亮	不亮	亮	亮	亮	亮	不亮	不亮
状态 5	亮	不亮	不亮	不亮	不亮	不亮	不亮	亮
状态 6	不亮	亮	不亮	不亮	不亮	亮	亮	亮

2-5　设计电路并编写程序实现单个共阴极数码管循环显示 0～F 字符。

2-6　设计电路并编写程序，实现八联共阴极数码管逐个显示 0～F 字符，即让 1～8 个数码管依次显示 0～7，然后再从头显示 8～F，如此循环。

2-7　设计电路并编写程序实现单个按钮开关的计数，按一次计一次，用一个数码管显示计数 0～9，最大值为 9。

2-8　设计电路并编写程序实现 3 行 3 列 9 个按钮的识别，并用一个数码管显示按钮号。

2-9 设计电路并编写程序实现 LCD1602 液晶模块第一行显示学生姓名的大写首字母，第二行显 示学号，且靠右对齐。

2-10　设计电路并编写程序实现 LCD1602 液晶模块第一行显示学生姓名的大写首字母，第二行显示学号，靠左对齐，并且向右移动。

2-11　设计电路并编写程序实现 LCD12864 液晶模块显示两行字符，第一行显示学生的中文姓名，第二行显示学生的专业中文简称。

2-12　设计电路并编写程序实现用 8255A 扩展的 PC 端口连接 4×4 矩阵键盘，并用 PA 端口连接数码管显示按键号。

第3章　单片机中断与定时

中断与定时系统是单片机的重要组成部分。单片机实时控制、故障自动处理、与外围设备间的数据传送等都需要采用中断与定时系统。单片机系统的中断与定时存在着紧密的联系。

3.1　单片机中断与定时系统

3.1.1　单片机中断

正常的过程被外部的事件打断就是中断。比如，你正在家中做作业，突然门铃响了，有快递，你放下书，去接快递时，厨房煤气灶上汤烧开了，这时，你会先去关了煤气灶，再去接快递，然后继续做作业。这就是生活中的“中断”现象。

“有快递”“汤烧开了”等是中断源；“汤烧开了”比“有快递”急，所以要先去响应，这就是中断优先级；“关煤气灶”“接快递”等就是中断响应。

单片机的中断现象与生活中的中断类似。当单片机正在执行某程序时，如果突然出现意外情况，就需要停止当前正在执行的程序，转而去处理意外情况，处理完后又接着执行原来的程序。

51单片机有5个中断源，有两个中断优先级，其中断总体结构如图3-1所示。

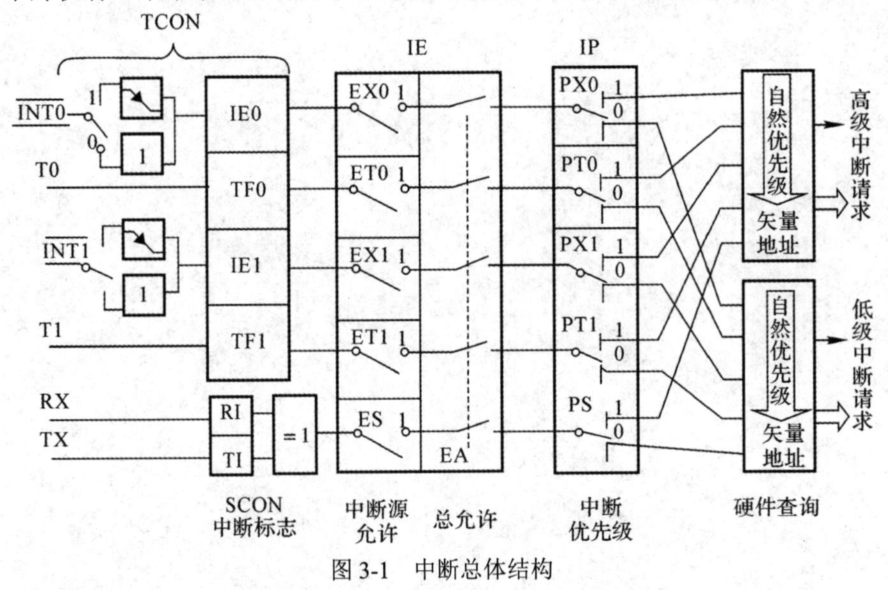

图3-1　中断总体结构

单片机中断及中断控制总体说明如表 3-1 所示。

表 3-1 单片机中断及中断总体说明表

中断源					中断请求标志		中断允许控制
中断源符号	名称	中断引起原因	中断号	中断优先级	控制位	标志位	允许控制位
$\overline{INT0}$	外部中断 0	P3.2 引脚低电平或下降沿信号	0		IT0	IE0	EX0
T0	定时器 0 中断	定时/计数器 0 溢出	1	高	TR0	TF0	ET0
$\overline{INT1}$	外部中断 1	P3.3 引脚低电平或下降沿信号	2	↓	IT1	IE1	EX1
T1	定时器 1 中断	定时/计数器 1 溢出	3	↓	TR1	TF1	ET1
TX/RX	串行口中断	串行通信完成一帧数据发送或接收引起中断	4	低	—	RI 或 TI	ES
—	—	—	—	—	—	—	EA

1. 中断源及触发

要让单片机中断当前的程序去做其他事情，需要向它发出请求信号，单片机接收到中断请求信号后才能产生中断。让单片机产生中断的信号称为中断源，又称为中断请求源。

51 单片机的中断源包括两个外部中断源、两个定时器/计数器中断源和一个串行通信口中断源。如果它们向单片机发出中断请求信号，单片机就会产生中断，停止执行当前的程序，转而去执行指定的程序(又称中断服务程序、中断函数或中断子程序)，执行完后又返回来执行原来的程序。

中断源分为三类：两个外部中断，两个定时器/计数器中断，1 个串行口中断。

(1) 外部中断。

$\overline{INT0}$：外部中断 0，由引脚 P3.2 输入，可选择低电平或者下降沿触发。

$\overline{INT1}$：外部中断 1，由引脚 P3.3 输入，可选择低电平或者下降沿触发。

(2) 定时器/计数器中断。

T0：定时器/计数器 0 中断，定时器 0 提供片内计数溢出触发，P3.4 引脚提供片外计数触发。

T1：定时器/计数器 1 中断，定时器 1 提供片内计数溢出触发，P3.5 引脚提供片外计数触发。

(3) 串行口中断。

RX、TX 为串行口中断所用，由片内串口提供，分为发送中断和接收中断，当串口完成一帧发送或接收时，触发中断。

2. 中断控制

51 单片机中断控制由相关的专用寄存器实现。

(1) 定时器/计数器控制寄存器 TCON。

定时器/计数器控制寄存器 TCON 格式和定义如表 3-2 所示。

表 3-2　TCON 格式和定义

位序号	D7	D6	D5	D4	D3	D2	D1	D0
位定义说明	定时器1中断标记	启动/关闭定时器0	定时器0中断标记	启动/关闭定时器0	外部中断1标记	外部中断1触发方式	外部中断0标记	外部中断0触发方式
位符号	TF1	TR1	TF0	TR0	IE1	IT1	IE0	IT0

IT0(IT1)：外部中断触发方式控制位。IT0(IT1)=1 时为脉冲触发方式，下降沿有效；IT0(IT1)=0 时为电平触发方式，低电平有效。

IE0(IE1)：外部中断请求标志位，当$\overline{\text{INT0}}$($\overline{\text{INT1}}$)引脚出现有效的请求信号时，此标志位由单片机自动置 1，响应中断，而当进入中断程序后，则由单片机自动置为 0。

TF0(TF1)：内部定时器/计数器溢出中断标志位。当定时器、计数器计数溢出的时候，此位由单片机自动置为 1，响应中断，而当进入中断程序后，则由单片机自动置为 0。

TR0(TR1)：定时器/计数器启动位。TR0(TR1)=1 时启动定时器/计数器 0，TR0(TR1)=0 时关闭定时器/计数器 0。

(2) 串口控制寄存器 SCON。

串口控制寄存器 SCON 的格式和定义如表 3 - 3 所示。

表 3-3　SCON 格式和定义

位序号	D7	D6	D5	D4	D3	D2	D1	D0
定义说明	—	—	—	—	—	—	串行口发送中断标志位	串行口接收中断标志位
位符号	SM0	SM1	REN	TB8	RB8	IT1	TI	RI

其中，与中断有关的是 RI 和 TI。

RI：串行口接收中断标志位。当单片机串口接收完一帧数据后，产生中断，这时此标志位由单片机自动置为 1。进入中断服务程序后，RI 是不会自动清 0 的，必须由用户在中断服务程序中用软件清 0。

TI：串行口发送中断标志位。当单片机串口发送完一帧数据后，产生中断，这时此标志位由单片机自动置 1，而当进入中断服务程序后是不会自动清 0 的，必须由用户在中断服务中用软件清 0。

(3) 中断允许寄存器 IE。

IE 是“Interrupt Enable”中断允许的简称。中断允许寄存器 IE 对中断允许的说明如表 3-4 所示。

表 3-4　IE 控制中断允许说明

位序号	D7	D6	D5	D4	D3	D2	D1	D0
允许中断	总中断	—	—	串行口中断	定时/计数 1	外部中断 1	定时/计数 0	外部中断 0
位符号	EA	—	—	ES	ET1	EX1	ET0	EX0

51 单片机复位时，IE 各位清 0，所有中断被禁止。

每个位开关赋值为 1 时则开中断；赋值为 0 时则关中断。只有打开总中断开关，其他各位的开关才可以开启。

IE 可以整体赋值，如 IE=0x81，表示开启总中断和打开外部中断 0；也可以单独赋值，如 EA=1，EX0=1，也表示开启总中断和打开外部中断 0。

(4) 中断优先寄存器 IP。

IP 是“Interrupt Priority”(中断优先)的简称。中断优先寄存器 IP 对中断优先级的控制说明如表 3-5 所示。

表 3-5　IP 控制优先级说明

位序号	D7	D6	D5	D4	D3	D2	D1	D0
优先控制	—	—	—	串行口中断	定时/计数 1	外部中断 1	定时/计数 0	外部中断 0
位符号	—	—	—	PS	PT1	PX1	PT0	PX0

51 单片机复位时，IP 各位清 0，所有中断同为低优先级。

每位赋值为 1 时，则为高优先级；赋值为 0 时，则为低优先级。同级按自然优先级排序执行。

中断优先级顺序由高到低排列顺序为：外部中断 0、定时器/计数器 0 中断、外部中断 1、定时器/计数器 1 中断、个串行口中断。

IP 可以整体赋值，如 IP=0x02，表示定时器/计数器 0 中断为高优先级中断；也可以单独赋值，如 PT0=1，表示定时器/计数器 0 中断为高优先级中断。

3.1.2　定时/计数器

单片机内部有两个 16 位的定时/计数器 T0 和 T1，在检测、控制领域有广泛的应用。定时器常用作定时时钟，以实现定时检测、定时响应和定时控制，并且可以产生脉冲信号以驱动步进电机。

每来一个脉冲计数器加 1，当加到计数器为全 1(即 FFFFH)时，再输入一个脉冲就使计数器溢出归零，计数器的溢出则使 TCON 中 TF0 或 TF1 置为 1，并向 CPU 发出中断请求。

定时/计数器用作定时器时，设置为定时器模式。加 1 计数器是对内部机器周期计数，1 个机器周期等于 12 个晶振振荡周期，即计数频率为晶振频率的 1/12。计数值 N 乘以机器周期 T 就是定时时间 t。

定时/计数器用作计数器时，设置为计数器模式。外部事件计数脉冲由 T0 或 T1 引脚输入到计数器，每来一个外部脉冲，计数器加 1。

3.1.3　单片机定时/中断工作方式

TMOD 是单片机定时器/计数器模式控制寄存器，其格式如表 3-6 所示。

表 3-6　TMOD 的格式

D7	D6	D5	D4	D3	D2	D1	D0
GATE	C/$\overline{T}$	M1	M0	GATE	C/$\overline{T}$	M1	M0
←定时器T1→				←定时器T0→			

TMOD 格式中各位介绍如下：

GATE：门控位。GATE＝0 时，用程序控制 TCON 中的 TR0 或 TR1 为 1，就可启动定时器/计数器工作；GATE＝1 时，用程序控制 TR0 或 TR1 为 1，同时外部中断 0 或外部中断 1 引脚也为高电平时，才能启动定时器/计数器工作，即需要两个启动条件。

C/$\overline{T}$：定时/计数模式选择位。C/$\overline{T}$=0 时单片机为定时模式；C/$\overline{T}$＝1 时单片机为计数模式。定时模式和计数模式的工作原理相同，只是计数脉冲来源有所不同。处于计数模式时，加法计数器对单片机引脚 T0(P3.4)或 T1(P3.5)上的输入脉冲进行计数；处于定时器模式时，加法计数器对内部机器周期脉冲进行计数。总的来说都是计数，只不过信号来源不同，应用方面也不同。

M1 和 M0：工作方式设置位。定时器具体工作方式选择如表 3-7 所示。

表 3-7　定时器工作方式选择

M1　M0	工作方式	功 能 说 明
0　　0	方式 0	13 位计数器
0　　1	方式 1	16 位计数器
1　　0	方式 2	初值自动重载 8 位计数器
1　　1	方式 3	定时器 0：分成两个 8 位；定时器 1：停止计数

(1) 工作方式 0：定时器/计数器 T0 工作在方式 0 时，16 位计数器只用了 13 位，即用 TH0 的高 8 位和 TL0 的低 5 位组成一个 13 位定时器/计数器。

(2) 工作方式 1：定时器 T0 工作方式 1 与工作方式 0 类同，差别在于其中的计数器的位数。工作方式 0 以 13 位计数器参与计数，工作方式 1 则以 16 位计数器参与计数。

(3) 工作方式 2：定时器 T0 在工作方式 2 时，16 位的计数器分成了 TH0 和 TL0 两个独立的 8 位计数器。

(4) 工作方式 3：仅对定时器 T0 有效。当定时器 T0 工作在方式 3 时，将 16 位的计数器分为 TH0 和 TL0 两个独立的 8 位计数器。

3.2　简易秒表项目设计

使用单片机定时器 T0 实现精确的秒定时，用两位数码管显示，到 60 s 时归零。

3.2.1　硬件电路设计

两位数码管显示的简易秒表硬件电路设计如图 3-2 所示。

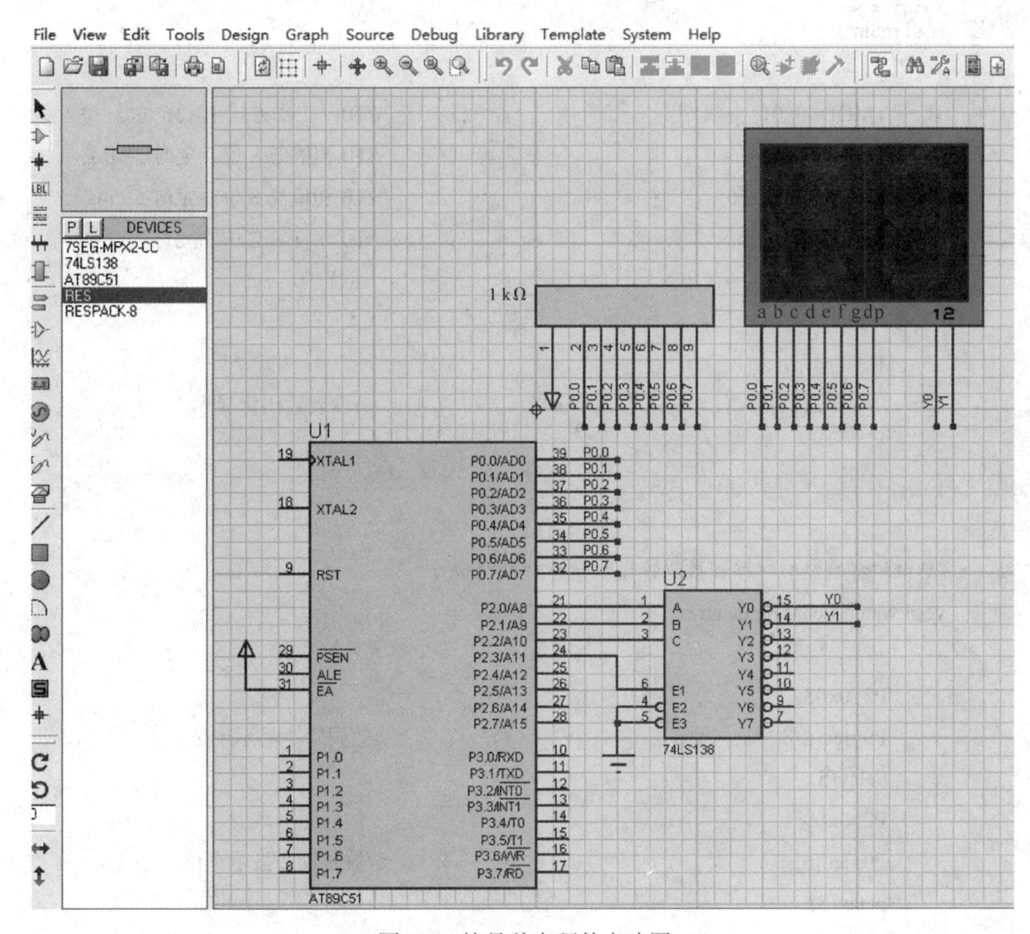

图 3-2　简易秒表硬件电路图

单片机内部的定时器实现定时，单片机根据定时数据进行运算和控制，通过 74LS138 译码器的 Y0 和 Y1 控制数码管秒表的十位和个位数字，通过 P0 端口控制数码管秒表的十位和个位的数字显示。

3.2.2 程序设计

简易秒表的程序设计如下：

```
#include <reg51.h>
#define uchar   unsigned char
void     delay(uchar);
void watch(uchar, uchar);
uchar i, l, msecond, second;
uchar led[]={0x3f, 0x6, 0x5b, 0x4f, 0x66, 0x6d,
0x7d, 0x7, 0x7f, 0x6f};                                    //0～9 码表

/**************主程序**************/
```

```
void main()
{
      TMOD=0x01;                                    //T0，工作方式 1，16 位
      TL0=-50000%256;                               //T0 初值低 8 位，定时 50 ms
      TH0=-50000/256;                               //T0 初值高 8 位，定时 50 ms
      IE=0x82;                                      //T0 允许，总中断允许
      TR0=1;                                        //运行 T0
      while(1)
      {
        watch(i, l);                                 //秒表数码管显示
      }
}

/***************秒表数码管显示*************/
void watch(uchar m, uchar n)
{
      P2=0x08;
      P0=led[m];                                    //数码管 1 显示十位
      delay(5);
      P2=0x09;
      P0=led[n];                                    //数码管 2 显示个位
      delay(5);
}
/************T0 中断服务程序，中断号为"1"**********/
void Time0() interrupt 1
{
      TL0=-50000%256;                               //T0 初值低 8 位，定时 50 ms
      TH0=-50000/256;                               //T0 初值高 8 位，定时 50 ms
      msecond++;
      if(msecond==20)                              //1s 时间到
      {
            msecond=0;
            second++;
            if(second==60)                         //等于 60 s 时归零
            second=0;
            i=second/10;                             //十位：整除求商
            l=second%10;                             //个位：整除求余
      }
}
```

```
/****************延时函数 t(ms)*************/
void   delay(uchar t )
{
        uchar j, k;
        for(j=0; j<t; j++)
        {
          for(k=0; k<255; k++)
          {
          }
        }
}
```

程序中语句“TL0=-50000%256;”完整的表达应为“TL0=(65536-50000)%256;”。由于 T0 工作方式为 1，是十六位计数器，所以最大为 2^{16}，即 65536，语句中“50000”表示计数次数，实现 50ms 计时。将十进制换成十六进制可采用求余运算，即为“%256”，就可得到 T0 初值低 8 位数值。同理，求商运算即为“/256”，得到 T0 初值高 8 位数值。

程序中语句“i=second/10;”表示整除求商，得到秒表计时的十位数值；语句“l=second%10;”表示整除求余，得到秒表计时的个位数值。

同理，可以利用“整除求商求余”来分别提取出一个数的个、十、百、千位数值。

求商、求余运算符不仅能用在数学运算中，还可以用来拆分提取一个数的个、十、百、千位数值。在单片机显示程序中，不管是液晶屏还是数码管，必须要用到这种提取算法，即先把一个数的个、十、百、千位数值一个个拆分提取出来，然后再送到显示屏上显示，所以这种算法很常见和实用。个、十、百、千位只是一个虚数，具体是多少应该根据实际项目而定，也有可能是个、十、百、千、万、十万、百万等位，但是处理的思路和方法都是一致的。

下面举例说明拆分提取的思路。比如 97532 这个数，万位是 9，千位是 7，百位是 5，十位是 3，个位是 2，可以依次进行如下运算：

```
9=97532/10000
7=7532/1000
5=532/100
3=32/10
2=2/1
```

上述用到了整除求商，但是其中 7532、532、32、2 又是如何通过 97532 分解得到的呢？这就需要用到整除求余，运算如下：

```
7532=97532%10000
532=97532%1000
32=97532%100
2=97532%10
```

最后综合在一起，运算如下：

```
9=97532/10000
7=(97532%10000)/1000
5=(97532%1000)/100
3=(97532%100)/10
2=(97532%10)/1
```

因为预先知道了这个数最大位是万位，所以万位直接整除 10000 求商就可以了。实际项目中，用到的是某个变量，而这个变量的大小并不知道，它的最大位可能并不止是万位，也有可能是十万位，所以需要把上述最高位的万位也进行 100000 整除取余数，然后再整除 10000 求商。计算如下：

```
9=(97532%100000)/10000
7=(97532%10000)/1000
5=(97532%1000)/100
3=(97532%100)/10
2=(97532%10)/1
```

以此类推，如果求十万位、百万位，也是用一样的方法。有一些单片机的 C 语言编译器可能不支持 long 类型数据的求余和求商连写在一起，那么就要用一个中间变量分两步进行，即先求余，再求商。求余和求商一起计算如下：

```
9=(97532%100000)/10000
```

分成两步进行计算如下：

```
a=97532%100000
a=a/10000
```

上述计算中的变量 a 就是引入的中间变量。

以 5 位数 x 为例，拆分得到各位数值的程序如下：

```
unsigned char a, b, c, d, e;
   unsigned long int   x;
a=(x%100000)/10000;        //拆分提取万位
b=(x%10000)/1000;          //拆分提取千位
c=(x%1000)/100;            //拆分提取百位
d=(x%100)/10;              //拆分提取十位
e=(x%10)/1;                //拆分提取个位
```

由于 x 是 5 位数，所以 x 的类型必须是 unsigned long int 类型以上。x 不能是 unsigned char 类型，因为它的最大范围为 255，大小不够；也不能是 unsigned int，因为它的最大范围为 65536，大小也不够。

3.2.3　仿真调试

用两位数码管显示的简易秒表仿真运行结果如图 3-3 所示。

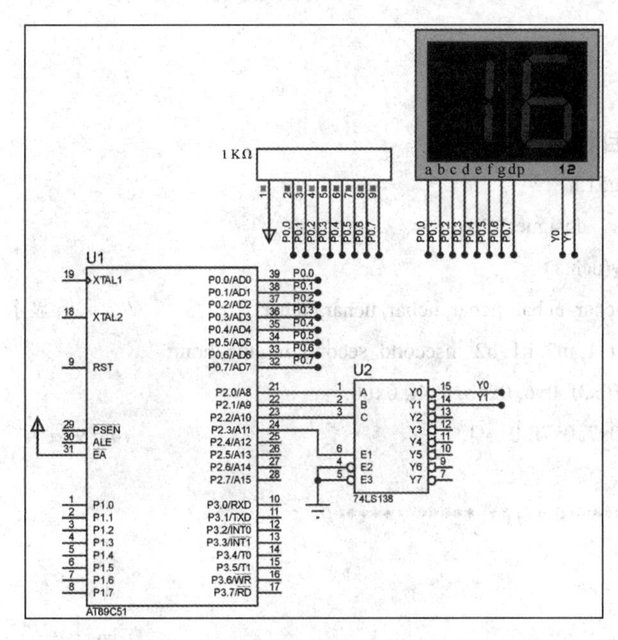

图 3-3　用两位数码管显示的秒表仿真运行图

3.3　时分秒计时项目设计

采用定时器实现精确计时，用两位数码管显示小时，用两位数码管显示分，用两位数码管显示秒。

3.3.1　硬件电路设计

时分秒计时项目硬件电路设计如图 3 - 4 所示。

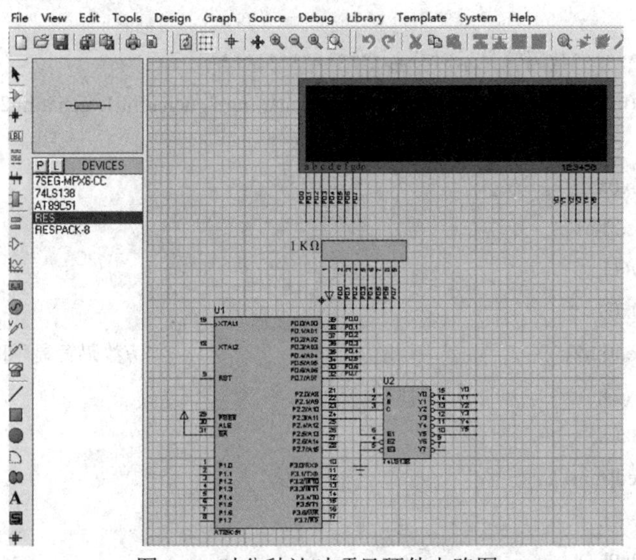

图 3-4　时分秒计时项目硬件电路图

3.3.2　程序设计

时分秒计时项目程序设计如下：

```
#include <reg51.h>
#define uchar    unsigned char
void     delay(uchar);
void watch(uchar, uchar, uchar, uchar, uchar, uchar);           //数码管显示函数声明
uchar s1, s2, m1, m2, h1, h2, msecond, second, minute, hour;
uchar led[]={0x3f, 0x6, 0x5b, 0x4f, 0x66,
0x6d, 0x7d, 0x7, 0x7f, 0x6f};                                   //0～9 段码

/**************主程序**************/
void main()
{
      TMOD=0x01;                                                //T0 工作方式 1
      TL0=-50000%256;                                           //50 ms 初值低 8 位
      TH0=-50000/256;                                           //50 ms 初值高 8 位
      IE=0x82;                                                  //定时中断允许
      TR0=1;                                                    //启动定时中断
      while(1)
      {
        watch(s1, s2, m1, m2, h1, h2);                          //数码管显示时分秒
      }
}

/**************数码管显示时分秒**************/
void watch(uchar ss1, uchar ss2, uchar mm1, uchar mm2, uchar hh1, uchar hh2)
{
      P2=0x08;
      P0=led[hh1];
      delay(1);
      P2=0x09;
      P0=led[hh2];                                              //数码管显示时
      delay(1);
      P2=0x0a;
      P0=led[mm1];
      delay(1);
      P2=0x0b;
```

```
        P0=led[mm2];                                //数码管显示分
        delay(1);
        P2=0x0c;
        P0=led[ss1];
        delay(1);
        P2=0x0d;
        P0=led[ss2];                                //数码管显示秒
        delay(1);
}

/**************定时器 0 中断函数**************/
void Time0() interrupt 1
{
        TL0=-50000%256;                             //T0 初值重置
        TH0=-50000/256;
        msecond++;
        if(msecond==20)                             //1000 ms 为 1s
        {
            msecond=0;
            second++;
            if(second==60)                          //60 s 为 1 min
                {
                    second=0;
                    minute++;
                }
                s1=second/10;                       //秒十位
                s2=second%10;                       //秒个位
                    if(minute==60)                  //60 min 为 1 h
                    {
                        minute=0;
                        hour++;
                    }
                    m1=minute/10;                   //分十位
                    m2=minute%10;                   //分个位
                        if(hour==24)
                        {
                            hour=0;
                        }
                        h1=hour/10;                 //时十位
```

```
            h2=hour%10;                //时个位
    }
}

/****************延时函数 t(ms)*************/
void   delay(uchar t )
{
    uchar j, k;
    for(j=0; j<t; j++)
    {
      for(k=0; k<255; k++)
      {
      }
    }
}
```

3.3.3 仿真调试

时分秒计时项目仿真运行结果为 00 h 02 min 56 s，如图 3 - 5 所示。

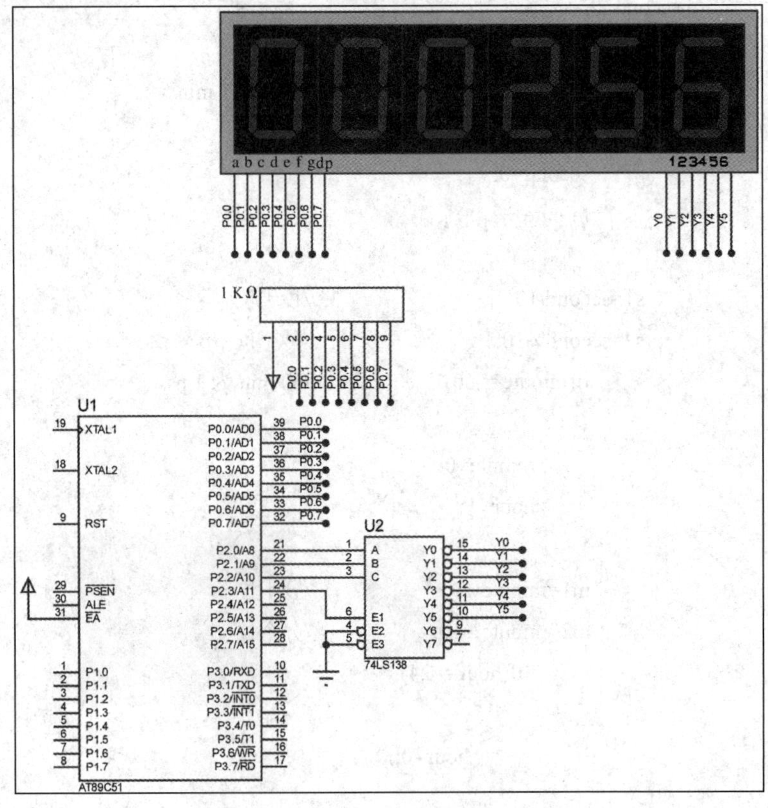

图 3-5　时分秒计时项目仿真运行图

3.4　光电计时项目设计

光电计时常采用光电开关实现。光电开关是利用被检测物对光束的遮挡或反射，从而检测物体的有无。物体不限于金属，所有能反射光线或者对光线有遮挡作用的物体均可以被检测。光电开关将输入电流在发射器上转换为光信号发射出，接收器再根据接收到的光线的强弱或有无对目标物体进行探测。

漫反射式光电开关是一种集发射器和接收器于一体的传感器，当有被检测物体经过时，将光电开关发射器发射的足够量的光线反射到接收器，于是光电开关就产生了开关信号。当被检测物体的表面光亮或其反光率极高时，漫反射式光电开关是首选的检测模式，如图 3-6 所示。

镜反射式光电开关也是集发射器与接收器于一体，光电开关发射器发出的光线经过反射板反射回接收器，当被检测物体经过且完全阻断光线时，光电开关就产生了检测开关信号，如图 3-7 所示。

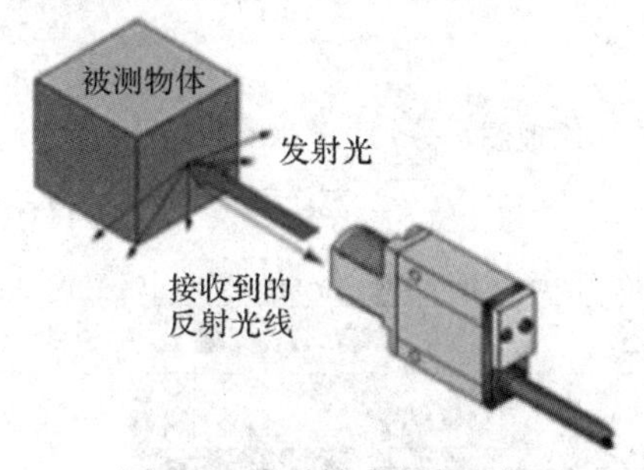

图 3-6　漫反射式光电开关

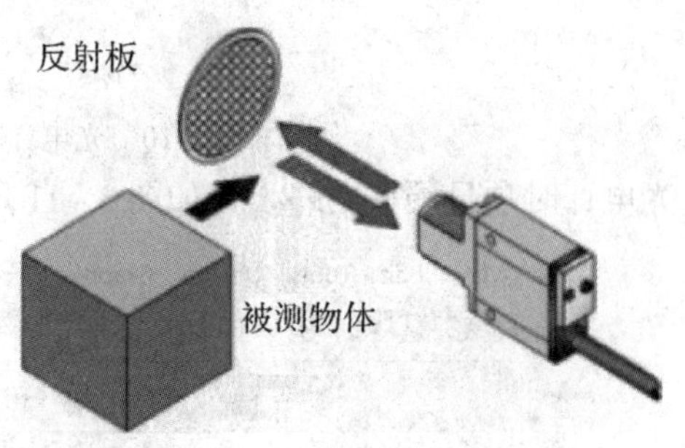

图 3-7　镜反射式光电开关

对射式光电开关包含了在结构上相互分离且光轴相对放置的发射器和接收器，发射器发出的光线直接进入接收器。当被检测物体经过发射器和接收器之间且阻断光线时，光电开关就产生了开关信号，如图 3-8 所示。当检测物体是不透明物体时，对射式光电开关是最可靠的检测模式。

槽式光电开关通常是标准的 U 字型结构，其发射器和接收器分别位于 U 型槽的两边，并形成一光轴。当被检测物体经过 U 型槽且阻断光轴时，光电开关就产生了检测到的开关量信号，如图 3-9 所示。槽式光电开关比较适合检测高速变化的物体，以及分辨透明与半透明物体。

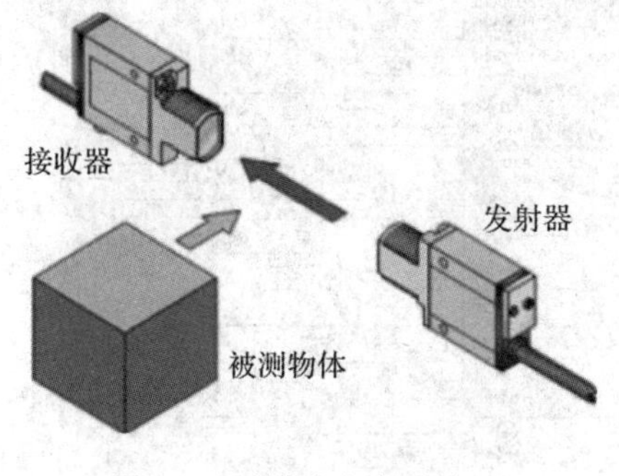

图 3-8　对射式光电开关

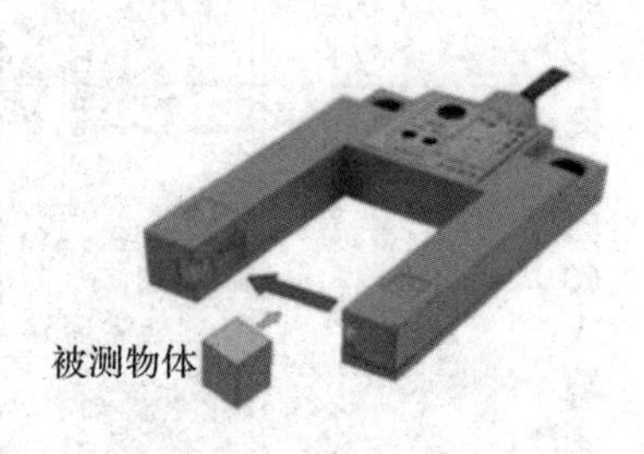

图 3-9　槽式光电开关

3.4.1　硬件电路设计

光电计时项目硬件电路使用两个对射式光电开关，其中对射式光电开关 0 作为外中断 0，当有物体经过时，物体阻挡了光路，触发单片机定时器开始计时；对射式光电开关 1 作为外中断 1，当有物体经过时，物体阻挡了光路，触发单片机定时器结束计时。根据单片机定时器开始和结束间隔来完成计时，并用数码管显示秒数。其工作原理如图 3-10 所示。

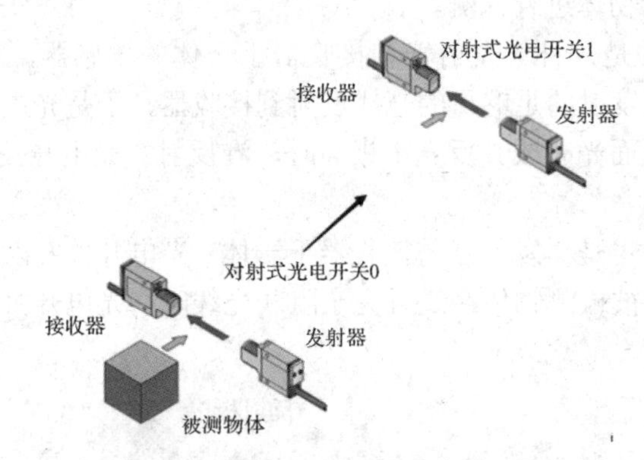

图 3-10　光电计时项目工作原理图

光电计时项目硬件电路设计如图 3 - 11 所示。

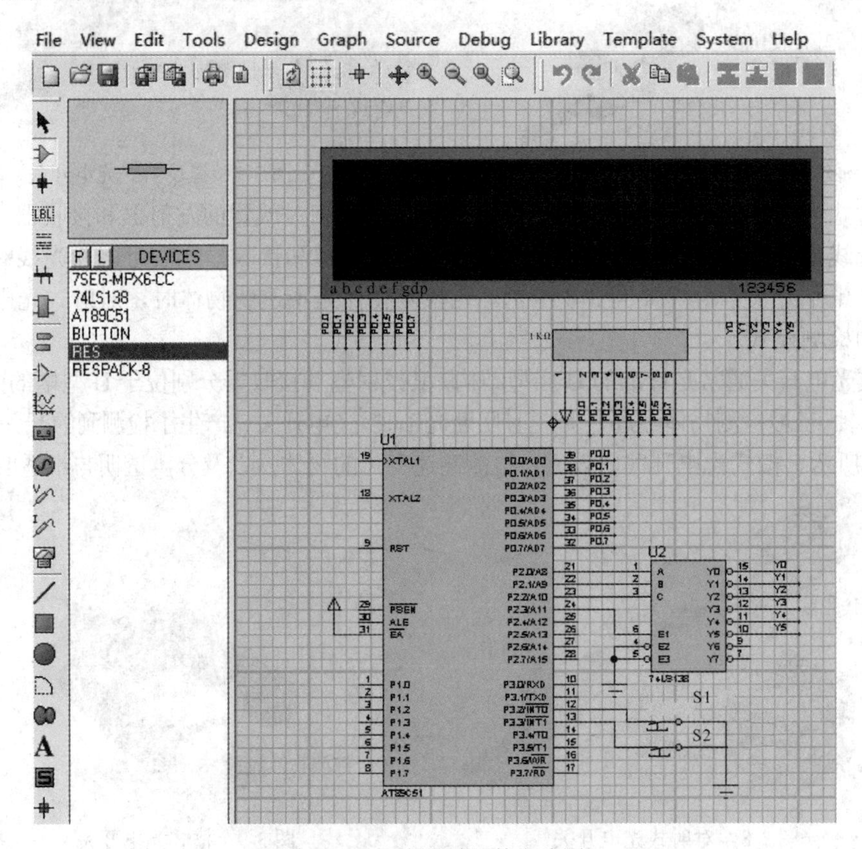

图 3-11　光电计时硬件电路图

在图 3-11 中，按键开关 S1 和 S2 模拟两个光电开关，按下表示有物体经过对射式光电开关，分别用于触发单片机定时器计时开始和结束。

3.4.2　程序设计

光电计时项目程序设计如下：

```
#include <reg51.h>
#define uchar   unsigned char
void    delay(uchar);
void init(void);
void display(void);                                     //数码管显示计数
unsigned long int t_ms;
uchar led[]={0x3F, 0x06, 0x5B, 0x4F, 0x66,
0x6D, 0x7D, 0x07, 0x7F, 0x6F};                          //0～9 段码
uchar   wan, qian, bai, shi , ge;                       //计时的万、千、百、十、个位

/**************主程序**************/
void main()
{
     init();
     while(1)
     {
       display();
     }
}

/**************定时器 0 外中断 0、1 初始化**************/
void init(void)
{
     TMOD=0x01;                              //定时器 0 方式 1，16 位
     TH0=(65536-1000)/256;                   //定时器 0 的 1 ms 初值高 8 位
     TL0=(65536-1000)%256;                   //定时器 0 的 1 ms 初值低 8 位
     IT0=1;                                  //外部中断 0 下降沿触发
     IT1=1;                                  //外部中断 1 下降沿触发
     ET0=1;                                  //允许定时 0 中断
     EA=1;                                   //总中断允许
     EX0=1;                                  //允许外部中断 0
```

```
        EX1=1;                                  //允许外部中断 1
    }

    /**************外中断 0 函数**************/
    void int0(void) interrupt 0                 //外部中断 0 服务程序；计时开始
    {
        TR0=1;                                  //开定时中断 0，开始计时
        t_ms=0;
    }
    /**************定时器 0 中断函数**************/
    void time0(void) interrupt 1                //定时器中断 0
    {
        TH0=(65536-1000)/256;                   //定时器 0 的 1ms 初值高 8 位
        TL0=(65536-1000)%256;                   //定时器 0 的 1ms 初值低 8 位
        t_ms=t_ms+1;
        if(t_ms>=100000) t_ms=0;                //超过 100 s 归 0
    }

    /**************外部中断 1 函数**************/
    void int1(void) interrupt 2                 //外部中断 1 服务程序：计时结束
    {
      TR0=0;                                    //关定时中断 0，结束计时
    }

    /**************数码管显示计数**************/
    void display()
    {
        wan= (t_ms%100000)/10000;               //万位
        qian=(t_ms%10000)/1000;                 //千位
        bai= (t_ms%1000)/100;                   //百位
        shi= (t_ms%100)/10;                     //十位
        ge=   (t_ms%10)/1;                      //个位

        P2=0x8;
        P0=led[wan];                            //在第 1 个数码管显示万位(秒十位)
        delay(1);
```

```
        P2=0x9;
        P0=led[qian];                          //在第 2 个数码管显示千位(秒个位)
        delay(1);

        P2=0xa;
        P0=0x80;                               //在第 3 个数码管显示“.”
        delay(1);

        P2=0xb;
        P0=led[bai];                           //在第 4 个数码管显示百位(毫秒百位)
        delay(1);

        P2=0xc;
        P0=led[shi];                           //在第 5 个数码管显示十位(毫秒十位)
        delay(1);

        P2=0xd;
        P0=led[ge];                            //在第 6 个数码管显示个位(毫秒个位)
        delay(1);
}

/****************延时函数 t(ms)*************/
void   delay(uchar t )
{
        uchar j, k;
        for(j=0; j<t; j++)
        {
          for(k=0; k<255; k++)
          {
          }
        }
}
```

3.4.3　仿真调试

光电计时的仿真结果为 07 s 430 ms，如图 3 - 12 所示。

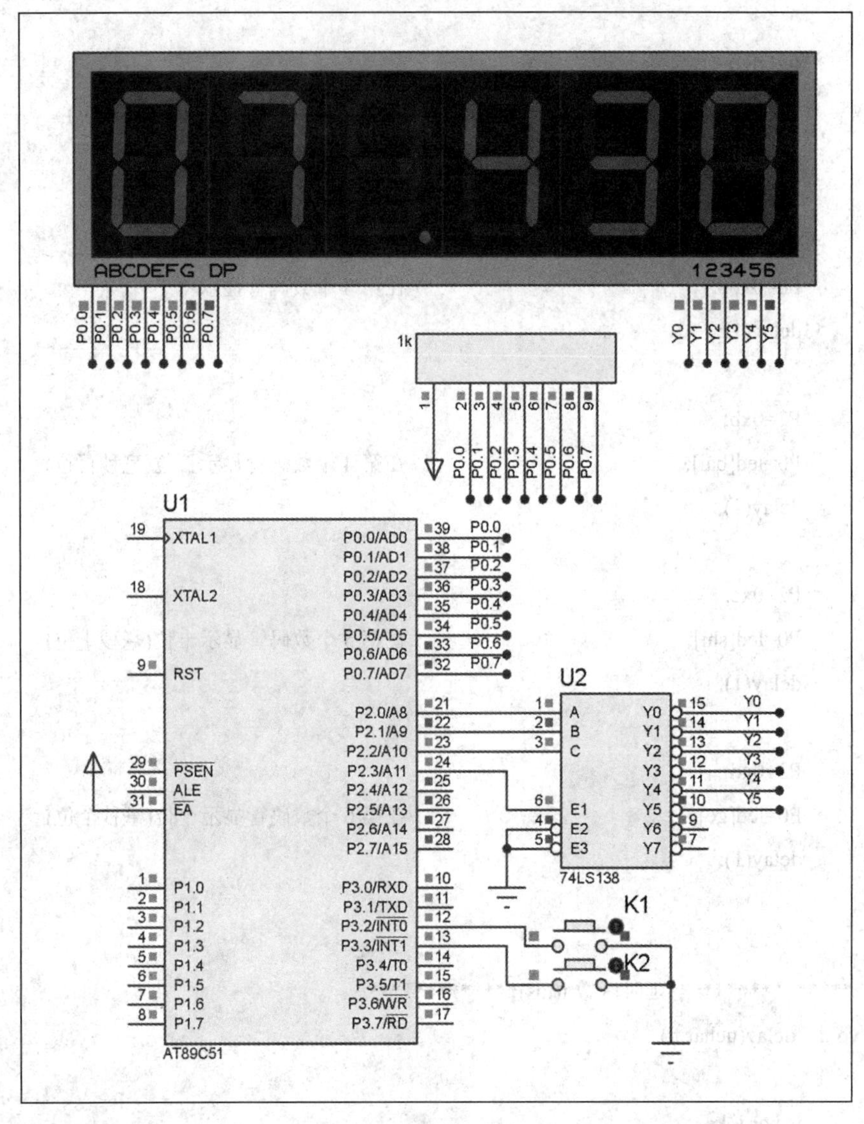

图 3-12　光电计时仿真运行图

3.5　定时器计数项目设计

单片机定时/计时器具有计数功能，可以对引脚 P3.4/T0 或 P3.5/T1 的脉冲下降沿计数，在由高电平变成低电平的时候计数一次，直到再次检测到下降沿。定时器计数项目设计就是根据单片机定时器的计数值来改变 LED 的状态。

3.5.1　硬件电路设计

定时器计数项目采用 T0 计数，所以，单片机引脚 P3.4/T0 接控制开关，然后接地，形成计数脉冲；使用单片机引脚 P1.4 控制 LED 的状态。其硬件电路设计如图 3 - 13 所示。

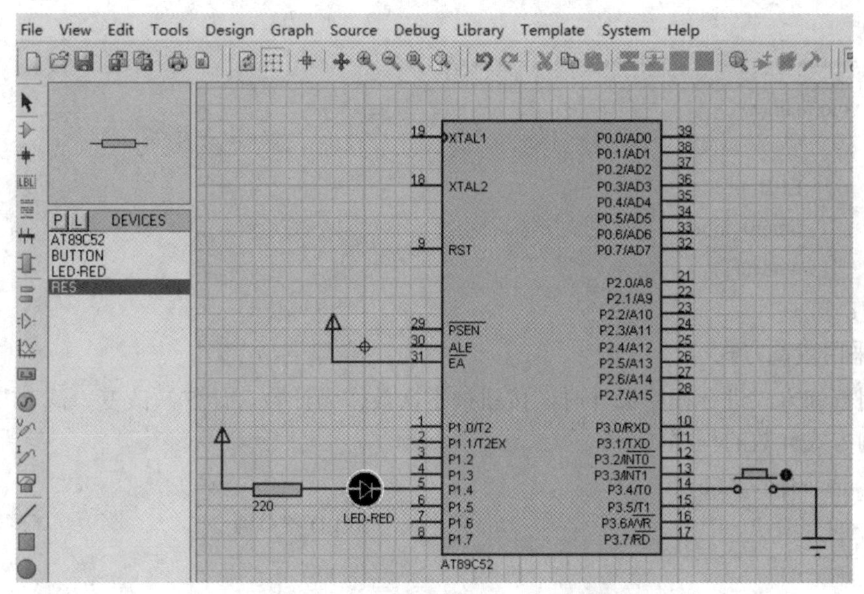

图 3-13　定时器计数项目硬件电路图

3.5.2　程序设计

定时器计数项目可以采用中断、查询两种方式进行程序设计。

1. 采用中断方式

采用中断方式进行程序设计时，按钮按下次数作为计数，计 5 次改变一次 LED 状态。采用中断方式计数的程序如下：

```
#include<reg51.h>
sbit LED=P1^4;                                    //LED 接口端

/**************定时器 0 初始化**************/
void timer0_init(void)
{
      TMOD=0X06;                                  //定时器 0，计数方式 2
      TH0=-5;                                     //计数 5 次为上限
      TL0=-5;                                     //计数 5 次为上限
      IE=0X82;                                    //允许中断
      TR0=1;                                      //启动中断
}

/**************定时器 0 中断函数**************/
void Timer0_int() interrupt 1    using 0          //定时器 0 计数中断
{
   LED=!LED;
}
```

```
/**************主程序***************/
void main()
{
        LED=0;
        timer0_init();
        while(1) ;
}
```

2. 采用查询方式

采用查询方式进行程序设计时，按钮按下次数作为计数，计 5 次改变一次 LED 状态。采用查询方式计数的程序如下：

```
#include<reg51.h>
sbit LED=P1^4;                                  //LED 接口端

/**************定时器 0 初始化**************/
void time0_init(void)
{
        TMOD=0X06;                              //定时器 0，计数方式 2
        TH0=-5;                                 //计数 5 次为上限
        TL0=-5;                                 //计数 5 次为上限
        TR0=1;                                  //启动计数器 0
}

/**************主程序***************/
void main()
{
        LED=0;
        time0_init();                           //定时器 0 计数中断
        while(1)
        {
                while(TF0==0);                  //等待定时器 0 中断
                TF0=0;                          //定时器 0 中断到，清标记
                LED=!LED;
        }
}
```

3.5.3　仿真调试

定时器计数项目仿真调试时，按钮按下模拟脉冲，T0 对它计数，每计 5 次控制 LED 状态翻转一次。如图 3 - 14 为仿真运行图。

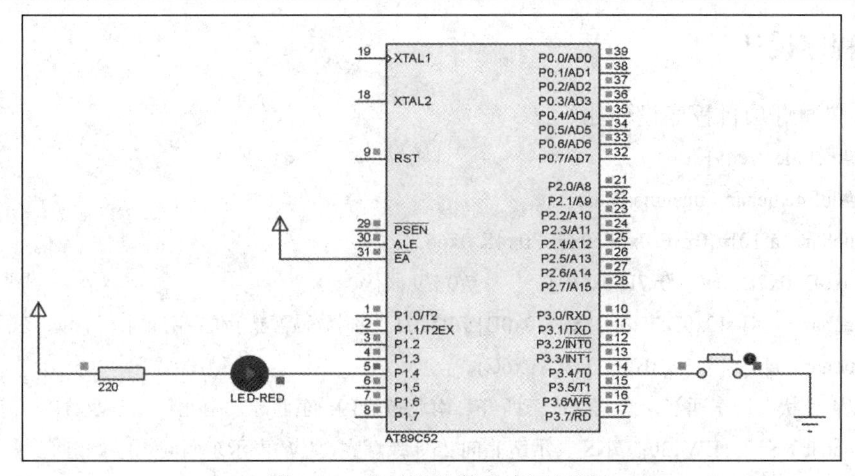

图 3-14　定时器计数仿真运行图

3.6　模拟交通信号灯项目设计

用 51 单片机设计一交通信号灯模拟控制系统，采用 12 MHz 晶振。具体要求如下：

(1) 南北方向为主道，东西方向为支道，轮流放行。南北绿灯放行 25 s，然后黄灯延时 5 s，接着红灯 20 s；东西绿灯放行 15 s，然后黄灯延时 5 s，接着红灯 30 s。

(2) 有紧急车辆通过时，均为红灯。

(3) 要求由数码管显示红绿灯倒计时时间。

3.6.1　硬件电路设计

模拟交通灯项目硬件电路设计如图 3-15 所示。

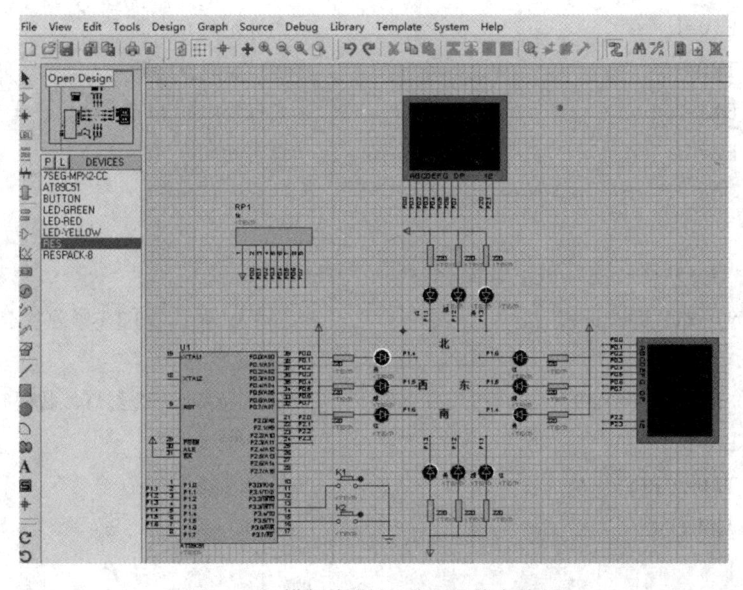

图 3-15　模拟交通灯项目硬件电路图

3.6.2 程序设计

模拟交通灯项目程序设计如下：

```
#include <reg51.h>
#define uchar    unsigned char
uchar    a[10]={0x3F, 0x06, 0x5B, 0x4F, 0x66,
0x6D, 0x7D, 0x07, 0x7F, 0x6F};          //0～9 段码
uchar    b[4]={0x0D, 0x0E, 0x07, 0x0B};//P2 端口控制数码管显示位：南北个、十位，东西个、十位
uchar    c[4]={0x3A, 0x36, 0x5C, 0x6C};
//4 个状态：东西红，南北绿；东西红，南北黄灯闪；东西绿，南北红；东西黄闪，南北红
uchar NS=25, EW=30；//NS 表示南北向 25 s 绿灯亮，EW 表示东西向 30 s 红灯亮
uchar NS_G=25, EW_G=15, Y=5；//南北绿灯 25 s，东西绿灯 15 s，黄灯 5
uchar i, k=0, count=0;
void     delay(uchar);
void trafic_light();                              //4 个交通灯状态函数声明
void led_display();                               //数码管显示函数声明
sbit    key_end=P3^5;                             //结束紧急状态

/**************定时器 0 初始化函数**************/
void init(void)
{
     TMOD=0x01;                                   //定时器 0 方式 1，16 位
     TH0=(65536-50000)/256;                       //定时器 0 的 50 ms 初值高 8 位
     TL0=(65536-50000)%256;                       //定时器 0 的 50 ms 初值低 8 位
     ET0=1;                                       //允许定时 0 中断
     TR0=1;                                       //运行定时 0 中断
     EX1=1;                                       //允许外中断 1
     EA=1;                                        //总中断允许
}

/**************外部中断 1 中断函数**************/
void int1(void) interrupt 2                       //外部中断 1，P3.3，紧急状态
{
     P1=0x3C, P0=a[9];                            //东、南、西、北红灯，数码管显示 99
     EA=0;                                        //关中断
     TR0=!TR0;                                    //停定时器 0 中断
     while(1)
     {
          for(i=0; i<4; i++)
```

```
        {
            P2=b[i];
            delay(1);
        }
        if(key_end==0)                          //紧急状态结束，继续
        {
            delay(10);
            if(key_end==0)
            {
                while(!key_end)
                {
                    for(i=0; i<4; i++)
                    {
                        P2=b[i];
                        delay(1);
                    }
                }
                EA=1;
                TR0=!TR0;
                break;
            }
        }
    }
}

/**************定时器 0 中断函数**************/
void time1(void) interrupt 1                    //内部定时中断 0 服务程序
{
    TH0=(65536-50000)/256;                      //定时器 0 的 50 ms 初值高 8 位
    TL0=(65536-50000)%256;                      //定时器 0 的 50 ms 初值低 8 位
    count++;
    if(count>=20)                               //20×50 ms=1s
    {
        NS--;
        EW--;
        count=0;
        if(NS==0||EW==0)                        //NS 或 EW 减到零
        {
            k++;
```

```
                if(k>3)
                k=0;
                switch(k)
                {
                    case 0:NS=NS_G;
                    EW=NS_G+Y;
                    break;                      //状态 0：东西红，南北绿的时间
                    case 1:NS=Y;
                    EW=Y;
                    break;                      //状态 1：东西红，南北黄灯闪的时间
                    case 2:NS=EW_G+Y;
                    EW=EW_G;
                    break;                      //状态 2：东西绿，南北红的时间
                    case 3:NS=Y;
                    EW=Y;
                    break;                      //状态 3：东西黄闪，南北红的时间
                }
            }
        }
}

/****************延时函数 t(ms)*************/
void  delay(uchar t )
{
        uchar j, k;
        for(j=0; j<t; j++)
        {
          for(k=0; k<255; k++)
          {
          }
        }
}

/**************交通灯状态函数*************/
void  trafic_light()                            //4 个亮灯状态
{
        P1=c[k];                                //灯状态 0 或状态 2
        if(P1==c[1]&&count==0)                  //状态 1，且 1s 时间到，灭黄灯，形成闪烁
        {
```

```
        P1=0x3E;
      }
      else
      if(P1==c[3]&&count==0)               //状态 3，且 1s 时间到，灭黄灯，形成闪烁
      {
        P1=0x7C;
      }
}

/****************数码管倒计时**************/
void led_display()
{
      P2=b[0];
      P0=a[NS%10];                         //南北个位
      delay(5);

      P2=b[1];
      P0=a[NS/10];                         //南北十位
      delay(5);

      P2=b[2];
      P0=a[EW%10];                         //东西个位
      delay(5);

      P2=b[3];
      P0=a[EW/10];                         //东西十位
      delay(5);
}

/****************主程序**************/
void main(void)
{
      init();                              //定时器 0 初始化
      while(1)
      {
            trafic_light();                //交通灯状态变化
            led_display();                 //数码管倒计时显示
      }
}
```

3.6.3　仿真调试

模拟交通灯项目仿真运行图，如图 3 - 16 所示。

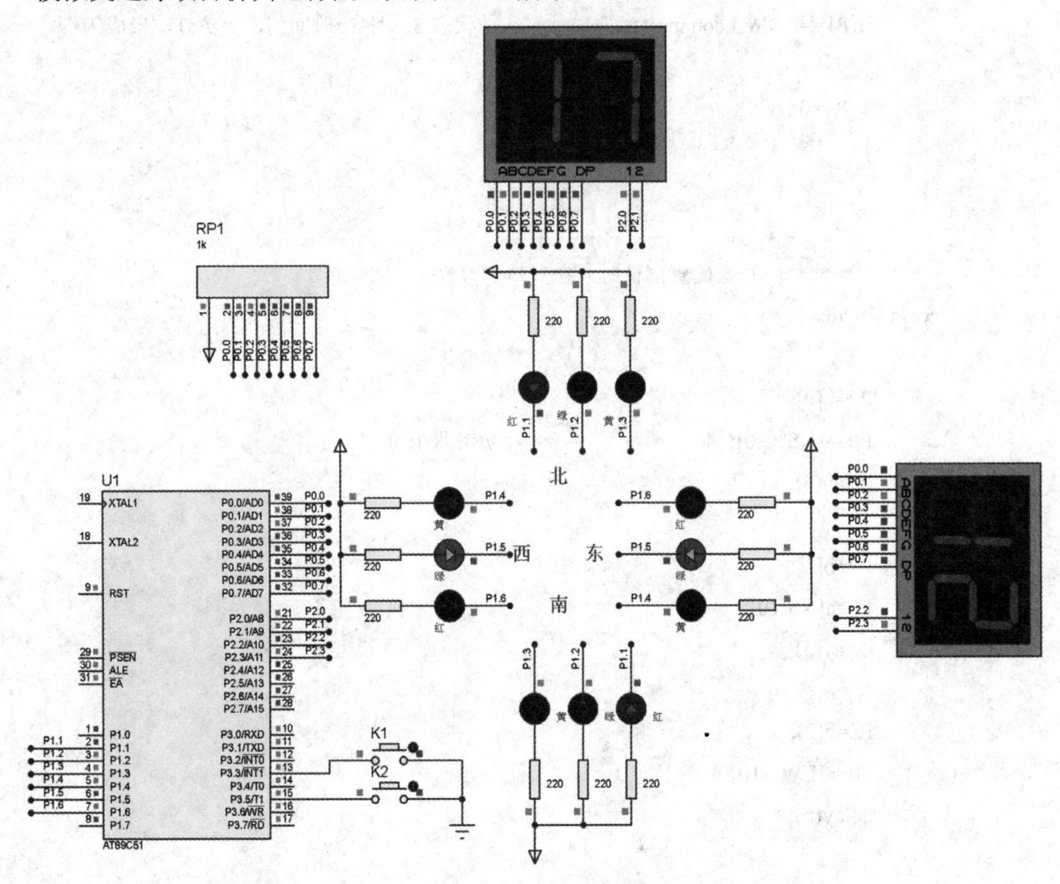

图 3-16　交通灯仿真运行图

3.7　带设置功能的交通灯项目设计

用 51 单片机设计一个交通信号灯模拟控制系统，采用 12 MHz 晶振。具体要求如下：

(1) 南北方向为主道，东西方向为支道，轮流放行。南北绿灯放行 25 s，然后黄灯延时 5 s，接着红灯 20 s；东西绿灯放行 15 s，然后黄灯延时 5 s，接着红灯 30 s。

(2) 有紧急车辆通过时，均为红灯。

(3) 要求由数码管显示红绿灯倒计时时间。

(4) 可以对南北、东西方向的交通灯时间进行设置。

3.7.1　硬件电路设计

带设置的交通灯硬件电路设计如图 3-17 所示。

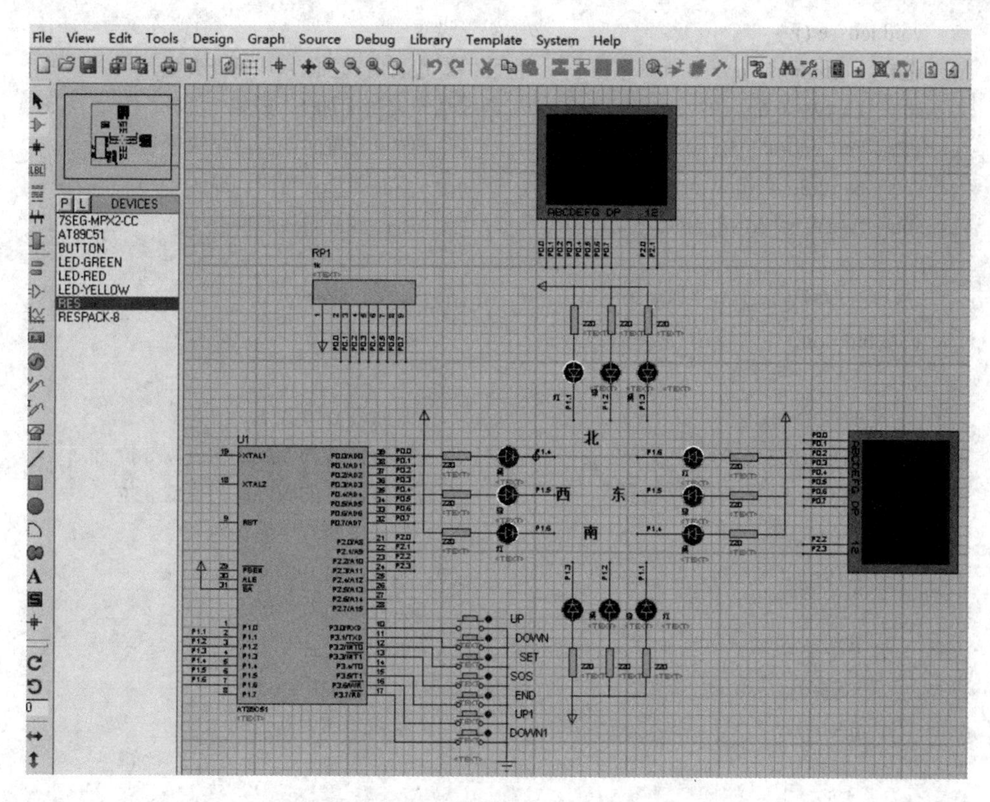

图 3-17　带设置功能的交通灯项目硬件电路图

3.7.2　程序设计

带设置功能的交通灯项目源程序如下：

```
#include <reg51.h>
#define uchar   unsigned char
uchar   a[10]={0x3F, 0x06, 0x5B, 0x4F, 0x66,
0x6D, 0x7D, 0x07, 0x7F, 0x6F}; //0～9 段码
uchar   b[4]={0x0D, 0x0E, 0x07, 0x0B};
//P2 口控制数码管显示位：南北个、十位，东西个、十位
uchar   c[4]={0x3A, 0x36, 0x5C, 0x6C};
//4 个状态：东西红，南北绿；东西红，南北黄灯闪；东西绿，南北红；东西黄闪，南北红
uchar NorthSouth=25, EastWest=30;
//NorthSouth 表示南北向绿灯亮 25 s，EastWest 表示东西向红灯亮 30 s
uchar NorthSouth_G=25, EastWest_G=15, Y=5;
//南北绿灯亮 25 s，东西绿 15 s，黄灯 5 s。
uchar i, k=0, count=0;
void    delay(uchar);
void trafic_light();                    //4 个交通灯状态函数声明
void led_display();                     //数码管显示函数声明
```

```
void led_set();                             //数码管设置
sbit  NorthSouth_up=P3^0;                   //南北绿灯设置时间加 1，或重新开始
sbit  EastWest_up1=P3^6;                    //东西绿灯设置时间加 1，或重新开始
sbit  key_end=P3^5;                                      //结束设置时间，或结束紧急状态
sbit  NorthSouth_down=P3^1;                              //南北绿灯设置时间减 1
sbit  EastWest_down1=P3^7;                               //东西绿灯设置时间减 1

/**********定时器 0，外部中断 0、1 初始化函数***********/
void init(void)
{
      TMOD=0x01;                                         //定时器 0 方式 1，16 位
      TH0=(65536-50000)/256;                             //定时器 0 的 50 ms 初值高 8 位
      TL0=(65536-50000)%256;                             //定时器 0 的 50 ms 初值低 8 位
      IT0=1;                                             //外部中断 0 下降沿触发
      ET0=1;                                             //允许定时 0 中断
      TR0=1;                                             //运行定时 0 中断
      EA=1;                                              //总中断允许
      EX0=1;                                             //允许外部中断 0
      EX1=1;                                             //允许外部中断 1
}

/**********外部中断 0 服务程序：时间设置, P3.2************/
void int0(void) interrupt 0
{
      EA=0;                                              //关中断
      P1=0x3C;                                           //东西、南北红 LED
      TR0=!TR0;                                          //关定时中断 0
      while(1)
      {
            led_set();

            if(NorthSouth_up==0)                         //南北绿灯设置时间加 1
            {
                  delay(10);
                  if(NorthSouth_up==0)
                  {
                        while(!NorthSouth_up)
                        {
                          led_set();
                        }
                        NorthSouth_G++;
                        if((NorthSouth_G+Y)==100)
```

```
            NorthSouth_G=1;
        }
    }

    if(NorthSouth_down==0)                  //南北绿灯设置时间减 1
    {
        delay(10);
        if(NorthSouth_down==0)
        {
            while(!NorthSouth_down)
            {
              led_set();
            }
            NorthSouth_G--;
            if((NorthSouth_G+Y)==5)
            NorthSouth_G=94;
        }
    }
    if(EastWest_up1==0)                     //东西绿灯设置时间加 1
    {
        delay(10);
        if(EastWest_up1==0)
        {
            while(!EastWest_up1)
            {
              led_set();
            }
            EastWest_G++;
            if((EastWest_G+Y)==100)
            EastWest_G=1;
        }
    }
        if(EastWest_down1==0)               //东西绿灯设置时间减 1
    {
    delay(10);
    if(EastWest_down1==0)
      {
        while(!EastWest_down1)
            {
                 led_set();
            }
        EastWest_G--;
```

```
                if((EastWest_G+Y)==5)
                EastWest_G=94;
                }
            }

            if(key_end==0)                          //结束设置时间
            {
                delay(10);
                if(key_end==0)
                {
                    while(!key_end)
                    {
                      led_set();
                    }

                    TR0=!TR0;
                    EA=1;
                    break;
                }
            }
        }
}

/**********外部中断 1，P3.3，紧急状态************/
void int1(void) interrupt 2
{
    P1=0x3C, P0=a[9];                       //东南西北红灯，数码管显示 99
    EA=0;                                   //关中断
    TR0=!TR0;                               //停定时器 0 中断
    while(1)
    {
        for(i=0; i<4; i++)
        {
        P2=b[i];
        delay(1);
        }

        if(key_end==0)                      //紧急状态结束，继续
        {
            delay(10);
            if(key_end==0)
            {
```

```
                while(!key_end)
                    {
                    for(i=0; i<4; i++)
                        {
                            P2=b[i];
                            delay(1);
                        }
                    }
                EA=1;
                TR0=!TR0;
                break;
                }
            }
        }
}

/**********按键重新开始***********/
void   key()
{
if(NorthSouth_up==0)
        {
            delay(10);
            if(NorthSouth_up==0)                    //南北绿灯开始
            {
                while(!NorthSouth_up)
                {
                    trafic_light();
                    led_display();
                }
                count=0;
                k=0;
                NorthSouth=NorthSouth_G, EastWest=NorthSouth_G+Y;
            }
        }

        if(EastWest_up1==0)                         //东西绿灯开始
        {
            delay(10);
            if(EastWest_up1==0)
            {
                while(!EastWest_up1)
                {
```

```
                trafic_light();
                led_display();
            }
            count=0;
            k=2;
            NorthSouth=EastWest_G+Y, EastWest=EastWest_G;
        }
    }

}

/**********内部定时中断 0 服务程序************/
void time1(void) interrupt 1
{
    TH0=(65536-50000)/256;              //定时器 0 的 50 ms 初值高 8 位
    TL0=(65536-50000)%256;              //定时器 0 的 50 ms 初值低 8 位
    count++;
    if(count>=20)                       //20×50 ms=1s
    {
        NorthSouth--;
        EastWest--;
        count=0;
        if(NorthSouth==0||EastWest==0)      //NorthSouth 或 EastWest 减到零
        {
            k++;
            if(k>3)
            k=0;
            switch(k)
            {
                case 0:NorthSouth=NorthSouth_G;
                EastWest=NorthSouth_G+Y;
                break;                  //状态 0：东西红，南北绿的时间
                case 1:NorthSouth=Y;
                EastWest=Y;
                break;                  //状态 1：东西红，南北黄灯闪的时间
                case 2:NorthSouth=EastWest_G+Y;
                EastWest=EastWest_G;
                break;                  //状态 2：东西绿，南北红的时间
                case 3:NorthSouth=Y;
                EastWest=Y;
                break;                  //状态 3：东西黄闪，南北红的时间
            }
```

```
            }
        }
}

/****************延时函数 t(ms)*************/
void   delay(uchar t )
{
        uchar j, k;
        for(j=0; j<t; j++)
        {
          for(k=0; k<255; k++)
           {
           }
        }
}

/***************交通灯状态函数*************/
void   trafic_light()                        //4 个亮灯状态
{
        P1=c[k];                             //灯状态 0 或状态 2
        if(P1==c[1]&&count==0)               //状态 1，且 1 s 时间到，灭黄灯，形成闪烁
        {
          P1=0x3E;
        }
        else
        if(P1==c[3]&&count==0)               //状态 3，且 1 s 时间到，灭黄灯，闪烁
        {
          P1=0x7C;
        }
}

/***************数码管倒计时*************/
void led_display()
{
        P2=b[0];
        P0=a[NorthSouth%10];                 //南北个位
        delay(5);

        P2=b[1];
        P0=a[NorthSouth/10];                 //南北十位
        delay(5);
```

```
    P2=b[2];
    P0=a[EastWest%10];                  //东西个位
    delay(5);

    P2=b[3];
    P0=a[EastWest/10];                  //东西十位
    delay(5);
}

/****************数码管设置值显示*************/
void led_set()
{
    P2=b[0];
    P0=a[(NorthSouth_G+Y)%10];          //南北设置时间个位
    delay(5);

    P2=b[1];
    P0=a[(NorthSouth_G+Y)/10];          //南北设置时间十位
    delay(5);

    P2=b[2];
    P0=a[(EastWest_G+Y)%10];            //东西设置时间个位
    delay(5);

    P2=b[3];
    P0=a[(EastWest_G+Y)/10];            //东西设置时间十位
    delay(5);
}

/****************主程序*************/
void main(void)
{
    init();
    while(1)
    {
        key();
        trafic_light();
        led_display();
    }
}
```

3.7.3　仿真调试

带设置功能的交通灯项目仿真运行图，如图 3 - 18 所示。

带设置功能的交通灯项目在进行仿真调试时，按下 SET 键，东西南北向变红灯；按下 UP 键，南北向绿灯加时；按下 DOWN 键，南北向绿灯减时；按下 UP1 键，东西向绿灯加时；按下 DOWN1 键，东西向绿灯减时。

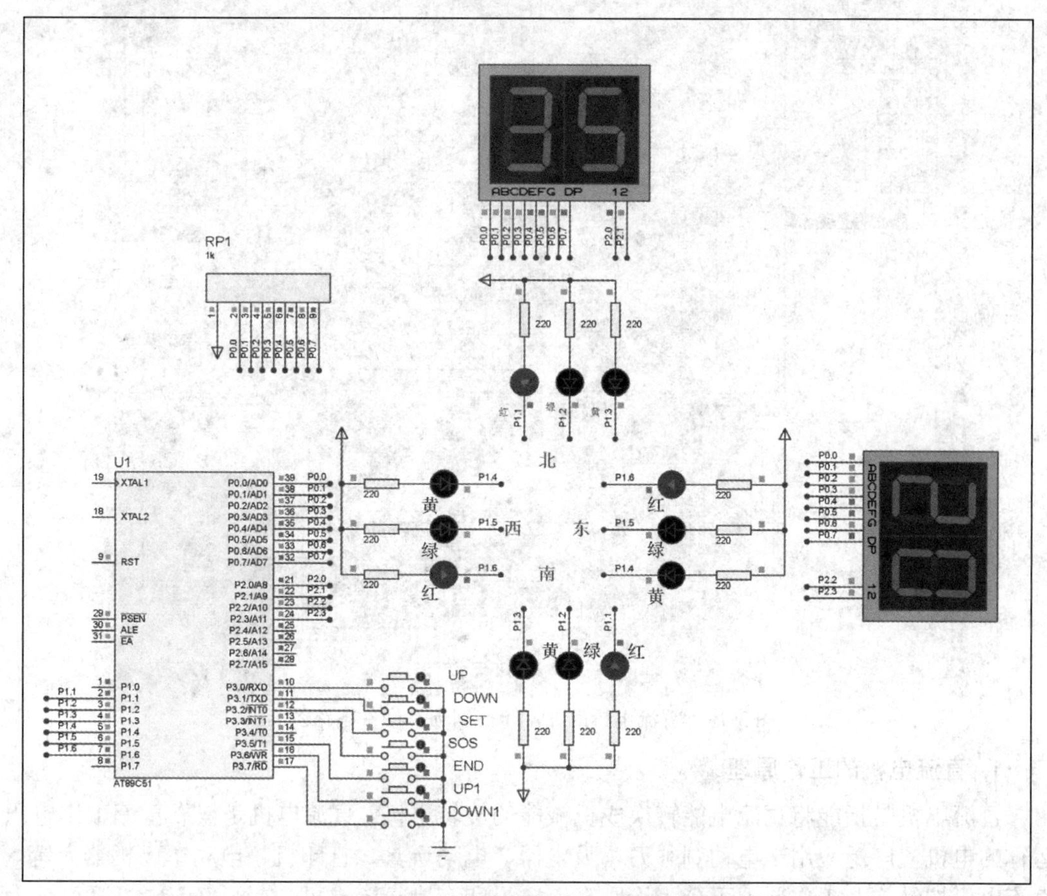

图 3-18　带设置功能的交通灯项目仿真运行图

3.8　直流电机的 PWM 控制项目设计

设计一个直流电机控制系统，要求能实现电机的正转启动、反转启动、停止、加速、减速共五种功能，并可使用按键和数码管实现人机交互。

3.8.1　硬件电路设计

具体设计要求为：S1 控制正转启动、S2 控制反转启动、S3 控制停止、S4 控制加速、K5 控制减速；用 3 个发光二极管显示状态正转时红灯亮，反转时黄灯亮，不转时绿灯亮；并利用 1 位 LED 数码管显示电机转速挡位。其硬件电路设计如图 3 - 19 所示。

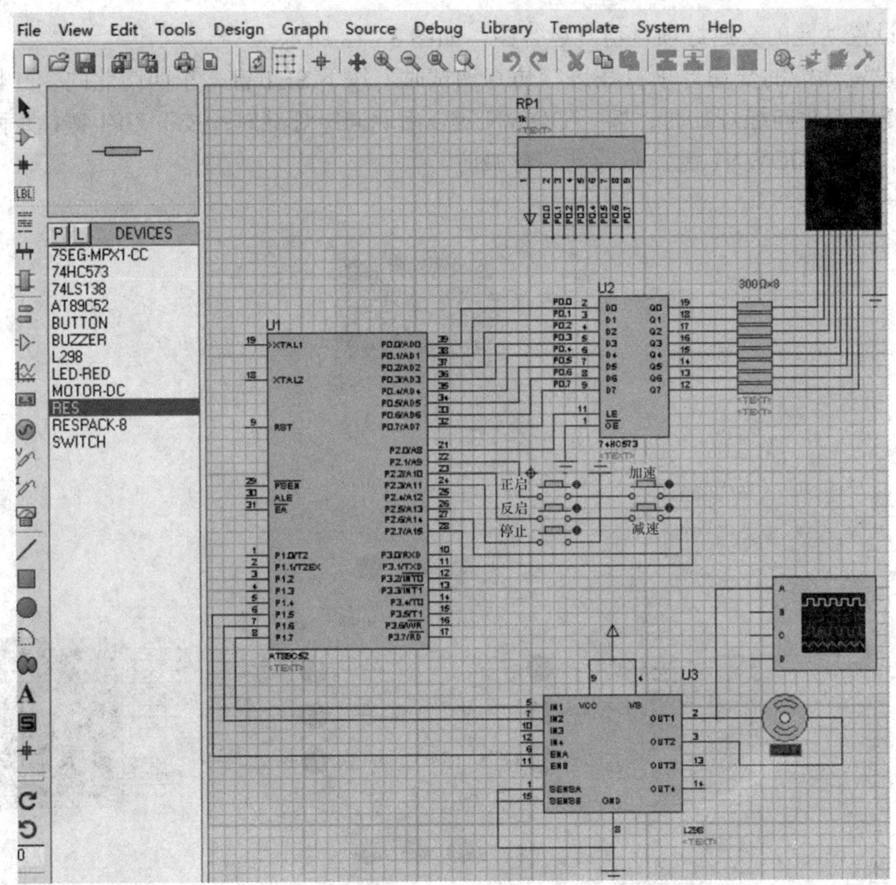

图 3-19　直流电机的 PWM 控制项目硬件电路图

1. 直流电机的工作原理

直流电机是指能将直流电能转换成机械能的旋转电机。直流电机是依靠直流工作电压运行的电机，广泛应用于电动剃须刀、吸尘器、电动玩具、打印机、电动车、机器人等。直流电机按结构及工作原理可分为无刷直流电机和有刷直流电机，有刷直流电机又可分为永磁直流电机和电磁直流电机。直流电机实物如图 3 - 20 所示。

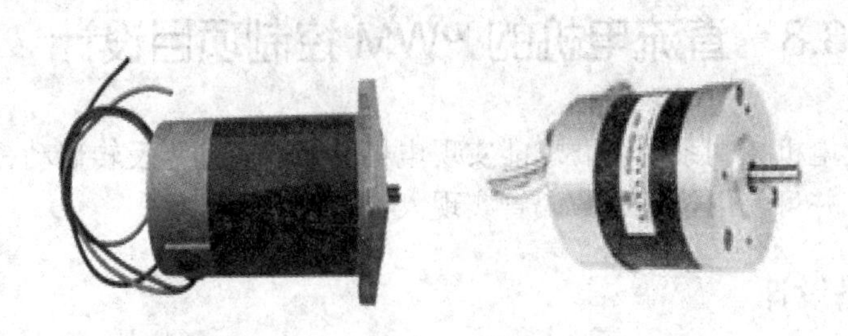

图 3-20　直流电机实物图

直流电机有一对固定磁极 N 极和 S 极，它们可以是电磁铁，也可以是永久磁铁。磁极之间有一个可以转动的铁质圆柱体，称为电枢铁芯。铁芯表面固定一个用绝缘导体构成的电枢线圈 abcd，线圈的两端分别接到相互绝缘的两个半圆形铜片(换向片)上，它们组合在一起称为换向器。在每个半圆铜片上又分别放置一个固定不动而与之滑动接触的电刷 A 和 B，线圈 abcd 通过换向器和电刷接通外电路。直流电机工作原理如图 3 - 21 所示。

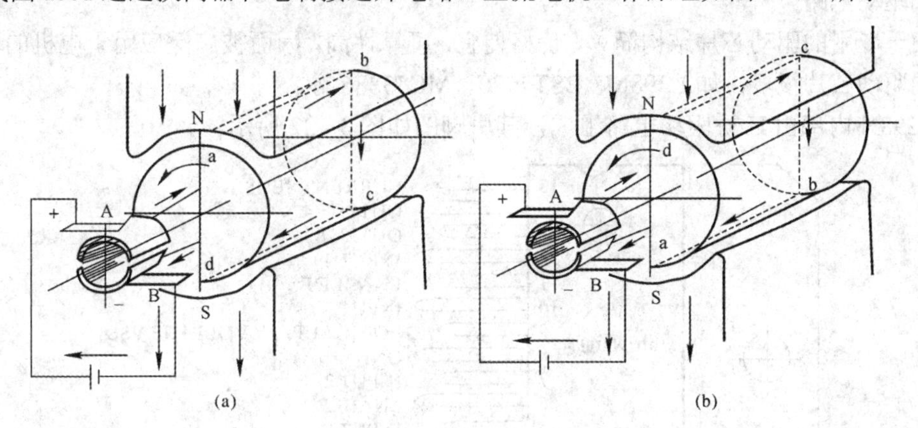

图 3-21　直流电机工作原理

将外部直流电源加于直流电机电刷正极 A 和负极 B 上，则线圈 abcd 中流过电流，在导体 ab 中，电流由 a 流向 b，在导体 cd 中，电流由 c 流向 d。导体 ab 和 cd 分别处于 N 极和 S 极磁场中，并受到电磁力的作用。用左手定则可知导体 ab 和 cd 均受到电磁力的作用，且形成的转矩方向一致，这个转矩称为电磁转矩，为逆时针方向。这样，电枢就顺着逆时针方向旋转，如图 3 - 21(a)所示。

当电枢旋转 180°，导体 cd 转到 N 极下，导体 ab 转到 S 极下，由于电流仍从电刷 A 流入，使导体 cd 中的电流变为由 d 流向 c，而导体 ab 中的电流由 b 流向 a，从电刷 B 流出，用左手定则判别可知，电磁转矩的方向仍是逆时针方向，如图 3 - 21(b)所示。

由此可见，加于直流电机上的直流电源借助于换向器和电刷的作用，使直流电机电枢线圈中流过的电流方向是交变的，从而使电枢产生的电磁转矩的方向恒定不变，确保直流电动机朝确定的方向连续旋转。这就是直流电机的基本工作原理。

实际的直流电机电枢圆周上均匀地嵌放了许多线圈，相应地换向器也由许多换向片组成，使电枢线圈所产生的总的电磁转矩足够大，并且比较均匀，因此电机的转速就比较均匀。

2. 直流电机的参数

直流电机一些常用的技术参数有：

(1) 转矩：电机得以旋转的力矩，单位为 kg·m 或 N·m。

(2) 转矩系数：电机所产生转矩的比例系数，一般表示每安培电枢电流所能产生的转矩大小。

(3) 转速：电机旋转的速度，工程单位为 r/min，即转每分，在国际单位制中为 rad/s，即弧每秒。

(4) 电气时间常数：电枢电流从零开始达到稳定值的 63.2% 时所经历的时间。

(5) 机械时间常数：电机从启动到转速达到空载转速的 63.2% 时所经历的时间。

(6) 功率密度：电机每单位质量所能获得的输出功率值。功率密度越大，电机的有效材料的利用率就越高。

3. 直流电机的驱动

电机属于大功率器件，而单片机的 I/O 端口所提供的电流大小往往十分有限，所以必须外加驱动电路。

由于专用的驱动芯片结构简单，价格便宜，可靠性高，因而被广泛应用于电机的驱动。电机的驱动芯片很多，如 L298N、BST7970、MC33886 等。

L298N 内部由 H 桥驱动电路组成，其引脚图如图 3 - 22 所示。

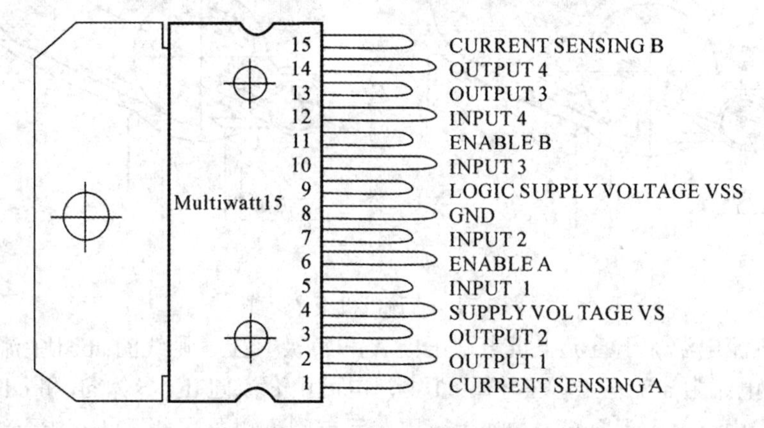

图 3-22　L298N 的引脚图

L298N 是 ST 公司生产的一种高电压、大电流的电机驱动芯片。该芯片采用 15 脚封装，主要特点是：工作电压高，最高工作电压可达 46 V，持续工作电流为 2 A，额定功率为 25 W；内含两个 H 桥高电压大电流全桥式驱动器，可以驱动一台两相步进电机和四相步进电机，也可以驱动两个直流电机。

L298N 的 9 引脚可接 4.5～7 V 电压；4 引脚接电源电压，范围为 2.5～46 V；输出电流可达 2 A，可驱动电感性负载；1 引脚和 15 引脚的发射极分别单独引出以便接入电流采样电阻，形成电流传感信号。L298 可驱动两个电动机，2、3 和 13、14 引脚即 OUT1，OUT2 和 OUT3，OUT4 之间可分别接电动机；5、7 和 10、12 引脚即 IN1、IN2 和 IN3、IN4 接输入控制电平，控制电机的正反转；6、11 引脚即 ENABLE A，ENABLE B 接控制使能端，控制电机的停转。其控制表如表 3 - 8 所示。

表 3-8　L298 控制表

	IN1	IN2	IN3	IN4	转向	PWM 调速 ENABLE A	PWM 调速 ENABLE B
直流电机 1	1	0	—	—	正	矩形波	—
	0	1	—	—	反	矩形波	—
	0	0	—	—	停	矩形波	—
直流电机 2	—	—	1	0	正	—	矩形波
	—	—	0	1	反	—	矩形波
	—	—	0	0	停	—	矩形波

4. 直流电机的 PWM 调速

所谓 PWM 就是脉宽调制器，通过调制器给电机提供一个具有一定频率和脉冲宽度可调的脉冲电压。脉冲宽度越大即占空比越大，提供给电机的平均电压就越大，电机转速就高；反之脉冲宽度越小，则占空比越越小，提供给电机的平均电压就越小，电机转速就低。

PWM 不管是高电平还是低电平时电机都是转动的，电机的转速取决于供给的平均电压。

PWM 调速程序中，直流电机的 PWM 调速可以采用软件延时的方法，也可以采用定时器的方法，两种方法都是在单片机 I/O 端口实现高低电平的延时翻转，输出不同占空比的 PWM 信号。

3.8.2　程序设计

直流电机的 PWM 控制项目程序设计如下：

```
#include<reg51.h>
#define uchar unsigned char
uchar m;                              //用来标志速度挡位
uchar num;                            //计数标志
uchar led[]={0x3f, 0x6, 0x5b, 0x4f, 0x66, 0x6d, 0x7d,
      0x7, 0x7f, 0x6f, 0x77, 0x7c, 0x39, 0x5e, 0x79, 0x71};      //七段码表
sbit LE=P2^0;
sbit k1=P2^1;                         //正转按钮
sbit k2=P2^2;                         //反转按钮
sbit k3=P2^3;                         //停按钮
sbit k4=P2^7;                         //加速按钮
sbit k5=P2^6;                         //减速按钮
sbit PWM=P1^5;                        //PWM 信号从 P1.4 输出
sbit IN2=P1^6;                        //直流电机正反转控制
sbit IN1=P1^7;                        //直流电机正反转控制

/*********定时器的初始化函数**************/
void init()                           //定时器的初始化
{
      TMOD=0X01;                      //定时器 0 工作方式 1
      TH0=(65536-50000)/256;
      TL0=(65536-50000)%256;          //装载初值
      TR0=1;                          //开始计数
      ET0=1;                          //开启定时器中断使能
      EA=1;                           //开启总中断
```

```
        IN1=0;
        IN2=0;                          //IN1=0，IN2=0：控制电动机停
        m=0;                            //开启电动机为 0 挡
}

/*********延时 t(ms)函数**************/
void  delay(uchar t )
{
        unsigned char j, k;
        for(j=0; j<t; j++)
        {
          for(k=0; k<255; k++){}
        }
}

/***********主程序*************/
main()
{
        init();                                 //定时器的初始化
        while(1)
        {
             if(k1==0)                          //检测正转按钮
             {
                  delay(10);                    //消抖 10 ms
                  if(k1==0)                     //如果正转按钮按下
                  {
                       IN1=1;
                       IN2=0;                   //IN1=1，IN2=0：正转
                  }
                  while(!k1);                   //松开继续执行
                  m=1;
             }

             if(k2==0)                          //检测反转按钮
             {
                  delay(10);                    //消抖 10 ms
                  if(k2==0)                     //如果按下反转按钮
                  {
```

```
            IN1=0;
            IN2=1;                   //IN1=0，IN2=1：控制电机正转
        }
        while(!k2);                  //松开后继续执行
        m=1;
    }

    if(k3==0)                        //检测停止按钮
    {
        delay(10);                   //消抖 10 ms
        if(k3==0)                    //如果按下停止按钮
        {
            IN1=0;
            IN2=0;                   //IN1=0，IN2=0：控制电机停
            PWM=0;                   //PWM 输出低电平
        }
        while(!k3);                  //松开后继续执行
        m=0;                         //电动机置 0 挡
    }

    if(k4==0)                        //检测加速按钮是否按下
    {
        delay(10);                   //消抖 10 ms
        if(k4==0)                    //如果加速按钮按下
        {
            m++;                     //挡位加 1
            if(m>3) m=3;
        }
        while(!k4);                  //松开后继续执行
        if(P1==0x01) P1=0x01;
        if(P1==0x10) P1=0x10;
    }

    if(k5==0)                        //检测减速按钮
    {
        delay(10);                   //消抖 10 ms
        if(k5==0)                    //如果减速按钮按下
        {
```

```
                if(m>1)
                m--;                        //挡位减 1
                if(m==1)
                m=1;
            }
            while(!k5);                         //松开后继续执行
            if(P1==0x01) P1=0x01;
            if(P1==0x10) P1=0x10;
        }
        if(m>3)m=3;                             //挡位最大为 3 挡
        if(m<0)m=0;                             //挡位最小为 0 挡
        LE=1;                                   //锁存器数据透明
        P0=led[m];
        LE=0;                                   //锁存器数据锁存
    }
}

/*********定时器 0 中断函数**************/
void Time0_Int() interrupt 1                    //中断程序
{
    TH0=(65536-50000)/256;
    TL0=(65536-50000)%256;                      //装载初值
    num++;
    if(num == m)                                //对应的脉宽值输出低电平
    {
      PWM = 0;
    }

    if(num == 3)                                //3 段一个周期到达后
    {
        PWM = 1;                                //输出高电平
        num = 0;
    }
}
```

3.8.3 仿真调试

启动正转电机，加速到 3 挡时电机转速可达到最高值 187。其仿真运行图如图 3 - 23 所示。

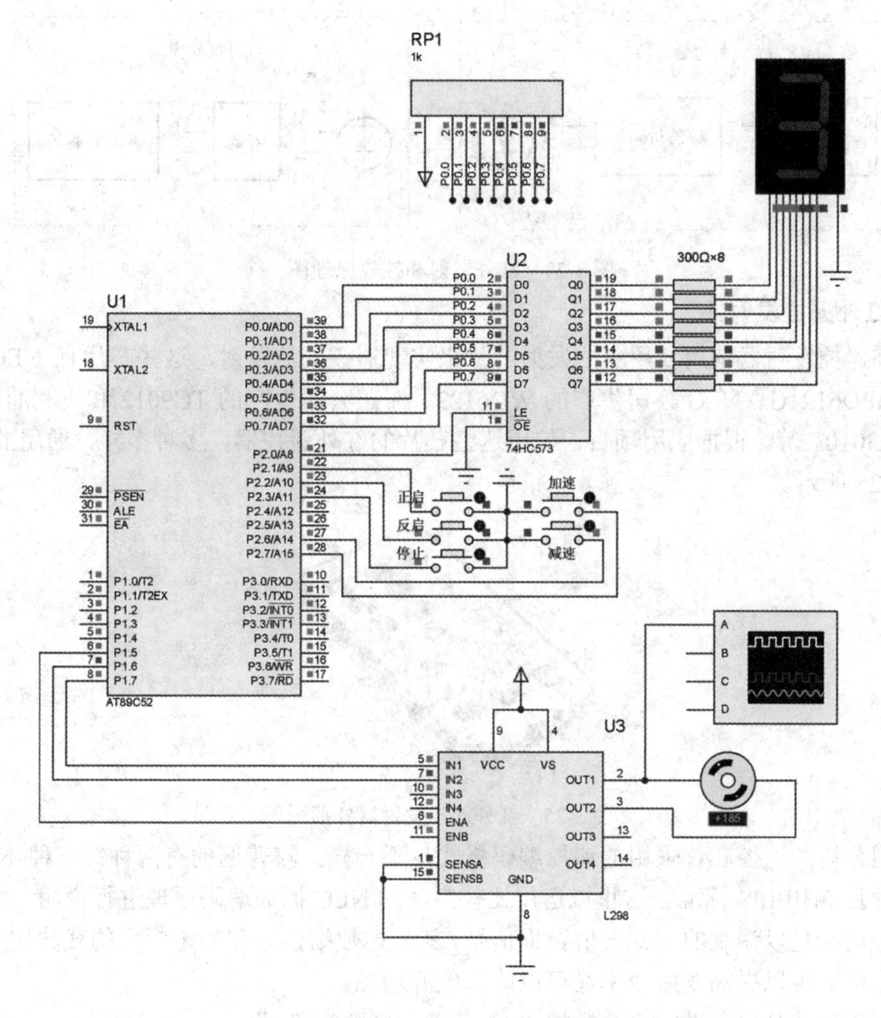

图 3-23　直流电机的 PWM 仿真运行图

3.9　红外遥控项目设计

在光谱图中红外线位于红色光之外， 波长为 0.76～1.5 μm，比红色光的波长长。红外遥控是利用红外线进行传递信息的一种控制方式，红外遥控具有抗干扰、电路简单、容易编码和解码、功耗小及成本低的优点。红外遥控几乎适用于所有家电的控制。

3.9.1　硬件电路设计

按下红外遥控发射器的某一个键，红外遥控发射器会发射出一串经过调制后的信号，这个信号经过红外一体化模块接收后，输出解调后的数字脉冲，每个按键对应不同的脉冲，故识别出不同的脉冲就能识别出不同的按键。红外发射和接收原理如图 3-24 所示。

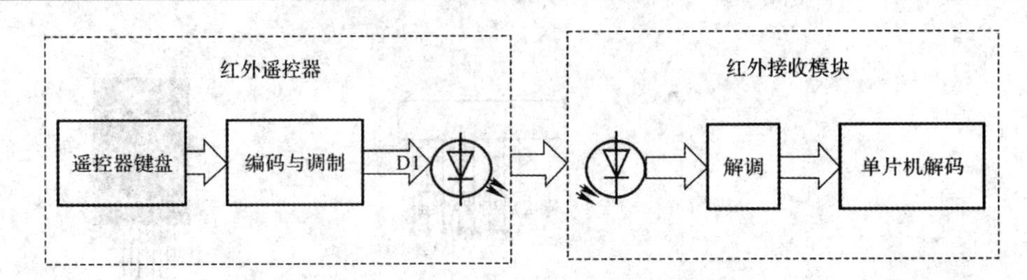

图 3-24　红外发射和接收原理图

1. 红外遥控发射器

红外遥控发射器使用专用集成发射芯片来实现遥控码的发射，这些芯片有 NEC 公司生产的 uPD6121G、NEC 公司生产的 WD6122、东芝公司生产的 TC9012 和飞利浦公司生产的 AA3010T 等。根据应用项目，使用这些芯片的红外遥控器，多种多样，通用的外形，如图 3 - 25 所示。

图 3-25　红外遥控发射器外形图

不同公司的遥控芯片采用的遥控编码格式也不一样。较普遍的有两种：一种 NEC 标准，一种是 PHILIPS 标准。这里以运用比较广泛的 NEC 标准编码原理进行说明。

红外遥控是以调制的方式发射数据信号，就是把数据信号和一定频率的载波进行“与”操作，这样既可以提高发射效率又可以降低电源功耗。

数据信号就是要发送的一个数据“0”或者一个数据“1”。

调制载波频率一般在 30~60 kHz 之间，大多数使用频率为 38 kHz、占空比为 1∶3 的方波。这是由发射端所使用的 455 kHz 晶振决定的。在发射端要对晶振进行整数分频，分频系数一般取 12，所以 455 kHz ÷ 12 ≈ 37.9 kHz ≈ 38 kHz。

数据信号“0”或“1”调制后波形如图 3-26 所示。

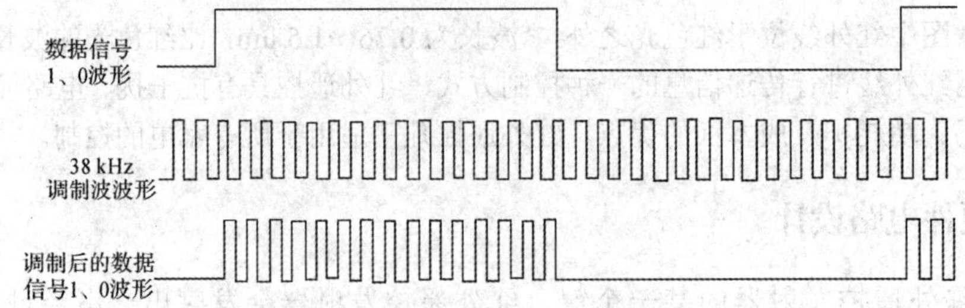

图 3-26　数据信号“0”“1”调制波形

根据红外发射的 NEC 协议，数据信号“1”持续时间为 2.25 ms，脉冲时间为 560 μs；数据信号“0”持续时间为 1.12 ms，脉冲时间为 560 μs。根据脉冲时间长短来解码。经 38 kHz 调制后的数据信号“1”与数据信号“0”的波形如图 3 - 27 所示。

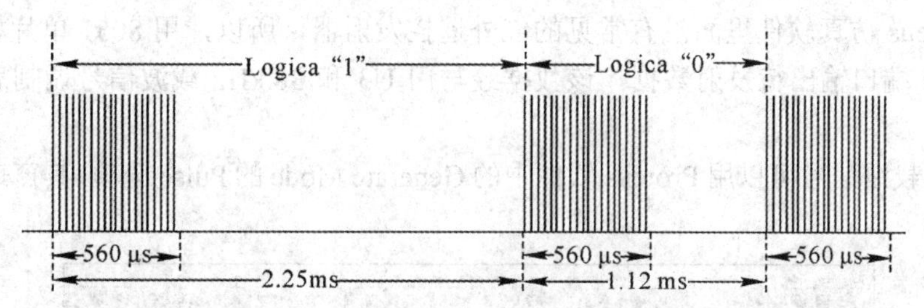

图 3-27　经调制后的数据信号“1”和数据信号“0”的波形图

根据红外发射的 NEC 协议，一个完整的全码发送顺序为：(1) 9 ms 的高电平脉冲；(2) 4.5 ms 的低电平脉冲；(3) 8 bit 的地址码，从低有效位开始发送；(4) 8 bit 的地址码的反码，主要是用于校验是否出错；(5) 8 bit 的命令码，也是从低有效位开始发送；(6) 8 bit 的命令码的反码。

一个完整的全码 = 引导码 + 用户码 + 用户码反码 + 命令码 + 命令码反码 + 数据反码。

数据格式包括了引导码、用户码、用户码反码、命令码和命令码反码，总占 32 位。用户反码和命令反码是用户码和命令码反相后的编码，编码时可用于对数据的纠错。红外发射 NEC 协议如图 3-28 所示。

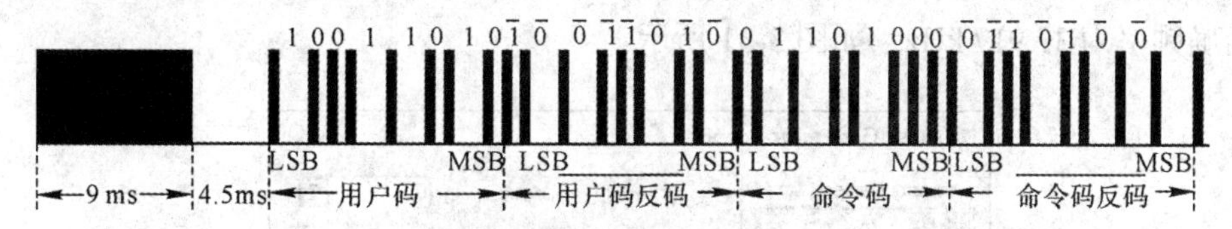

图 3-28　红外发射 NEC 协议

红外发射和接收的仿真电路设计如图 3-29 所示。

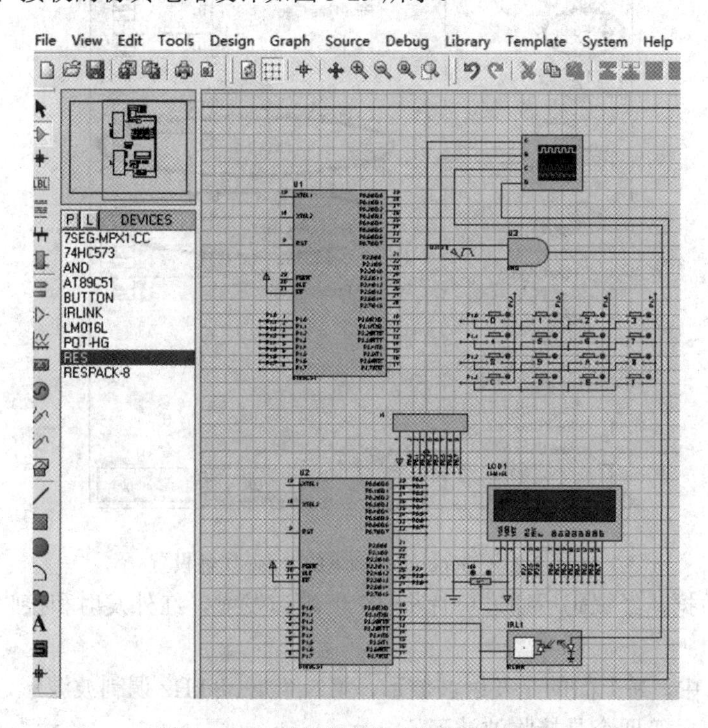

图 3-29　红外发射和接收的硬件电路图

因 Proteus 仿真软件里面没有常见的红外遥控发射器，所以，用 8051 单片机(U1)来实现，其 P2.0 端口输出待发射数据，该数据经与门 U3 和 38 kHz 载波信号调制后发射到接收电路。

38 kHz 载波信号可以用 Proteus 软件中的 Generate Mode 的 Pulse 选项，其窗口如图 3-30 所示。

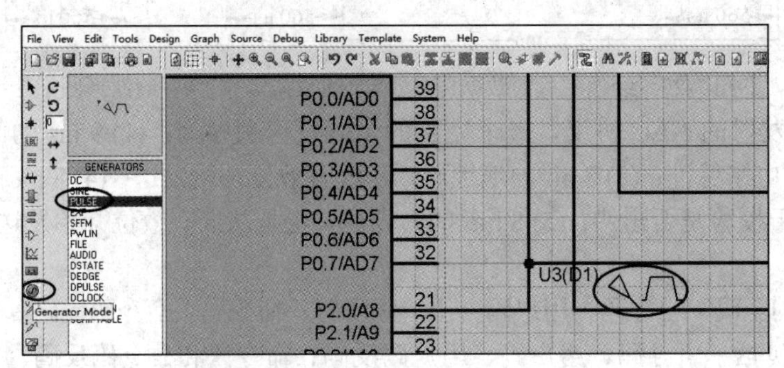

图 3-30　使用 Proteus 软件中的 Generate Mode 的 Pulse 选项窗口

在 Generate Mode 的 Pulse 选项的属性窗口中设置 Pulse With 为 25%，即 1:3 的占空比，选择精确频率为 37.917 kHz，如图 3-31 所示。

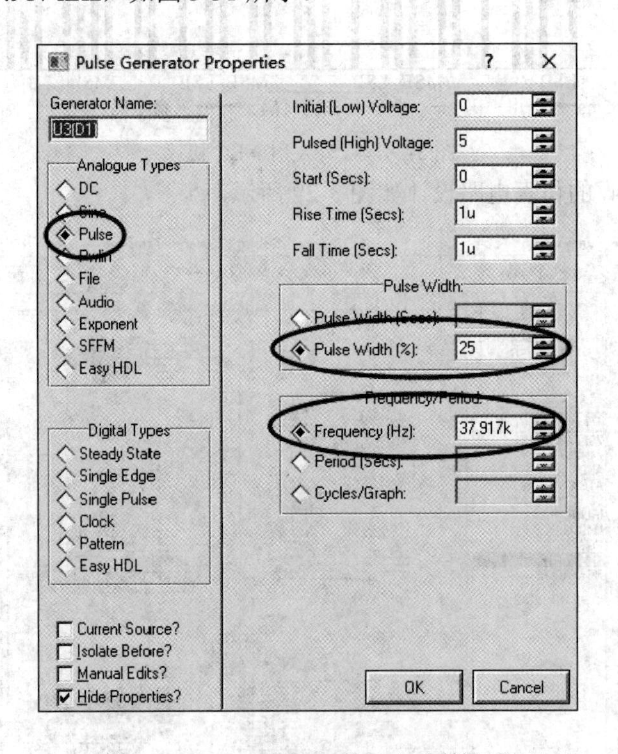

图 3-31　Generate Mode 的 Pulse 属性设置

键盘模拟数据，经编码后通过单片机 P2.0 端口发射。红外发射和接收仿真波形如图 3-32 所示。

在图 3 - 32 中，最上面的是发射波波形，第二个是 38 kHz 调制波波形，第三个是调制后的发射波波形，第四个是接收波波形。

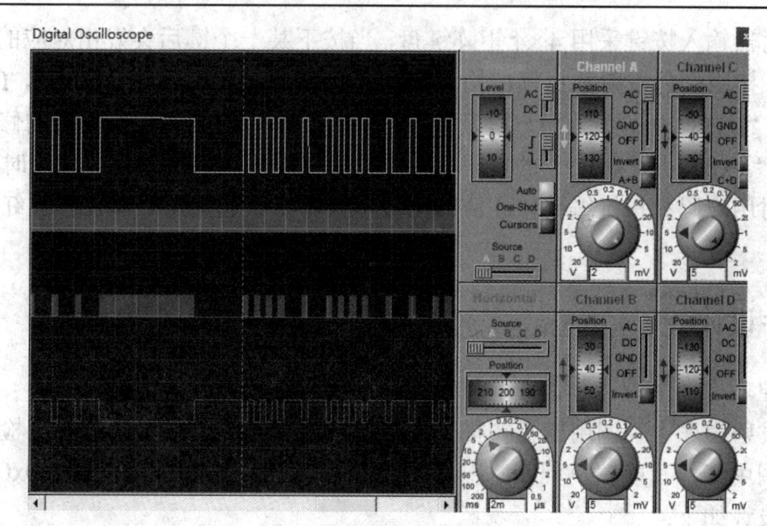

图 3-32　红外发射、接收仿真波形

2. 红外遥控接收器

红外遥控接收器由红外接收电路、红外解码、电源和应用电路组成。红外遥控接收器的主要作用是将遥控发射器发送来的红外光信号转换成电信号，再放大、限幅、检波、整形，形成遥控指令脉冲，输出至遥控微处理器。现在红外遥控接收器大多都采用有处理芯片的成品红外接收头。

成品红外接收头均有三只引脚，即电源正(VDD)、电源负(GND)和数据输出(VOUT)。

红外接收头的常用型号为 VS838 等，其他型号功能大致相同，只是引脚封装不同。红外接收头 VS838 外形图如图 3-33 所示。

因为 Proteus 软件中没有 VS838 器件，所以红外遥控接收器电路采用 Proteus 软件自带的 IRLINK 模块来模拟，解调后送到 U2 的外部中断 INT0。红外遥控接收器 IRLINK 的载波频率设置成与红外遥控发射器相同的频率，即为 37.917 kHz。如图 3-34 所示为红外遥控接收器 IRLINK 的属性设置窗口。

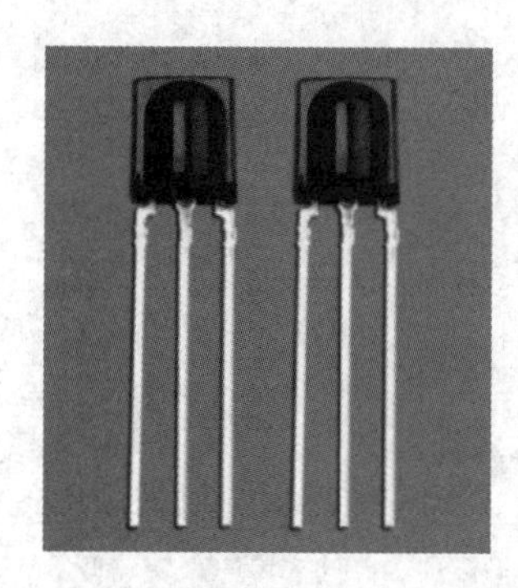

图 3-33　红外接收头 VS838 外形图

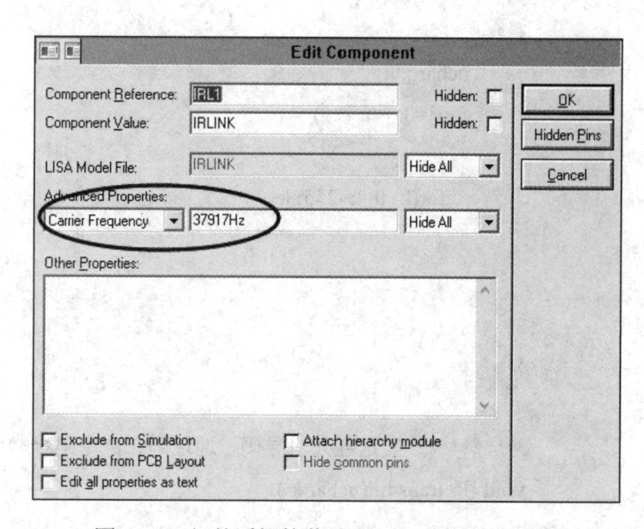

图 3-34　红外遥控接收器 IRLINK 的属性设置

遥控发射器输入按键采用4×4矩阵键盘，当按下某一个键后会发出对应的编码。例如按下5号键，按照红外发射数据帧结构，将通过P2.0端口串行发送：“0x18，0xf7，0x05，0xfa”。其中，“0x18，0xf7”为用户码及其反码，对于不同的设备需作相应的修改；“0x05”代表5号键，“0xfa”是“0x05”的反码，用于校验以提高传输准确性。使用时只要在单片机的程序中对用户码和按键编码做相应的修改，就能使该遥控发射器在各类红外遥控系统仿真中通用。

3.9.2 程序设计

红外遥控项目程序设计分为发射程序设计和接收程序设计。

在红外发射程序中，调用键盘扫描子程序时刻检测是否有按键按下，当检测到有按键按下时才会调用红外发射编码程序，用户码设置为0x18，数据码为0x00～0x0F，共16个按键。程序设计如下：

```
#include <reg51.h>
sbit   HL=P2^0;
#define   uchar    unsigned   char
uchar n, m, k;
uchar addr_addr[]={0x18, 0xE7};                                  //地址用户码及其反码
uchar data_data[]=
{0x00, 0xff, 0x01, 0xfe, 0x02, 0xfd, 0x03, 0xfc,
 0x04, 0xfb, 0x05, 0xfa, 0x06, 0xf9, 0x07, 0xf8,
 0x08, 0xf7, 0x09, 0xf6, 0x0a, 0xf5, 0x0b, 0xf4,
 0x0c, 0xf3, 0x0d, 0xf2, 0x0e, 0xf1, 0x0f, 0xf0};                 //命令码及其反码

/**********延时 ms*****************/
void   delay(uchar t )
{
      uchar j, k;
      for(j=0; j<t; j++)
      {
        for(k=0; k<255; k++)
        {
        }
      }
}

/**********发送红外引导码、地址码、命令码*****************/
void IR_transmit(uchar k )
{
```

```
int i, j;
uchar a, d;
m=64;                              //发送 9 ms 高电平
n=0;
HL=1;
while(n<m);
m=32;                              //发送 4.5 ms 低电平，构成引导码
n=0;
HL=0;
while(n<m);

for(i=0; i<2; i++)                 //地址、地址反码
{
    a=addr_addr[i];
    for(j=0; j<8; j++)             //8 位数
        {
            m=4;                   //先发送 560 μs 的高电平
            n=0;
            HL=1;
            while(n <m);
            if((a%2)==1) m=12;     //1 表示
            else m=4;              //0 表示
            n=0;
            HL=0;
            while(n<m);
            a=a>>1;                //发送下一码，低位先送
        }
    }

    for(i=k; i<2+k; i++)           //命令码、命令反码
    {
        d=data_data[i];
        for(j=0; j<8; j++)         //8 位数
        {
            m=4;                   //先发送 560  μs 的高电平
            n=0;
            HL=1;
            while(n <m);
            if((d%2)==1) m=12;     //1 表示
```

```
                else m=4;                           //0 表示
                n=0;
                HL=0;
                while(n<m);
                d=d>>1;                             //发送下一位码，低位先送
            }
        }
}

/**********获取按键键号*****************/
uchar   key(void)
{
    unsigned char   key;
    P1=0x0f;
    if((P1&0x0f)!=0x0f)
        {
            delay(10);
            if((P1&0x0f)!=0x0f)
            {
                P1=0xfe;
                switch(P1)
                {
                    case 0xee:
                    key=0;
                    break;
                    case 0xde:
                    key=1;
                    break;
                    case 0xbe:
                    key=2;
                    break;
                    case 0x7e:
                    key=3;
                    break;
                }

                P1=0xfd;
                switch(P1)
                {
```

```
        case 0xed:
        key=4;
        break;
        case 0xdd:
        key=5;
        break;
        case 0xbd:
        key=6;
        break;
        case 0x7d:
        key=7;
        break;
}

P1=0xfb;
switch(P1)
{
        case 0xeb:
        key=8;
        break;
        case 0xdb:
        key=9;
        break;
        case 0xbb:
        key=10;
        break;
        case 0x7b:
        key=11;
        break;
}

P1=0xf7;
switch(P1)
{
        case 0xe7:
        key=12;
        break;
        case 0xd7:
        key=13;
```

```
                        break;
                        case 0xb7:
                        key=14;
                        break;
                        case 0x77:
                        key=15;
                        break;
                    }
                }
            }
        P1=0x0f;
        while((P1&0x0f)!=0x0f);
        return key;
    }

    /**********定时器 0 初始化*****************/
    void T0_init()
    {
        TMOD=0x02;                          //T0，工作方式 2，8 位
        TL0=TH0=256-141;                    //T0 初值低 8 位，定时 141 μs
        IE=0x82;                            //T0 允许，总中断允许
        TR0=1;                              //运行 T0
}

/**********定时器 0 中断函数*****************/
void T0_Int() interrupt 1                   //T0 中断号 1
{
  n++;
}

/**********主程序*****************/
void        main(void)
{
        T0_init();
        while(1)
        {
                k=2*key();
                IR_transmit(k);
        }
```

```
}
```

在红外接收程序中，首先要根据下降沿的时间间隔去判断引导码，然后再根据用户码、用户码反码、命令码和命令码反码的下降沿的时间间隔去读数据“1”或“0”，再用液晶显示器第一行显示按键的编号，第二行显示发射的红外编码。红外接收程序如下：

```
#include <reg51.h>
#include <intrins.h>
#define uchar unsigned char
uchar   T0_number;                              //定时器计数
uchar IR_4byte[4];
uchar interval[33];
uchar LCD_code_display[16];
uchar LCD_keycode_display[2];
sbit LCD_RS = P2^4;                             //定义端口
sbit LCD_RW = P2^5;
sbit LCD_E = P2^6;

/**********延时 ms*****************/
void delay(uchar t)
{
      uchar   j, k;
      for(j=0; j<t; j++)
      for(k=0; k<255; k++){}
}

/**********LCD 忙检测函数*****************/
bit LCD_Busy()
{
      bit LCD_Busy;
      LCD_RS=0;
      LCD_RW=1;
      LCD_E=1;
      delay(1);
      LCD_Busy=(bit)(P0&0x80);                  //取 LCD 数据首位，即忙信号位
      LCD_E=0;
      return LCD_Busy;
}

/**********LCD 写命令函数*****************/
void LCD_write_command(unsigned char cmd)
```

```
{
    while(LCD_Busy());                          //等待显示器忙检测完毕
    delay(1);
    LCD_RS=0;
    LCD_RW=0;
    P0=cmd;
    delay(1);
    LCD_E=1;
    delay(1);
    LCD_E=0;
}

/**********LCD 写数据函数*****************/
void LCD_write_data(unsigned char dat)
{
    while(LCD_Busy());                          //等待显示器忙检测完毕
    delay(1);
    LCD_RS=1;
    LCD_RW=0;
    P0=dat;
    delay(1);
    LCD_E=1;
    delay(1);
    LCD_E=0;
}

/**********LCD 显示第一行字符*****************/
void LCD_1_line(unsigned char pos1, unsigned char*LCDline1)
{
    unsigned char   i=0;
    LCD_write_command(0x80+pos1);               //在第一行 pos1 位显示
    while(LCDline1[i]!='\0')                    //显示首行字符串
    {
        LCD_write_data(LCDline1[i]);
        i++;
        delay(1);
    }
}

/**********LCD 显示第二行字符*****************/
```

```
void LCD_2_line(unsigned char pos2, unsigned char*LCDline2)
{
    unsigned char i=0;
    LCD_write_command(0x80+0x40+pos2);     //在第二行 pos2 位显示
    while(LCDline2[i]!='\0')               //显示第二行字符串
    {
        LCD_write_data(LCDline2[i]);
        i++;
        delay(1);
    }
}

/**********LCD 初始化函数*****************/
void LCD_init( )
{
    LCD_write_command(0x38);               // 16×2 显示，5×7 点阵，8 位数据
    delay(1);
    LCD_write_command(0x01);               //清屏幕
    delay(1);
    LCD_write_command(0x06);               //光标右移，字符不移
    delay(1);
    LCD_write_command(0x0c);               //显示开，有光标，光标闪烁
    delay(1);
}

/**********定时器 0 初始化*****************/
void T0_init(void)
{
    TMOD=0x02;                             //定时器 0 工作方式 2
    TH0=256-141;                           //重载值
    TL0=256-141;                           //初值
    ET0=1;                                 //开总中断
    TR0=1;
}

/**********外部中断 0 初始化*****************/
void EX0_init(void)
{
    IT0 = 1;                               //外部中断 0，P3.2 下降沿触发，
    EX0 = 1;                               //允许外部中断 0
```

```
        EA = 1;                                    //总允许中断
}

/**********定时器 0 中断函数*****************/
void TO_Int(void) interrupt 1 using 1
{
 T0_number++;                                      //定时的计数
}

/**********外部中断 0 服函数*****************/
void EX0_Int(void) interrupt 0   using 0
{
        static uchar   i;                          //接收红外信号处理
        if(T0_number<120&&T0_number>=70)   i=0;    //在(9 ms+4.5 ms)左右处是引导码
        interval[i]=T0_number;           //存储每个电平的持续时间，用于以后判断是 0 还是 1
        T0_number=0;
        i++;
        if(i==33)    i=0;
}

/******将时间间隔转换成 4 字节的地址码和数据码*********/
void Code_4_byte(void)
{
        uchar i, j, k;
        uchar byte;
        k=1;                                       //跳过 k=0，即引导码
        for(i=0; i<4; i++)                         //处理 4 个字节
        {
                for(j=1; j<=8; j++)                //处理 1 个字节 8 位
                {
                        if(interval[k]>12)   byte|=0x80;   //大于 12 × 141 μs=1.12 ms，非 0 即 1
                        if(j<8) byte>>=1;                  //左移 1 位，高位低位互换
                        k++;                               //interval[]中第 1 位起，共 4 × 8 位
                }
                IR_4byte[i]=byte;                  //转换每个字节
                byte=0;
        }
}
```

```
/***4字节的地址码和数据码的LCD显示字符串ASCII码****/
void LCD_code_ASCII(void)
{
    uchar n;
    LCD_code_display[0] = IR_4byte[0]/16;          //用户码十六进制数
    LCD_code_display[1] = IR_4byte[0]%16;
    LCD_code_display[2] = ' ';                     //空一格
    LCD_code_display[3] = IR_4byte[1]/16;          //用户码反码十六进制数
    LCD_code_display[4] = IR_4byte[1]%16;
    LCD_code_display[5] = ' ';                     //空一格
    LCD_code_display[6] = IR_4byte[2]/16;          //数据码十六进制数
    LCD_code_display[7] = IR_4byte[2]%16;
    LCD_code_display[8] = ' ';                     //空一格
    LCD_code_display[9] = IR_4byte[3]/16;          //数据反码十六进制数
    LCD_code_display[10] =IR_4byte[3]%16;
    for(n=0; n<=10; n++)
    {
        if((LCD_code_display[n]>=0)&&(LCD_code_display[n]<=9))
                                                   //0～9转换成ASCII码
        {
           LCD_code_display[n] += 0x30;
        }
        else if((LCD_code_display[n]>=10)&&(LCD_code_display[n]<=15))
                                                   //A～F转换成ASCII码
        {
           LCD_code_display[n] += 0x37;
        }
    }
    LCD_keycode_display[0] = LCD_code_display[7];
    LCD_1_line(12, LCD_keycode_display) ;
    LCD_2_line(5, LCD_code_display) ;
}


/**********主函数***************/
void main(void)
{
    T0_init();                                 //初始化定时器
    EX0_init();                                //初始化外部中断
    LCD_init();                                //初始化液晶
```

```
        delay(50);
        LCD_1_line(0, "Keycode:") ;
        LCD_2_line(0, "Code:") ;
        while(1)
        {
            Code_4_byte();
            LCD_code_ASCII();
        }
    }
```

3.9.3　仿真调试

红外遥控项目仿真调试结果为：

按下键“5”，红外遥控发射器发射该按键信号，然当红外接收器就可接收到该红外接收码“0x18, 0xe7, 0x05, 0xfa”，其仿真运行图如图 3 - 35 所示。

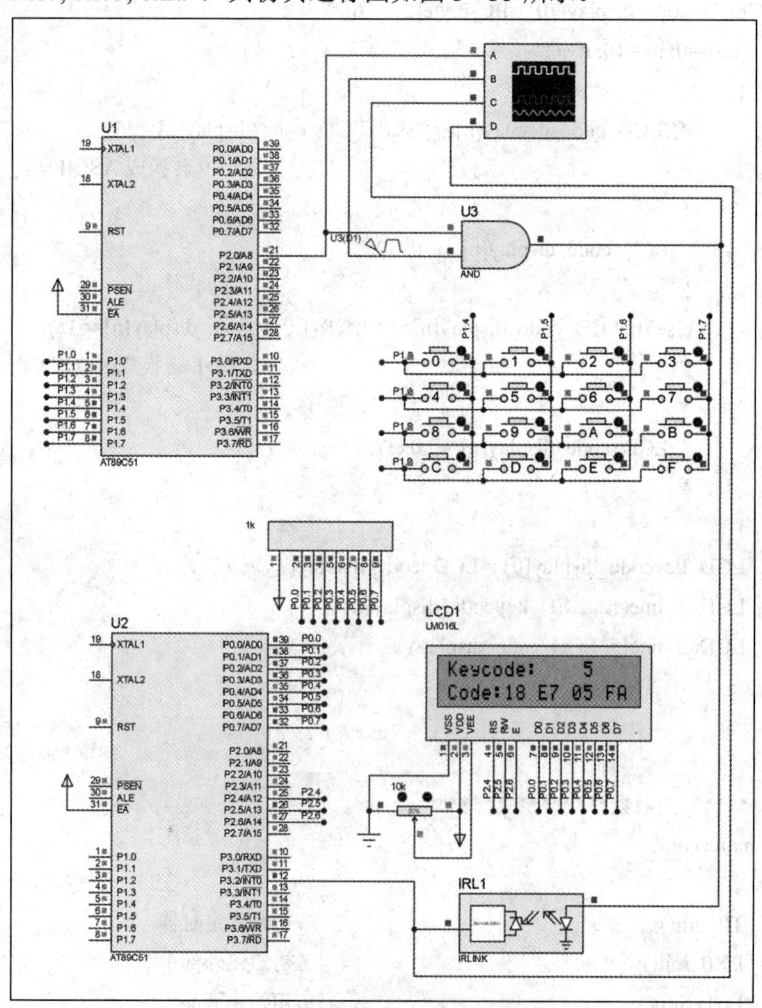

图 3-35　红外遥控项目仿真运行图

习　题

3-1　单片机中断有哪 5 个？说明它们各自的中断号。

3-2　单片机 5 个中断的标志位是什么？哪几个需要软件清除？

3-3　单片机 5 个中断的优先级如何排序？

3-4　说明 TCON、SCON、IE、IP、TMOD 寄存器的含义。

3-5　设计电路并编写程序，采用定时器和 1 个数码管实现 9、8、7、6、5、4、3、2、1、0 的倒计时。

3-6　设计电路并编写程序，采用定时器和 8 联排数码管实现时分秒显示时钟，并且可以设置起始时间。

3-7　设计电路并编写程序，采用定时器和多个数码管实现万年历准确计时。

3-8　设计电路并编写程序，采用定时器 T0 连接按钮计数，实现用 2 个数码管显示 0～99 的计数。

3-9　设计电路并编写程序，采用定时器实现带倒计时和紧急通行的模拟交通灯。

3-10　设计电路并编写程序，采用定时器实现带倒计时和大转弯灯的模拟交通灯。

3-11　设计电路并编写程序，采用定时器实现 5 挡的 PWM 直流电机转速控制。

3-12　设计电路并编写程序，采用外部中断 0 连接按钮计数，实现用两个数码管显示 0～99 的计数。

3-13　设计电路并编写程序，采用 5 行 3 列按键实现用编码为 0x28 的红外遥控器应用。

第 4 章　单片机 A/D 与 D/A 转换接口技术

在单片机应用系统中，单片机是控制和处理的核心单元。一般的单片机只能通过 P0～P3 端口接收和发送 0 或 1 的数字量，外部连续变化的模拟信号必须经过模数(A/D，Analog to Digital)转换成数字量才能被单片机接收；同样，也需要把单片机发送的数字量经过数模(D/A，Digital to Analog)转换成模拟信号，用于控制某些外部设备。如图 4-1 所示为 A/D 与 D/A 转换示意图。

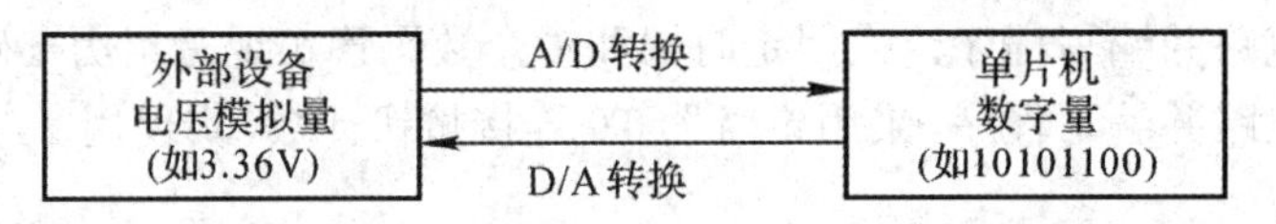

图 4-1　A/D 与 D/A 转换示意图

从图 4-1 可看出 A/D 和 D/A 转换器是单片机与外界联系的重要途径。由于单片机只能处理数字信号，因此，当单片机系统需要控制和处理电压、电流、压力、温度、湿度和速度等模拟信号的输入/输出时，必须采用 A/D 转换器或 D/A 转换器。

4.1　A/D 转换的电子秤数据采集项目设计

电子秤是基于这样一个原理：弹性体在物体重力作用下产生弹性变形，粘贴在其表面的传感器电阻应变片也随着产生变形，电阻应变片变形后，它的阻值将发生变化；再经相应的传感器测量电路把这一电阻变化转换为电压信号，通过 A/D 转换成数字量到单片机；单片机对数据进行处理，然后经液晶模块显示出结果。市面上销售的电子秤的实物如图 4-2 所示。其工作原理图如图 4-3 所示。其中，A/D 转换接口是单片机数字信号与传感器模拟信号的连接桥梁。

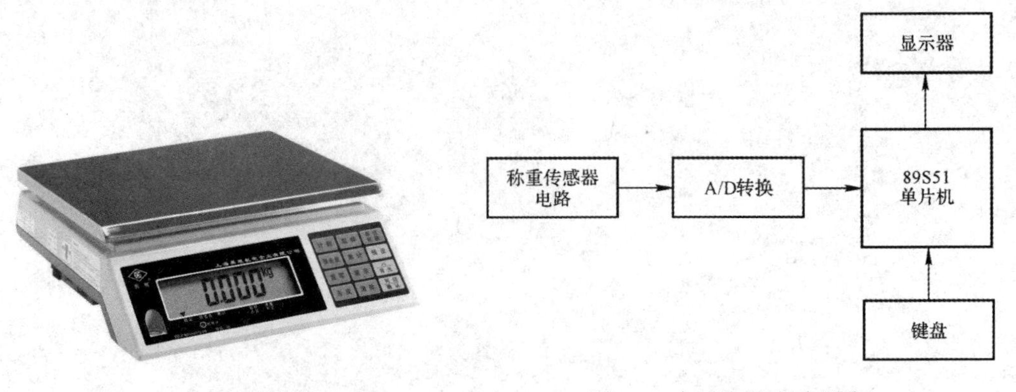

图 4-2　电子秤实物图　　　　图 4-3　电子秤设计原理图

ADC0809 是 8 位逐次逼近式 A/D 转换芯片，具有 8 路模拟量可分时选通转换功能，转换时间约为 100 μs。ADC0809 芯片的引脚图如图 4-4 所示。

引脚号	左侧引脚	右侧引脚	引脚号
26	IN0	CLOCK	10
27	IN1	START	6
28	IN2		
1	IN3	EOC	7
2	IN4		
3	IN5	OUT1	21
4	IN6	OUT2	20
5	IN7	OUT3	19
		OUT4	18
25	ADD A	OUT5	8
24	ADD B	OUT6	15
23	ADD C	OUT7	14
22	ALE	OUT8	17
11	VCC		
12	VREF(+)		
16	VREF(−)	OE	9

图 4-4　ADC0809 芯片引脚图

1. 逐次逼近 A/D 转换

ADC0809 采用 8 位逐次逼近 A/D 转换。A/D 转换开始时，先将逐次逼近寄存器最高位置为 1，然后将模拟信号送入 A/D 转换器，经 A/D 转换后生成的模拟量 V_o 再送入比较器，与送入比较器的待转换的模拟量 V_i 进行比较，若 $V_o < V_i$，该位 1 被保留，否则被清除。依此类推以获得次高位……直到获得最低位。ADC0809 转换速度较快、精度较高。逐次逼近转换过程与用天平称物体重量非常相似：从最重(高位)的砝码开始试放(生成 V_o)，与被称物体(V_i)进行比较，若物体重于砝码，则该砝码保留(置 1)，否则移去(置 0)；再加上第二个次重砝码(次高位)，由物体的重量是否大于砝码的重量决定第二个砝码是留下还是移去；照此一直加到最小一个砝码为止，如图 4-5 所示。

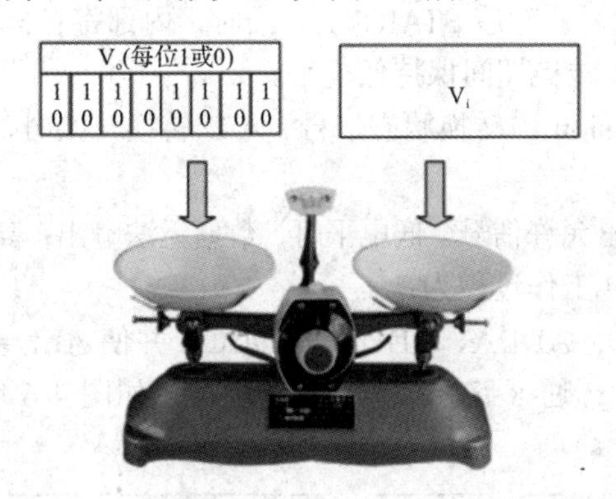

图 4-5　ADC0809 逐次逼近法 A/D 转换示意图

2. 电源线

VCC 为单一的 +5 V 电源。

VREF(+)、VREF(−)为基准电压，一般为 5 V 和 0 V。

3. 8 路输入通道端及选通端

ADC0809 有 IN0~IN7 共 8 个输入端，可接 8 路模拟量，并共用一个 A/D 转换器，所以必须分时选通后一路一路来转换。选通由 ADDA、ADDB、ADDC 三个地址端确定，其对应关系如表 4-1 所示。

表 4-1　8 路输入通道选通表

ADDC	ADDB	ADDA	选择的通道
0	0	0	IN0
0	0	1	IN1
0	1	0	IN2
0	1	1	IN3
1	0	0	IN4
1	0	1	IN5
1	1	0	IN6
1	1	1	IN7

ADC0809 每 1 路输入模拟量的电压信号范围在 0～5 V。

4. 8 位输出端

ADC0809 芯片有 OUT1～OUT8 共 8 位数据输出，所以称为 8 位 A/D 转换器。当满量程时，即输入电压为 5 V，输出 8 位全为 1，所以可分辨的输入信号为 5 V÷255 ≈ 0.0196 V。若信号太小，分辨不出，则需要放大。

5. 控制端

CLOCK：时钟信号，要求频率小于 640 kHz。ADC0809 的内部没有设计时钟电路，所需时钟信号由单片机产生。

ALE(Address Lock Enable)：选通锁存信号。对应上升沿时，通道选择并锁存。

START：转换启动信号。对应 START 上升沿时，内部寄存器清零；对应 START 下降沿时，开始转换；在 A/D 转换期间保持低电平。

EOC(End Of Conversion)：转换状态信号。A/D 转换开始时，形成低电平；转换完成时，形成高电平。

OE (Out Enable)：输出允许信号。低电平时，数据无法输出；高电平时，数据开始输出。

综上所述，ADC0809 工作过程为：

(1) 首先输入 3 位地址 ADDA、ADDB、ADDC，并使 ALE=1，形成上升沿，然后将地址存入地址锁存器中，选通 8 路模拟输入其中之一。如图 4-6 所示为 ADC0809 选通工作时序图。

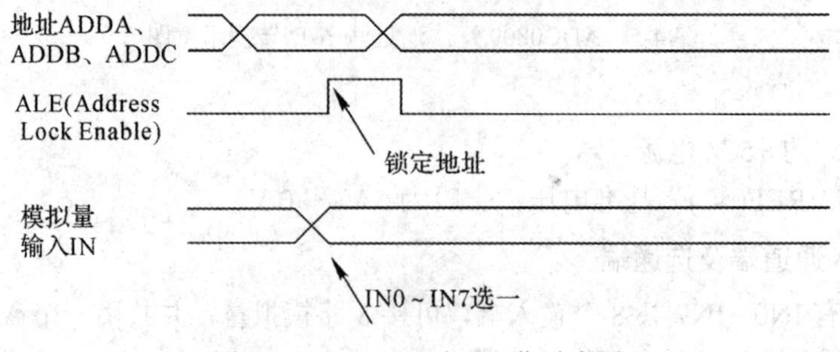

图 4-6　ADC0809 选通工作时序图

(2) START 上升沿将逐次逼近寄存器复位，下降沿启动 A/D 转换；之后 EOC 输出信号变低，指示转换正在进行，直到 A/D 转换完成，EOC 变为高电平，A/D 转换结束；当 OE 输入高电平时，将转换结果数字量输出到数据总线上。如图 4-7 所示为 ADC0809 A/D 转换工作时序图。

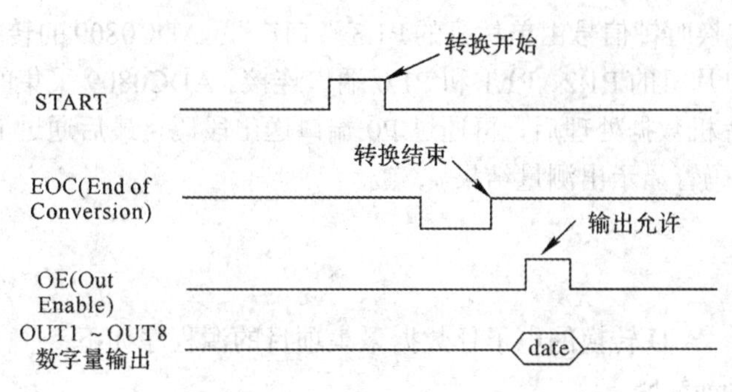

图 4-7　AD0809 A/D 转换工作时序图

4.1.1　硬件电路设计

该项目采用 ADC0809 芯片首先轮流采集两路 0～5 V 的电子秤传感器电路形成模拟信号，然后将模拟信号转换为 8 位的数字信号 00H～FFH 后送入单片机进行处理，并在 4 个数码管上显示出采集的电压值。

采用 Proteus 软件设计的单片机与 ADC0809 接口硬件电路如图 4-8 所示。

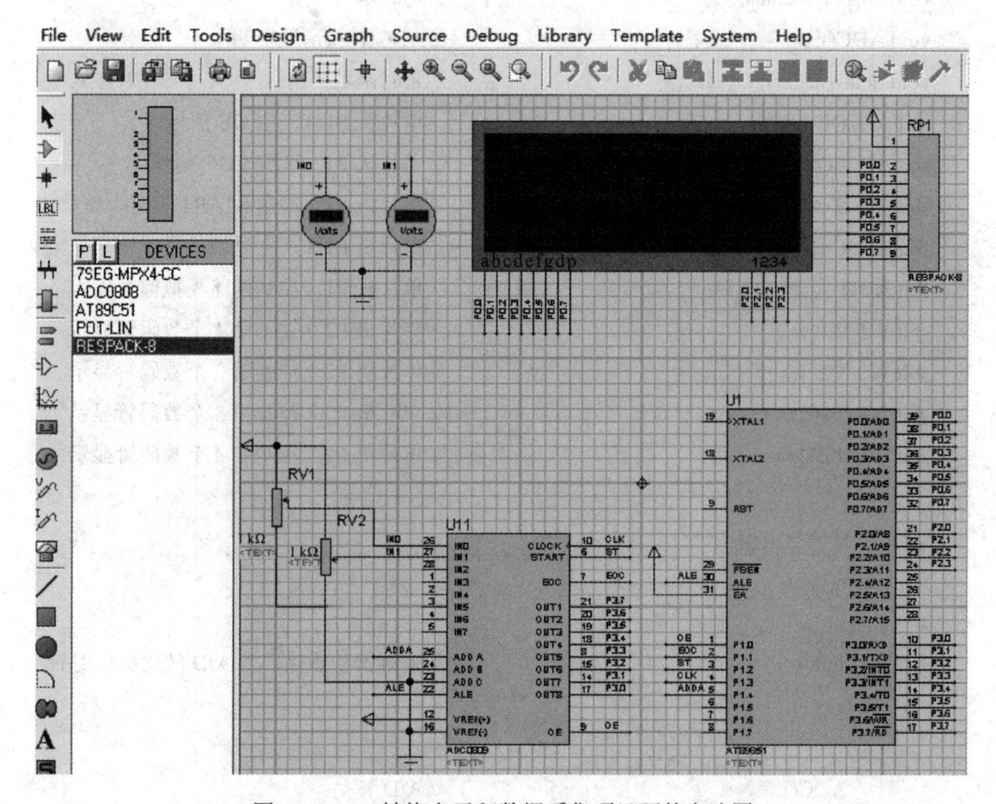

图 4-8　A/D 转换电子秤数据采集项目硬件电路图

在硬件电路图中，用可调电位器构成 0～5 V 调压电路模拟电子秤传感器的测量电压，并有 IN0、IN1 共两路输入通道，只需要单片机控制 ADDA、ADDB、ADDC 中的 ADDA 一个地址的高、低电平就能实现，其他两个 ADDB、ADDC 接地即可。因此选择通道时，只需要用单片机的 P1.4 端口去控制 ADC0809 的 ADDA 一端，ADDB、ADDC 接地。

ADC0809 的转换时钟信号由单片机的 P1.3 端口产生。ADC0809 的转换控制线 START、EOC、OE 分别与单片机的 P1.2、P1.1 和 P1.0 端口连接。ADC0809 采集的数据送到单片机的 P3 端口，经单片机数据处理后，再通过 P0 端口送出段码，最后通过 P2.0～P2.3 端口送位控信号到 4 位数码管显示出测量结果。

4.1.2 程序设计

根据设计要求，A/D 转换的电子秤数据采集项目的源程序如下：

```
#include  <reg51.h>
#define  uchar  unsigned  char
#define ulong  unsigned long
uchar led_table[]={0x3f, 0x6, 0x5b, 0x4f, 0x66,
                   0x6d, 0x7d, 0x7, 0x7f, 0x6f};    //0～9 共 9 个数，用于段控
uchar i, d;
void T_init();                        //定时器初始化，为 A/D 转化提供时钟
void Display(uchar);                  //延时函数声明
void ADC();                           //ADC 转换函数声明
void delay(uchar);                    //延时函数声明
sbit AD_OE=P1^0;                      //单片机 P1.0 产生 OE 信号
sbit AD_EOC=P1^1;                     //单片机 P1.1 读取 EOC 信号
sbit AD_ST=P1^2;                      //单片机 P1.2 产生 START 信号
sbit AD_CLK=P1^3;                     //单片机 P1.3 产生时钟信号
sbit ADD_A=P1^4;                      //单片机 P1.4 控制两路模拟信号输入
sbit W1=P2^0;                         //单片机 P2.0 控制第 1 个数码管显示
sbit W2=P2^1;                         //单片机 P2.1 控制第 2 个数码管显示
sbit W3=P2^2;                         //单片机 P2.2 控制第 3 个数码管显示
sbit W4=P2^3;                         //单片机 P2.3 控制第 4 个数码管显示

/************主程序***************/
void main(void)
{
    T_init();                         //定时器初始化，为 A/D 转化提供时钟
    while(1)
    {
      ADC();                          //A/D 转换
```

```
    }
}

/************定时器初始化***************/
void T_init(void)
{
    TMOD=0x02;                         //定时器 0 工作方式 2
    TH0=TL0=0xf6;                      //初值设定，10 μs
    IE=0x82;                           //开中断 10000010
    TR0=1;                             //启动定时器 0
}

/************定时器 0 中断函数***************/
void T0_Int(void) interrupt 1
{
  AD_CLK=!AD_CLK;                      //ADC0809 采样时钟信号，约 50 kHz
}

/************数码管显示***************/
void Display(uchar d)
{
    ulong c;
    c=d*500000/255/100;          //取 mv 数，为减少计算误差，分子分母都放大 100 倍
    P0=led_table[c/1000]|0x80;   //取千位加小数点
    W1=0;
    delay(1);
    W1=1;
    P0=led_table[(c%1000)/100];  //取百位
    W2=0;
    delay(1);
    W2=1;
    P0=led_table[(c%100)/10];    //取十位
    W3=0;
    delay(1);
    W3=1;
    P0=led_table[c%10];          //取个位
    W4=0;
    delay(1);
    W4=1;
```

```
}

/************ADC 转换****************/
void ADC(void)
{
        uchar temp;
        if(((i++)%2)==0)                            //用于交替选择通道 0 和通道 1
        {
          ADD_A=0;                                  //选择通道 0
        }
        else
        {
          ADD_A=1;                                  //选择通道 1
        }
        AD_ST=0;
        AD_ST=1;
        AD_ST=0;                                    //启动转换
        while(AD_EOC==0);                           //等待转换结束
        AD_OE=1;                                    //允许输出
        for(temp=0; temp<100; temp++)
        {
                d=P3;
                Display(d);
                delay(1);
        }
        AD_OE=0;                                    //关闭输出
}

/************延时 t(ms)****************/
void delay(uchar t)
{
        uchar    j, k;
        for(j=0; j<t; j++)
        {
                for(k=0; k<255; k++)
                {
                }
        }
}
```

1. 时钟产生的程序设计

ADC0809 所需时钟信号的频率一般为 640 kHz，最小值为 10 kHz，最大值为 1280 kHz，本项目设计采用单片机定时器产生的 50 kHz 时钟。若单片机系统时钟为 12 MHz，采用定时器 0 工作方式 2，10μs 产生一次中断，每次中断形成引脚的一次高低电平的变化，产生 50 kHz 方波，因此，TH0=TL0=F5H。

2. 转换过程的程序设计

单片机的 START 电平从低到高，再到低，则 A/D 转换开始。启动开始的程序语句为“AD0809_ST=0;　AD0809_ST=1;　AD0809_ST=0”。

单片机查询到 EOC 输出信号由低变高，则 A/D 转换完成。等待转换结束的程序语句为“while(AD0809_EOC==0)”。

转换完成后单片机控制 OE 转变为高电平，并将转换结果的数字量输出到数据总线上并传送到单片机。允许输出的程序语句为“AD0809_OE=1”。

3. 转换结果的显示方式

将单片机采集到的 8 位数字量转换十进制数，再采用 4 个共阴极数码管显示出 0~5 V 的传感器电压值。

4.1.3　仿真调试

通过 ADC0809 的 IN0 和 IN1 两个通道，单片机可轮流采集传感器的两个测量电压。IN0 和 IN1 两个通道电子秤数据采集项目仿真运行图分别如图 4-9 和图 4-10 所示。

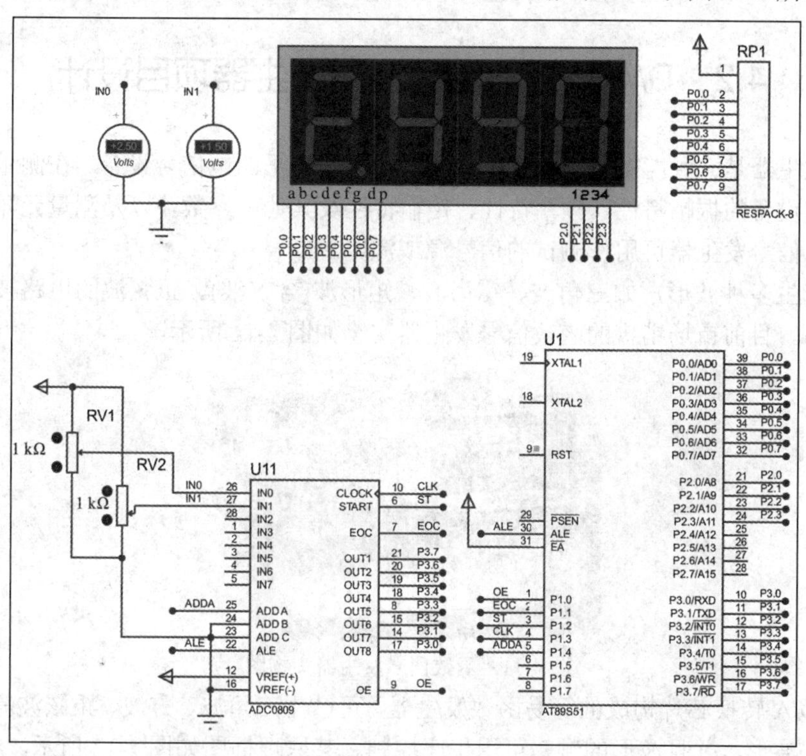

图 4-9　IN0 通道的电子秤数据采集项目仿真运行图

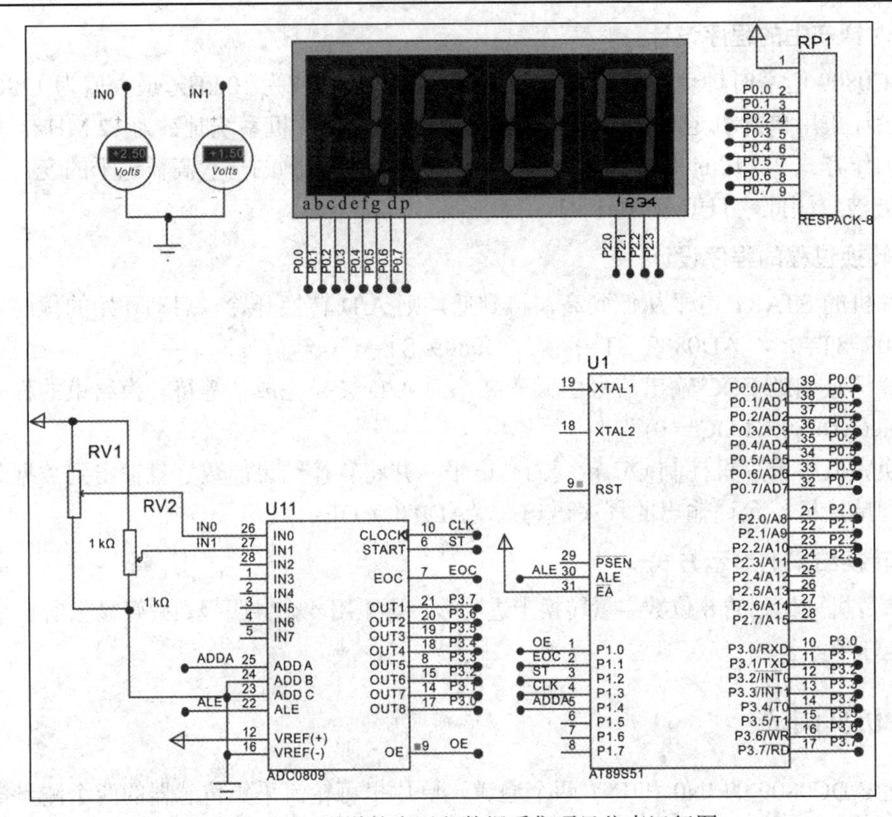

图 4-10　IN1 通道的电子秤数据采集项目仿真运行图

4.2　D/A 转换的锯齿波形发生器项目设计

信号发生器是一种能提供各种频率、波形和输出电平的电信号设备。在测量各种电信系统或电信设备的振幅特性、频率特性、传输特性及其他电参数，以及测量元器件的特性与参数时，信号发生器可用作测试的信号源或激励源。

能够产生多种波形，如三角波、锯齿波、矩形波(含方波)、正弦波的电路被称为函数信号发生器。目前市场销售的函数信号发生器实物如图 4-11 所示。

图 4-11　函数信号发生器实物图

使用 D/A 转换芯片构成的简易函数发生器，可产生三角波、方波、正弦波等多种特殊波形和任意波形，并且波形的频率可用程序控制。其原理框图如图 4-12 所示。

DAC0832 是 8 位双缓冲 D/A 转换芯片，被广泛应用。DAC0832 芯片的引脚如图 4-13 所示。

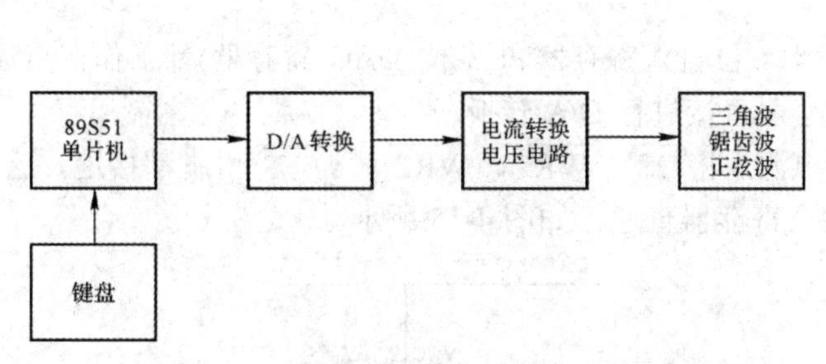

图 4-12　简易的函数信号发生器原理框图

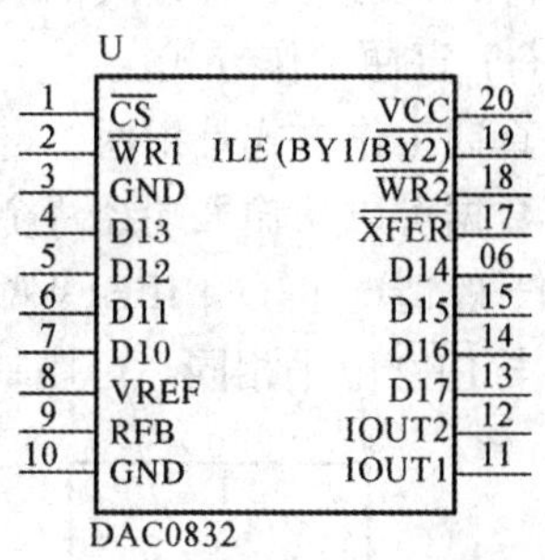

图 4-13　DAC0832 芯片引脚图

下面详细介绍 DAC0832 各引脚功能。

1. 电源线

VCC 为 +5 V 单电源。

VREF 为基准电压，范围为 −10～+10 V。

2. 8 位输入端

DAC0832 芯片有 8 个数字输入端口，即 DI0～DI7，它决定了 D/A 转换器的分辨率。如果输入的数字量的位数为 n，则 D/A 转换器的分辨率为 $1/2^n$，所以 DAC0832 的分辨率是 1/256。一般来说，数字量位数越多，分辨率也就越高。常用的有 8 位、10 位、12 位三种 D/A 转换器。

3. 控制端

DAC0832 芯片内部由输入寄存器和 DAC 寄存器构成两级数据输入锁存。所以在输出的同时，还可以接收一个数据，提高了转换速度。DAC0832 内部结构如图 4-14 所示。

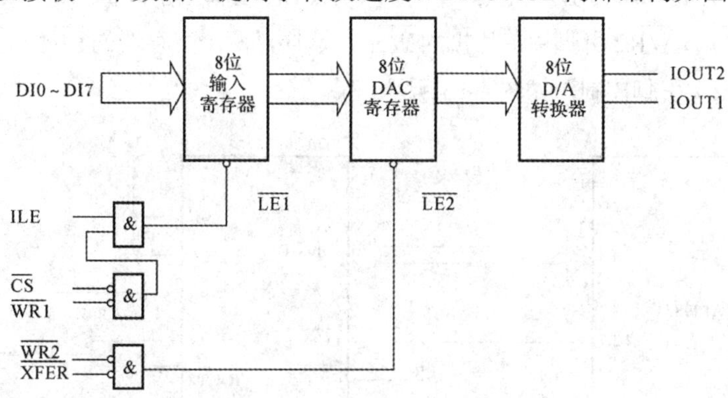

图 4-14　DAC0832 内部结构图

在图 4-14 中，有以下 5 个控制信号。

$\overline{\text{CS}}$：片选信号，低电平有效。

ILE：数据锁存允许输入信号，高电平有效。

$\overline{\text{WR1}}$：第 1 写信号(输入)，低电平有效。

$\overline{\text{WR2}}$：第 1 写信号(输入)，低电平有效。

$\overline{\text{XFER}}$：数据传送控制信号(输入)，低电平有效。

这 5 个控制信号控制了 DAC0832 内部的 $\overline{\mathrm{LE1}}$ 和 $\overline{\mathrm{LE2}}$ 两个信号，决定 DAC0832 在直通、单缓冲、双缓冲三种方式中采用哪种方式工作。

(1) 直通工作方式。

直通工作方式是指两个寄存器(8 位输入寄存器和 8 位 DAC 寄存器)都工作在直通状态，数据可以从输入端经两个寄存器直接进行 D/A 转换。

一般情况下，将 ILE 引脚接电源，将 $\overline{\mathrm{CS}}$、$\overline{\mathrm{WR1}}$、$\overline{\mathrm{WR2}}$、$\overline{\mathrm{XFER}}$ 引脚都接地，这样，$\overline{\mathrm{LE1}}$ 与 $\overline{\mathrm{LE2}}$ 电平相同，可控制两个寄存器直通，如图 4-15 所示。

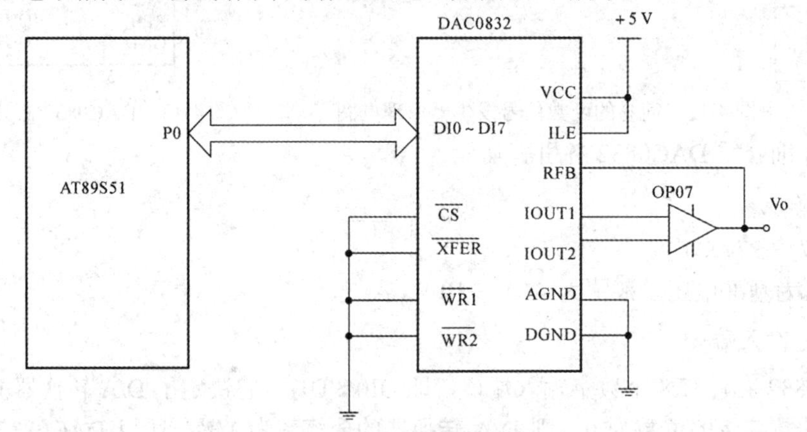

图 4-15　DAC0832 直通方式接口电路

(2) 单缓冲工作方式。

单缓冲工作方式是指一个寄存器工作于直通状态，另一个寄存器工作于受控锁存器状态；或者，两个寄存器同时同样地受控。在不要求多个 D/A 同时输出时，可以采用单缓冲方式，此时只需一次写操作就可以开始转换。

一般情况下，将 ILE 引脚接电源，将 $\overline{\mathrm{CS}}$、$\overline{\mathrm{XFER}}$ 引脚接单片机的某个引脚如 P2.7，作为控制端，$\overline{\mathrm{WR1}}$、$\overline{\mathrm{WR2}}$ 引脚接单片机的 $\overline{\mathrm{WR}}$，这样，两个寄存器的 $\overline{\mathrm{LE1}}$ 与 $\overline{\mathrm{LE2}}$ 电平相同，同时受单片机 P2.7 引脚控制，如图 4-16 所示。

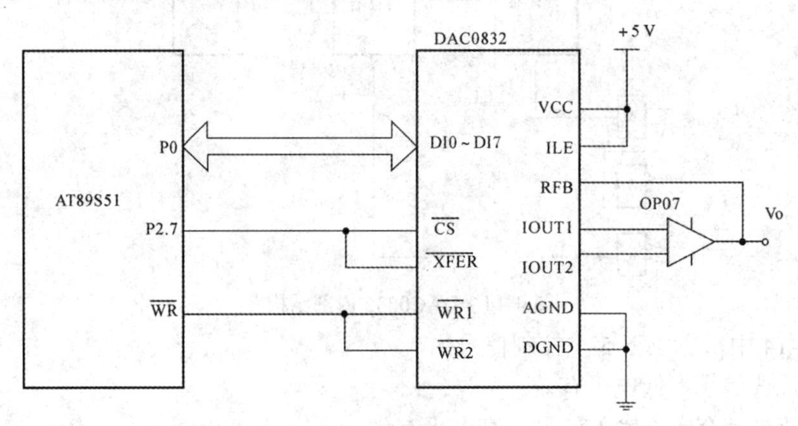

图 4-16　DAC0832 单缓冲方式接口电路

(3) 双缓冲工作方式。

双缓冲工作方式是指两个寄存器均工作于受控锁存器状态。这种方式适用于 ADC0832

的多个模拟量需要同步输出的系统。

一般情况下，将 ILE 引脚接电源，$\overline{CS}$ 引脚分别接单片机的引脚如 P2.5 和 P2.6，作为片选，这样两片 DAC0832 的输入寄存器具有不同的地址，可以输入不同的数据；同时 $\overline{XFER}$ 引脚接单片机的某个引脚如 P2.7，作为控制端，$\overline{WR1}$、$\overline{WR2}$ 引脚接单片机的 $\overline{WR}$，这样可以控制两个 ADC0832 的模拟量同步输出，如图 4-17 所示。

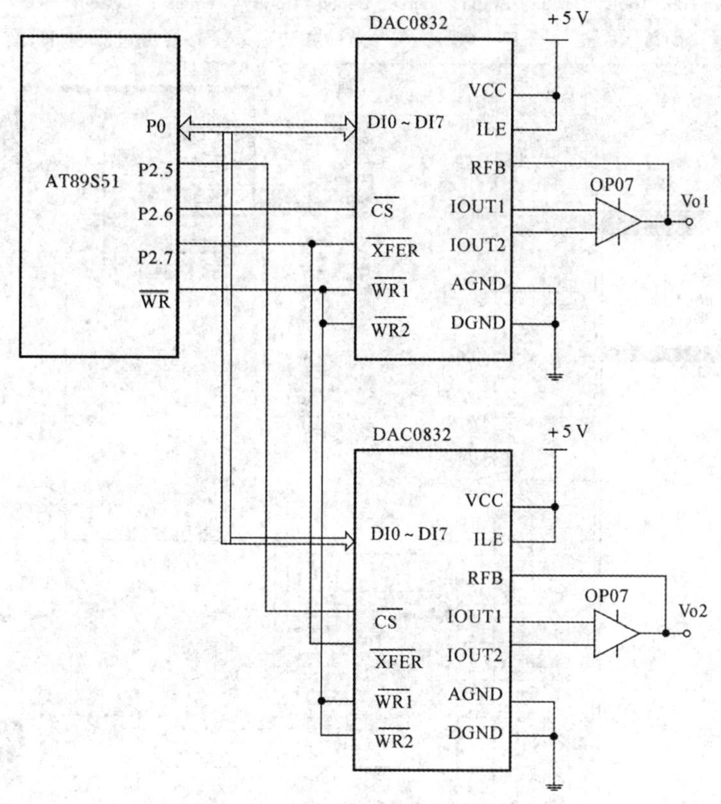

图 4-17　DAC0832 双缓冲方式接口电路

4. 输出端

IOUT1：电流输出 1。

IOUT2：电流输出 2。IOUT1+ IOUT2=常数。

RFB：反馈电阻。DAC0832 是电流输出，为了取得电压输出，需要在电压输出端接一运放电路，RFB 是运放电路的反馈电阻，如图 4-18 所示。

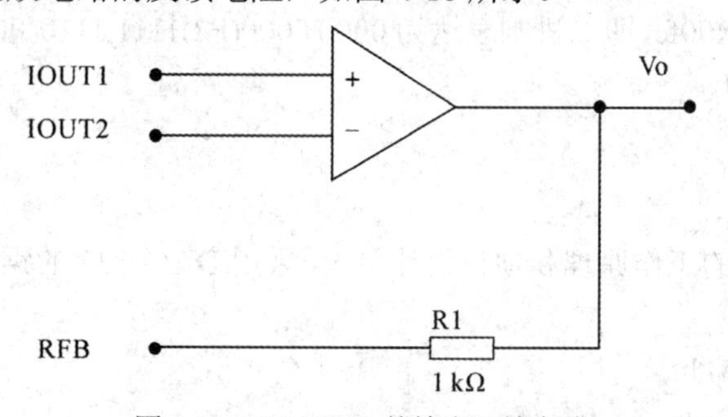

图 4-18　DAC0832 的输出运放电路

4.2.1　硬件电路设计

该项目采用 DAC0832 构成模拟信号发生器，且输出的模拟信号的波形为锯齿波波形。D/A 转换的锯齿波形发生器项目硬件电路设计如图 4-19 所示。

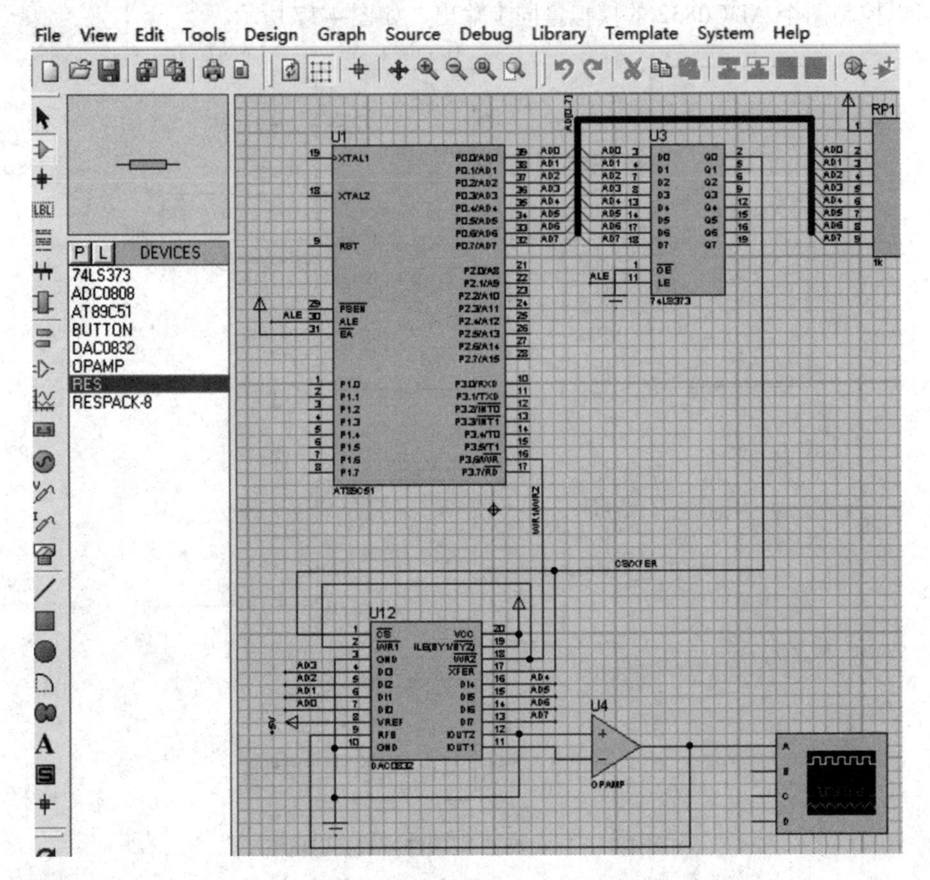

图 4-19　D/A 转换的锯齿波形发生器项目硬件电路图

在此项目中 DAC0832 采用单缓冲工作方式，将 ILE 引脚接电源，将 $\overline{CS}$、$\overline{XFER}$ 引脚接单片机同一个控制端 Q0，$\overline{WR1}$、$\overline{WR2}$ 引脚接单片机的 $\overline{WR}$，这样，两个寄存器的 $\overline{LE1}$、$\overline{LE2}$ 相同，同时受到同样的控制。

单片机的 P0 端口控制 74LS373 的输出 Q0，$\overline{CS}$、$\overline{XFER}$ 连接 Q0 端口，所以 P2、P0 端口的外部地址为 0x00fe，即二进制表达为 0000 0000(P2)1111 1110(P0)时，ADC0832 的 $\overline{CS}$ 有效，D/A 转换启动。

4.2.2　程序设计

根据 DAC0832 的工作原理和项目设计要求，采用 DAC0832 的锯齿波发生器其源程序设计如下：

```
#include <reg51.h>
#include<absacc.h>
```

```
#define uchar unsigned char
#define DAC0832 XBYTE[0x00fe]
//00000000(P2)11111110(P0 地址、数据复用)，XBYTE 定义外部 16 位地址，可以控制 WR 引脚，可实现 D/A 启动
uchar num;

/****************主程序*****************/
void  main(void)
{
      TMOD=0x01;                    //T0 工作方式 1
      TL0=-1000%256;                //1 ms 初值低 8 位
      TH0=-1000/256;                //1 ms 初值高 8 位
      IE=0x82;                      //定时中断允许
      TR0=1;                        //启动定时中断
      while(1)
      {
        DAC0832=num;                //00fe、WR 有效、输出电压 M
      }
}

/****************定时 0 中断函数*****************/
void Time0() interrupt 1
{
      TL0=-1000%256;                //T0 初值重置
      TH0=-1000/256;
      num++;
      if(num==255) num=0;
}
```

在程序中，语句“#define DAC0832 XBYTE[0x00fe]”中的“XBYTE”定义外部 16 位地址为 0x00fe，用二进制表达为 0000 0000 1111 1110，其中高 8 位由 P2 输出，低 8 位由 P0 及数据复用输出，使得 74LS373 输出端 Q0 低电平有效，从而使 DAC0832 的 $\overline{CS}$ 和 $\overline{XFER}$ 有效，同时通过单片机 P3.6/ $\overline{WR}$ 引脚也使 DAC0832 的 $\overline{WR1}$、$\overline{WR2}$ 引脚有效，实现单缓冲工作方式。

程序中，改变延时时间可以改变波形周期；改变输出的最大值，即可改变波形的幅值。

4.2.3　仿真调试

通过数字示波器可以观察到锯齿波形。其仿真运行图和示波器显示的波形分别如图 4-20 的(a)、(b)所示。

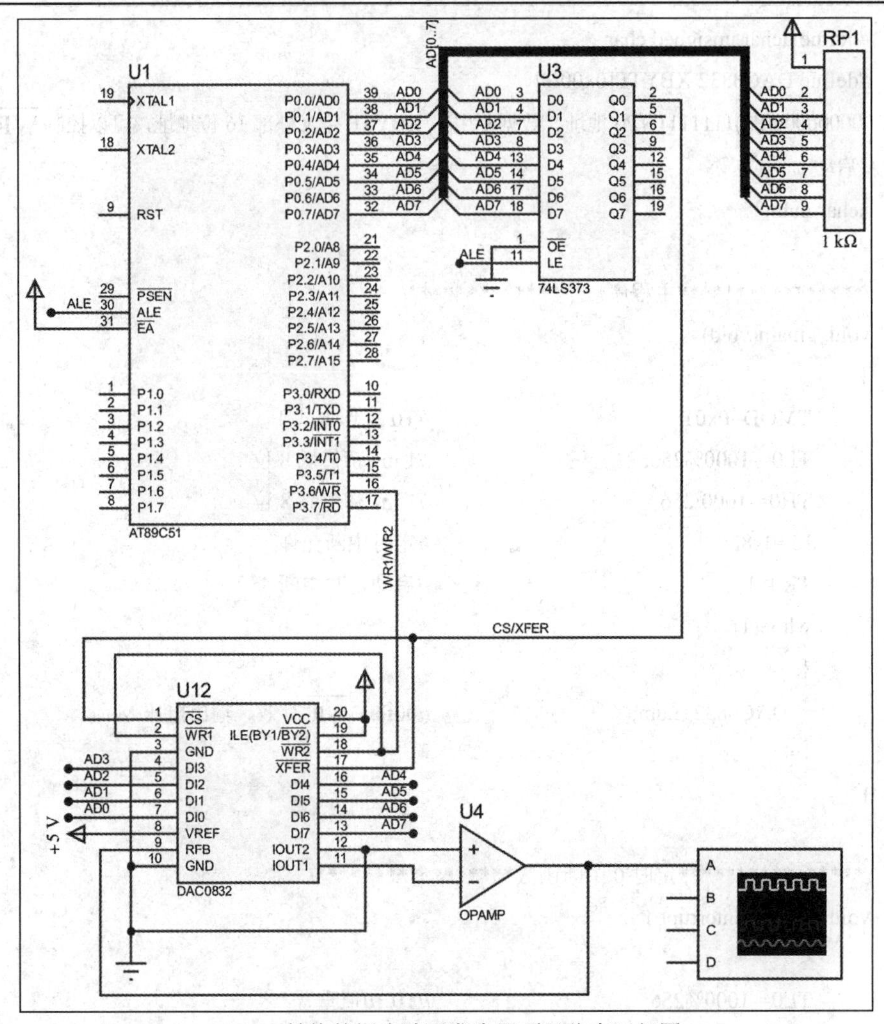

(a) D/A 转换的锯齿波形发生器项目仿真运行图

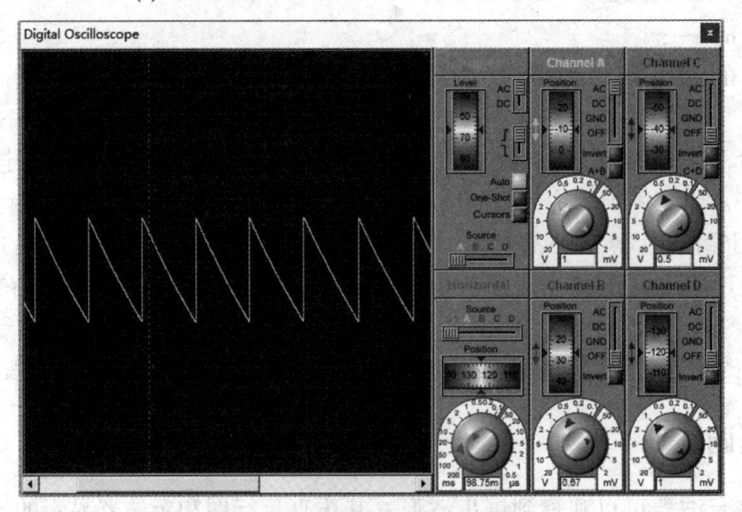

(b) 示波器显示的锯齿波波形

图 4-20　D/A 转换的锯齿波形发生器项目仿真运行图和示波器显示的锯齿波波形图

4.3　D/A 转换的多功能波形发生器项目设计

该项目采用 DAC0832 形成多个模拟信号，且输出的模拟信号的波形为矩形波、锯齿波、三角波和正弦波等。

4.3.1　硬件电路设计

D/A 转换的多功能波形发生器项目硬件电路设计如图 4-21 所示。

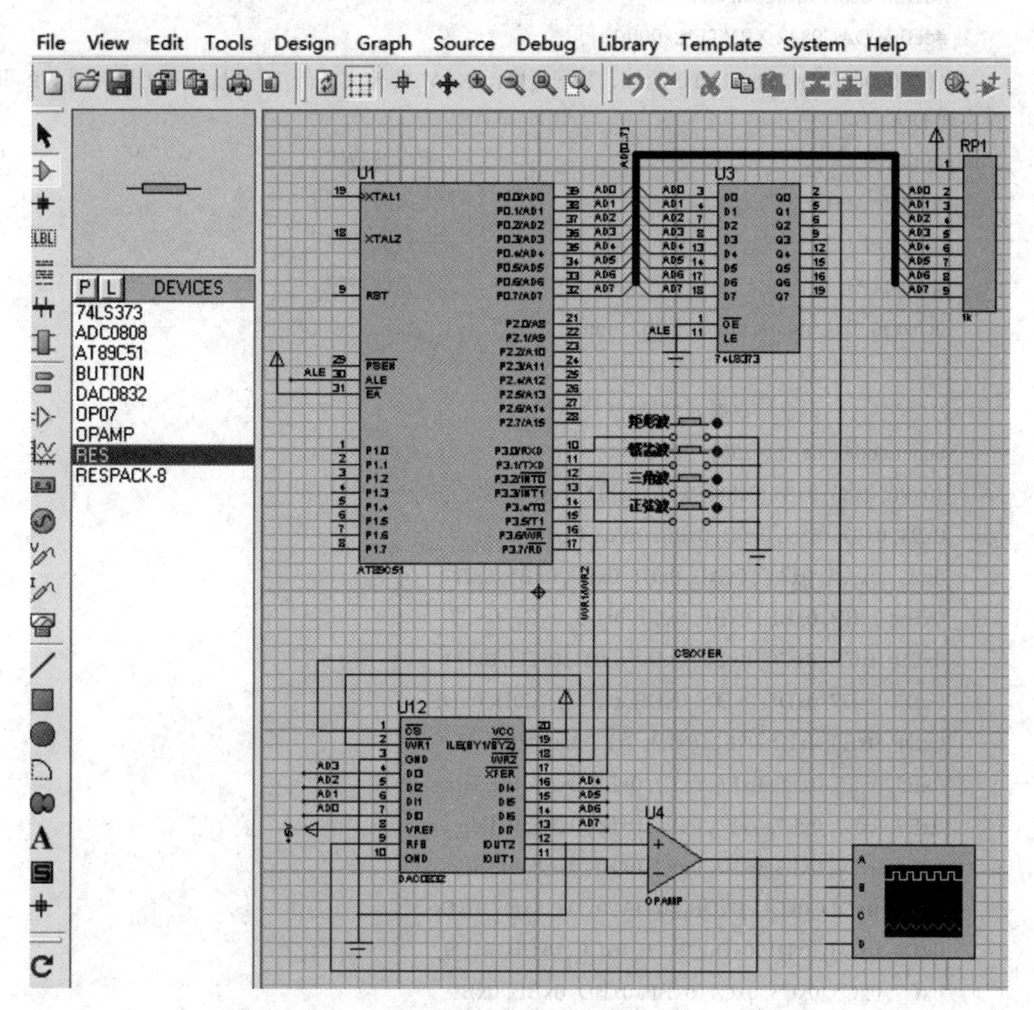

图 4-21　D/A 转换的多功能波形发生器项目硬件电路图

在本项目中，DAC0832 同样采用单缓冲工作方式。

单片机的 P0 端口控制 74LS373 的输出 Q_0，同时 $\overline{CS}$ 、$\overline{XFER}$ 引脚接 Q_0，所以单片机的 P2、P0 端口的外部地址为 0x00FE，即二进制表达为 0000 0000(P2)1111 1110(P0)时，ADC0832 的 $\overline{CS}$ 有效，D/A 转换启动。

单片机的P3.0、P3.1、P3.2、P3.3端口接4个功能按键，分别控制输出矩形波、锯齿波、三角波和正弦波。

4.3.2 程序设计

根据DAC0832的工作原理和项目设计要求，采用DAC0832的多功能发生器源程序设计如下：

```
#include <reg51.h>
#include<absacc.h>
#define uchar unsigned char
#define DAC0832 XBYTE[0x00fe]
//00000000(P2)11111110(P0 地址、数据复用)，XBYTE 定义外部 16 位地址，可以控制 WR 引
脚，可实现 D/A 启动
sbit k1=P3^0;                                    //矩形波按钮
sbit k2=P3^1;                                    //锯齿波按钮
sbit k3=P3^2;                                    //三角波按钮
sbit k4=P3^3;                                    //正弦波按钮
uchar m, flag, num1, num2, num3, num4;

/**********正弦波数据表*************/
uchar code sine_tab[256]=
{0x80, 0x83, 0x85, 0x88, 0x8A, 0x8D, 0x8F, 0x92,
0x94, 0x97, 0x99, 0x9B, 0x9E, 0xA0, 0xA3, 0xA5,
0xA7, 0xAA, 0xAC, 0xAE, 0xB1, 0xB3, 0xB5, 0xB7,
0xB9, 0xBB, 0xBD, 0xBF, 0xC1, 0xC3, 0xC5, 0xC7,
0xC9, 0xCB, 0xCC, 0xCE, 0xD0, 0xD1, 0xD3, 0xD4,
0xD6, 0xD7, 0xD8, 0xDA, 0xDB, 0xDC, 0xDD, 0xDE,
0xDF, 0xE0, 0xE1, 0xE2, 0xE3, 0xE3, 0xE4, 0xE4,
0xE5, 0xE5, 0xE6, 0xE6, 0xE7, 0xE7, 0xE7, 0xE7,
0xE7, 0xE7, 0xE7, 0xE7, 0xE6, 0xE6, 0xE5, 0xE5,
0xE4, 0xE4, 0xE3, 0xE3, 0xE2, 0xE1, 0xE0, 0xDF,
0xDE, 0xDD, 0xDC, 0xDB, 0xDA, 0xD8, 0xD7, 0xD6,
0xD4, 0xD3, 0xD1, 0xD0, 0xCE, 0xCC, 0xCB, 0xC9,
0xC7, 0xC5, 0xC3, 0xC1, 0xBF, 0xBD, 0xBB, 0xB9,
0xB7, 0xB5, 0xB3, 0xB1, 0xAE, 0xAC, 0xAA, 0xA7,
0xA5, 0xA3, 0xA0, 0x9E, 0x9B, 0x99, 0x97, 0x94,
0x92, 0x8F, 0x8D, 0x8A, 0x88, 0x85, 0x83, 0x80,
0x7D, 0x7B, 0x78, 0x76, 0x73, 0x71, 0x6E, 0x6C,
0x69, 0x67, 0x65, 0x62, 0x60, 0x5D, 0x5B, 0x59,
```

```
0x56, 0x54, 0x52, 0x4F, 0x4D, 0x4B, 0x49, 0x47,
0x45, 0x43, 0x41, 0x3F, 0x3D, 0x3B, 0x39, 0x37,
0x35, 0x34, 0x32, 0x30, 0x2F, 0X2D, 0x2C, 0X2A,
0x29, 0x28, 0x26, 0x25, 0x24, 0x23, 0x22, 0x21,
0x20, 0x1F, 0x1E, 0x1D, 0x1D, 0x1C, 0x1C, 0x1B,
0x1B, 0x1A, 0x1A, 0x1A, 0x19, 0x19, 0x19, 0x19,
0x19, 0x19, 0x19, 0x19, 0x1A, 0x1A, 0x1A, 0x1B,
0x1B, 0x1C, 0x1C, 0x1D, 0x1D, 0x1E, 0x1F, 0x20,
0x21, 0x22, 0x23, 0x24, 0x25, 0x26, 0x28, 0x29,
0X2A, 0x2C, 0X2D, 0x2F, 0x30, 0x32, 0x34, 0x35,
0x37, 0x39, 0x3B, 0x3D, 0x3F, 0x41, 0x43, 0x45,
0x47, 0x49, 0x4B, 0x4D, 0x4F, 0x52, 0x54, 0x56,
0x59, 0x5B, 0x5D, 0x60, 0x62, 0x65, 0x67, 0x69,
0x6C, 0x6E, 0x71, 0x73, 0x76, 0x78, 0x7B, 0x7D};

/****************延时函数 t(ms)*************/
void   delay(uchar t )
{
        uchar j, k;
        for(j=0; j<t; j++)
        {
                for(k=0; k<255; k++)
                {
                }
        }
}

/************矩形波子程序***************/
void   rect(void)
{
        num1=num1+32;
        if(num1==255) num1=0;

        if(num1<64)DAC0832=1;                    //00fe, WR有效，输出电压 0

        else DAC0832=255;                        //00fe, WR有效，输出电压 255

}

/************锯齿波子程序***************/
```

```
void  saw(void)
{
      num2++;
      if(num2==255) num2=0;

      DAC0832=num2;                          //00fe，WR 有效，输出电压 M

}

/*************三角波子程序***************/
void  tri(void)
{
      if(flag==0)
      {
            num3++;
            if(num3==255)
            {
               flag=1;
            }

            DAC0832=num3;                    //00fe，WR 有效，输出电压 M

      }
      else
      {
            num3--;
            if(num3==0)
            {
               flag=0;
            }

            DAC0832=num3;                    //00fe，WR 有效，输出电压 M

      }
}

/*************正弦波子程序***************/
void  sine(void)
{
      num4++;
      if(num4==255) num4=0;
```

```
        DAC0832=sine_tab[num4];                    //00fe，WR 有效，输出电压表
}

/*************波形选择按键函数***************/
void  key(void)
{
    while(1)
    {
        if(k1==0)                          //检测矩形波按钮
        {
            delay(10);                     //消抖 10 ms
            if(k1==0)                      //如果按下矩形波按钮
            {
              m=1;
            }
            while(!k1);                    //松开继续执行
        }

        if(k2==0)                          //检测锯齿波按钮
        {
            delay(10);                     //消抖 10 ms
            if(k2==0)                      //如果按下锯齿波按钮
            {
              m=2;
            }
            while(!k2);                    //松开后继续执行
        }
        if(k3==0)                          //检测三角波按钮
        {
            delay(10);                     //消抖 10 ms
            if(k3==0)                      //如果按下三角波按钮
            {
              m=3;
            }
            while(!k3);                    //松开后继续执行
        }
        if(k4==0)                          //检测正弦波按钮
        {
```

```
                delay(10);                  //消抖 10 ms
                if(k4==0)                   //如果按下正弦波按钮
                {
                  m=4;
                }
                while(!k4);                 //松开后继续执行
            }
        }
}

/*************主程序***************/
void   main(void)
{
        TMOD=0x01;                          //T0 工作方式 1
        TL0=-1000%256;                      //1 ms 初值低 8 位
        TH0=-1000/256;                      //1 ms 初值高 8 位
        IE=0x82;                            //定时中断允许
        TR0=1;                              //启动定时中断
        while(1)
        {
          key();
        }
}

/*************定时器 0 中断函数***************/
void Time0() interrupt 1
{
        TL0=-1000%256;                      //T0 初值重置
        TH0=-1000/256;
        switch(m)
        {
              case 1:rect(); break;
              case 2:saw(); break;
              case 3:tri(); break;
              case 4:sine(); break;
        }
}
```

4.3.3　仿真调试

通过数字示波器可观察到矩形波、锯齿波、三角波和正弦波波形，D/A 转换的多功能波形发生器项目仿真运行图和示波器显示的波形分别如图 4-22 的(a)、(b)、(c)、(d)、(e)所示。

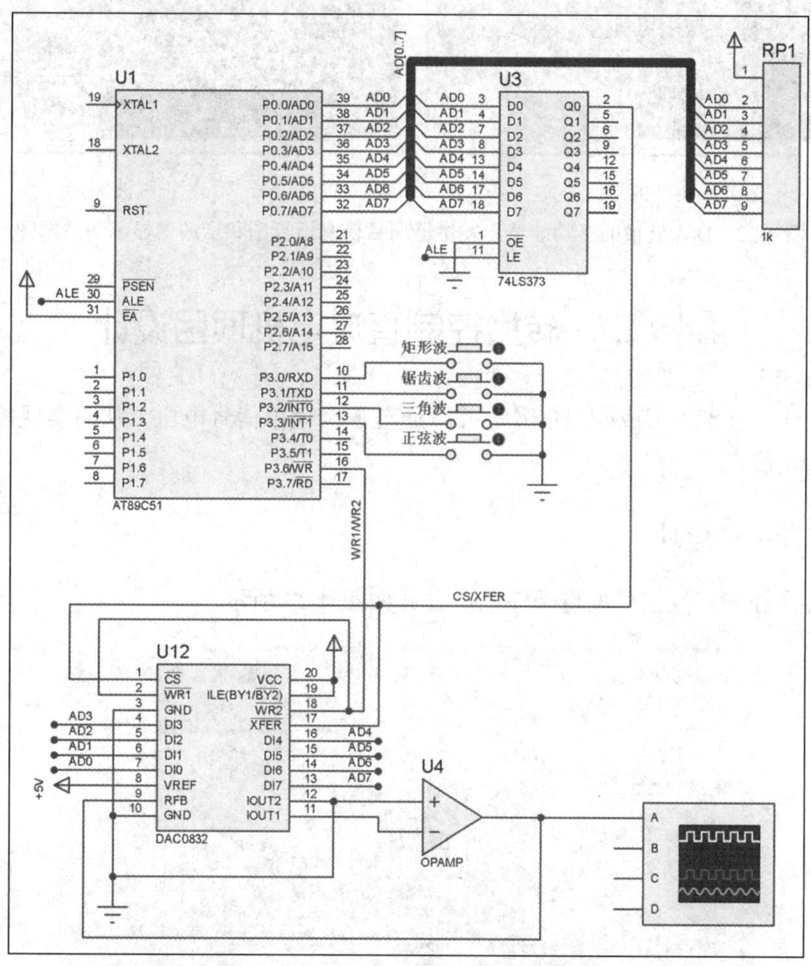

(a) D/A 转换的多功能波形发生器项目仿真运行图

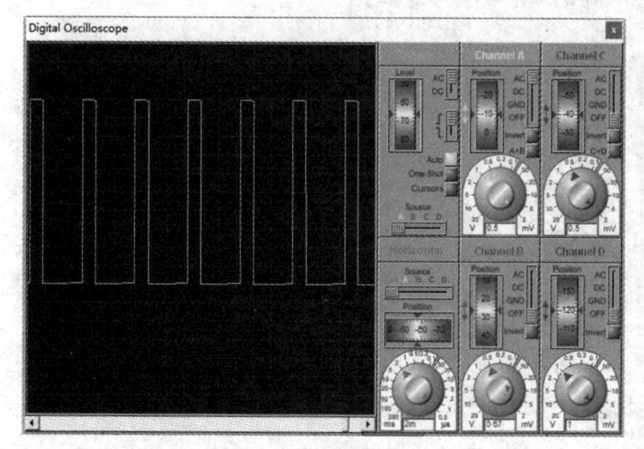

(b) 矩形波波形

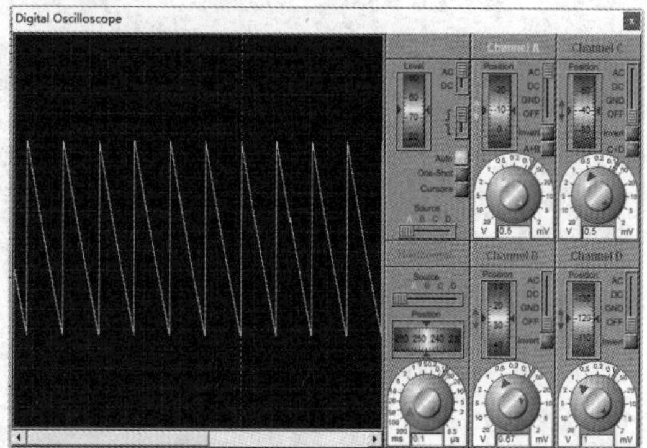

(c) 锯齿波波形

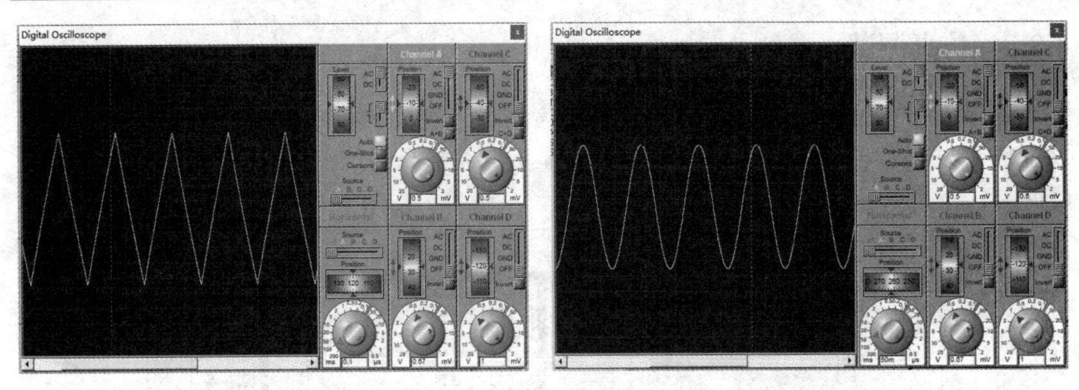

(d) 三角波波形　　(e) 正弦波波形

图 4-22　D/A 转换的多功能波形发生器项目仿真运行图和示波器显示的波形图

4.4　D/A 转换控制直流电机项目设计

该采用 DAC0832 形成模拟信号，并可通过控制模拟信号电压，从而实现控制直流电动机的运转速度。

4.4.1　硬件电路设计

D/A 转换控制直流电机项目硬件电路设计如图 4-23 所示。

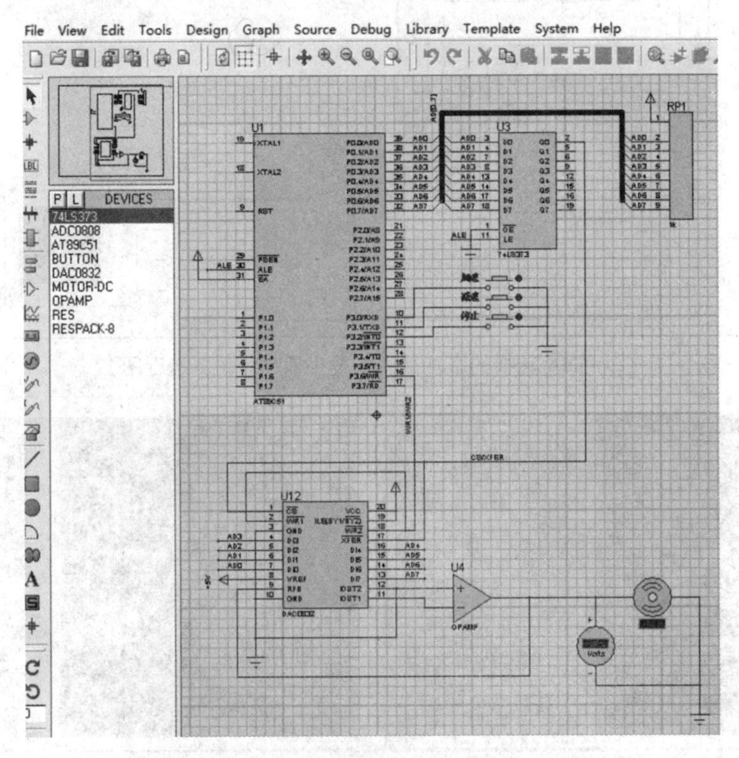

图 4-23　D/A 转换控制直流电机项目硬件电路图

在项目中，DAC0832 仍采用单缓冲工作方式。与单片机的 P3.0、P3.1、P3.2 端口连接的按键分别控制直流电机的加速、减速和停止。

4.4.2 程序设计

根据 DAC0832 的工作原理和项目设计要求，该项目的源程序设计如下：

```
#include <reg51.h>
#include<absacc.h>
#define uchar unsigned char
#define DAC0832 XBYTE[0x00fe]
//00000000(P2)11111110(P0 地址、数据复用)，XBYTE 定义外部 16 位地址，可以操作 WR 和引脚，可实现 DA 启动
sbit k1=P3^0;                        //加速按钮
sbit k2=P3^1;                        //减速按钮
sbit k3=P3^2;                        //暂停按钮
uchar m=0;                           //速度挡置 0

/****************延时函数 t(ms)*************/
void  delay(uchar t )
{
      uchar j, k;
      for(j=0; j<t; j++)
      {
        for(k=0; k<255; k++){}
      }
}


/****************主程序*************/
void  main(void)
{
      while(1)
      {
            if(k1==0)                //检测加速按钮
            {
                  delay(10);         //消抖 10 ms
                  if(k1==0)          //如果按下加速按钮
                  {
```

```
                m++;
                if(m>5) m=5;
                DAC0832=51*m;            //00fe， WR 有效，输出电压，加速
            }
            while(!k1);                  //松开继续执行
        }

        if(k2==0)                        //检测减速按钮
        {
            delay(10);                   //消抖 10 ms
            if(k2==0)                    //如果按下减速按钮
            {
                m--;
                if(m<1) m=1;
                DAC0832=51*m;            //00fe， WR 有效，输出电压，减速
            }
            while(!k2);                  //松开后继续执行
        }
        if(k3==0)                        //检测停止按钮
        {
            delay(10);                   //消抖 10 ms
            if(k3==0)                    //如果按下停止按钮
            {
                m=0;
                DAC0832=0x00;            //00fe， WR 有效，输出电压 0，停止
            }
            while(!k3);                  //松开后继续执行
        }
    }
}
```

在程序中，改变延时时间可以改变输出信号波形周期；改变输出最大值，即可改变输出信号的幅值。

4.4.3 仿真调试

通过数字电压表可以观察到通过 DAC0832 可实现对直流电机的速度控制。其仿真运行图如图 4-24 所示。

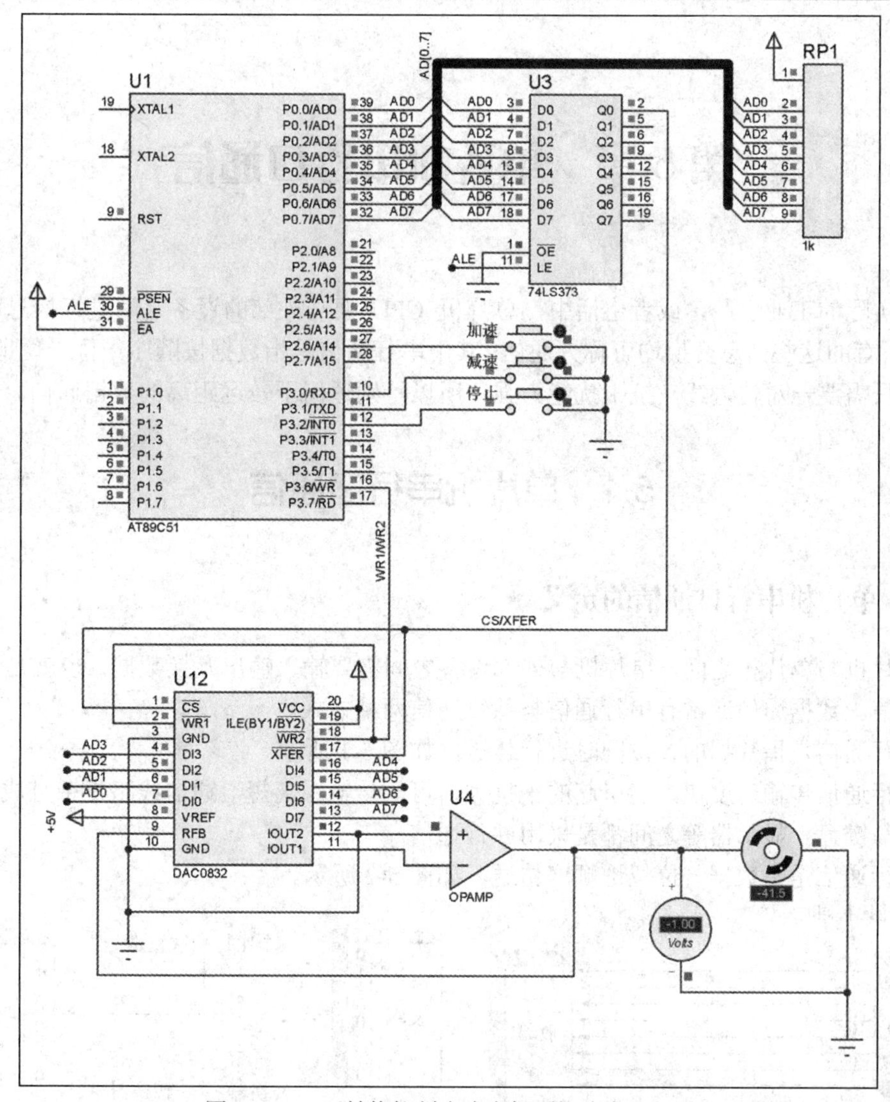

图 4-24　D/A 转换控制直流电机项目仿真运行图

习　题

4-1　设计电路并编写程序，使用 ADC0809 实现 8 路 A/D 转换，并用 LCD 显示转换结果。

4-2　设计电路并编写程序，使用 DAC0832 形成一波形发生器，其先产生一周期的正弦波，接着产生一周期的三角波，如此循环。

4-3　设计电路并编写程序，使用 DAC0832 形成正弦波发生器，并用 LCD12864 显示结果。

4-4　设计电路并编写程序，使用 DAC0832 实现对 3 挡正转加速直流电机的控制，并用 LCD 显示直流电机的挡位和速度。

第 5 章　单片机串行口通信

在实际的工业生产，或者生活中，单片机 CPU 要与外部的设备之间进行信息和数据交换，所有的这些信息交换均可称为通信。其中串行通信是指数据按顺序一位一位地传送。优点是只需要一对传输线，抗干扰能力强，所以特别适用于较远距离的数据通信。

5.1　单片机串行口通信

5.1.1　单片机串行口通信的定义

单片机与单片机之间、单片机与外部设备之间需要输入输出互换数据，也就是所说的数据通信。数据通信通常有串行通信与并行通信两种方式。

并行通信是指数据的各位同时进行传送，如图 5-1 所示。

并行通信传输速度快，但引起的干扰大，可靠传输距离短，通信线路复杂且成本高。单片机与键盘、显示器等之间都是采用并行通信。

串行通信是指数据一位位地顺序传送，如图 5-2 所示。

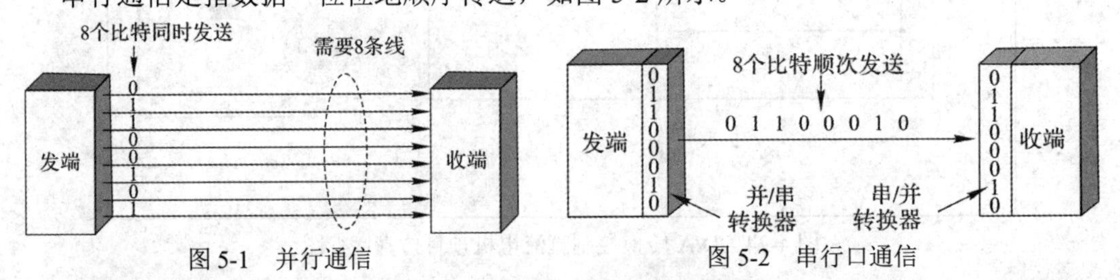

图 5-1　并行通信　　图 5-2　串行口通信

串行通信线路简单，只要一对传输线就可以实现双向通信，从而大大降低了成本，互相干扰小，特别适用于可靠的远距离通信，但传送速度较慢。

单片机的 RXD(P3.0)端口和 TXD(P3.1)端口常用于串行通信的数据传输。

根据数据的传送方向，串行通信可分为单工通信、半双工通信和全双工通信，如图 5-3 所示。

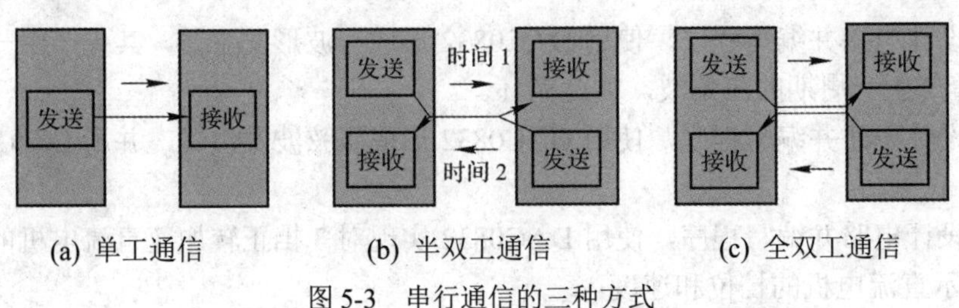

(a) 单工通信　　(b) 半双工通信　　(c) 全双工通信

图 5-3　串行通信的三种方式

单工通信：数据传输仅能沿一个方向，不能实现反向传输。

半双工通信：数据传输可以沿两个方向，但需要分时进行。

全双工通信：数据可以同时进行双向传输。

5.1.2 单片机串行口工作方式

单片机串行口工作方式有方式 0、方式 1、方式 2 和方式 3，详细说明如表 5-1 所示。

表 5-1　单片机串行口工作方式说明

SM0	SM1	工作方式	功能说明	波特率
0	0	方式 0	同步移位寄存器，用于 I/O 扩展	$f_{osc}/12$
0	1	方式 1	10 位异步通信	由定时器 T1 溢出率控制
1	0	方式 2	11 位异步通信	$f_{osc}/32$ 或 $f_{osc}/64$
1	1	方式 3	11 位异步通信	由定时器 T1 溢出率控制

1. 同步和异步通信协议

所谓通信协议是指通信双方的一种约定。协议包括对数据格式、同步方式、传送速度、传送步骤、检纠错方式以及控制字符等的定义，通信双方必须共同遵守。

串行口通信按同步方式可以分为异步通信与同步通信。

1) 异步通信

在进行通信时，为使双方的通信设备收发协调，要求发送设备和接受设备的时钟尽可能一致，但实际上，很难做到，所以，形成了异步通信协议。异步通信是指通信的发送设备与接受设备使用各自的时钟控制数据的发送和接受的过程。异步通信是以构成帧的字符为单位进行传输，字符与字符之间的时间间隔是任意的，但每个字符中的各位是以固定的时间传送的，如图 5-4 所示。

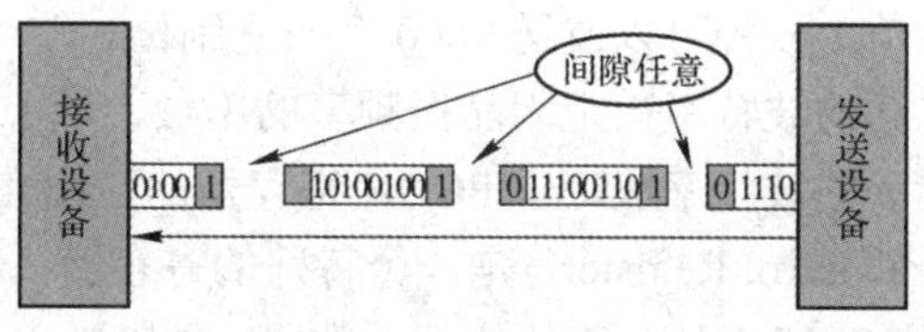

图 5-4　异步通信

在异步通信数据帧格式中，先是一个起始位 0，然后是 8 个数据位，规定低位在前，高位在后，接下来是奇偶校验位，最后是停止位 1。用这种格式表示字符，则字符能一个接一个地传送。异步通信的数据格式如图 5-5 所示。

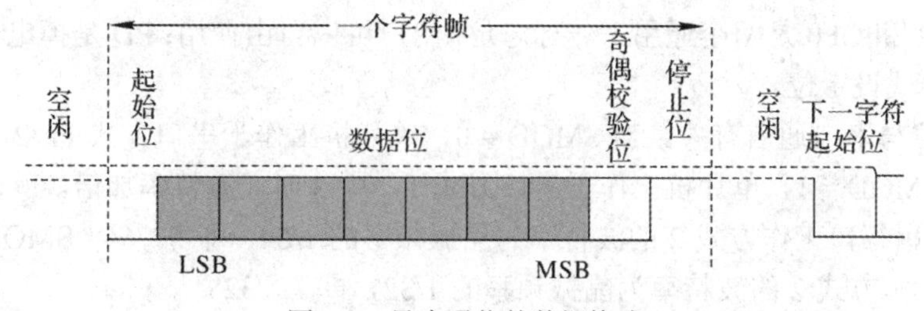

图 5-5　异步通信的数据格式

在异步通信的数据帧格式中，奇偶校验位就是在每一个 8 位的字符字节之外又增加了一位作为错误检测位。字符的每位只能有两种状态 1 或 0，假设存储的数据用位表示为 11100101，那么把每个位相加(1 + 1 + 1 + 0 + 0 + 1 + 0 + 1 = 5)，结果是奇数。对该帧数据进行偶校验，该校验位就定义为 1，反之则为 0；对于奇校验，则相反。接收数据时，会再次把前 8 位数据相加，判断计算结果是否与校验位相一致，从而在一定程度上能检测出错误。

10 位异步通信中：10 位 = 1 位起始位 + 8 位字符数据 + 1 位停止位，无奇偶校验位。

11 位异步通信中：11 位 = 1 位起始位 + 8 位字符数据 + 1 位奇偶校验位 + 1 位停止位。

异步通信的特点为：不要求收、发双方时钟严格一致，实现容易，但每帧要附加 2～3 位用于起止位，各帧之间还有间隔，因此传输效率不高。

2) 同步通信

同步通信要求发送方时钟对接收方时钟进行直接控制，使双方时钟达到完全同步。同步通信时，传输数据的位之间的距离均为“位间隔”的整数倍，同时各帧之间不留间隙，如图 5-6 所示。

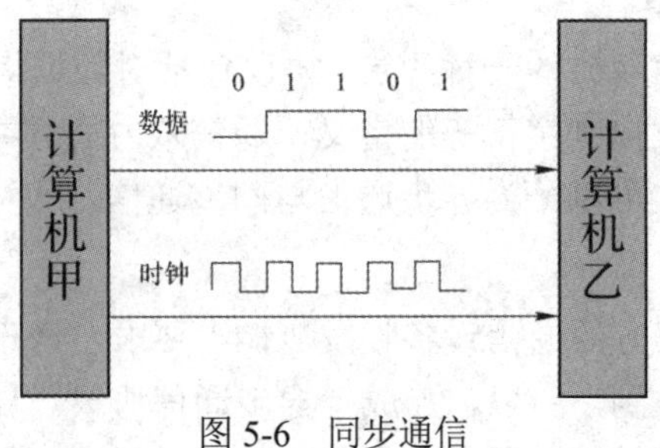

图 5-6　同步通信

2. 波特率

波特率是对信号传输速率的一种度量，即每秒钟可以发送或接收多少个数据位，比如常用的 9600 b/s，意思就是 1 秒钟可以发送 9600 个二进制位。

(1) 串行口工作方式 0 的波特率固定为晶振频率的 1/12，即 $f_{osc}/12$。

(2) 串行口工作方式 2 的波特率取决于 PCON 寄存器的 SMOD 位和晶振频率。

PCON 全称为 Power Control Register，是一个特殊的寄存器，也称为功率控制寄存器。除了 PCON 寄存器最高位 SMOD 外，其他位都不常用。PCON 寄存器格式如表 5-2 所示。

表 5-2　PCON 寄存器格式

D7	D6	D5	D4	D3	D2	D1	D0
SMOD	—	—	—	GF1	GF0	PD	IDL

其中 GF1 和 GF0 是两个通用工作标志位，用户可以自由使用；PD 是掉电模式设定位；IDL 是空闲模式设定位。

SMOD 位与串口通信有关。当 SMOD = 0，单片机工作于串口方式 1，2，3 时，波特率正常；当 SMOD = 1，单片机工作于串口方式 1，2，3 时，波特率加倍。所以，SMOD = 0 时，单片机串行口工作方式 2 的波特率为晶振频率的 1/64，即 $f_{osc}/64$；SMOD = 1 时，单片机串行口工作方式 2 的波特率为晶振频率的 1/32，即 $f_{osc}/32$。

(3) 串行口工作方式 1 与方式 3 的波特率，都由定时器的溢出率决定，计算如下：

$$波特率 = (2^{SMOD}/32) \times (定时器T1的溢出率)$$

通常情况下，使用定时器 1 的工作方式 2，即 8 位自动再装计数器。溢出的周期为

$$T = (256 - X) \times 12/f_{osc}$$

其中 X 为定时初值，即 X=TH1=TL1。

溢出率为溢出周期的倒数，计算如下：

$$波特率 = (2^{SMOD}/32) \times f_{osc}/((256 - X) \times 12)$$

51 单片机的晶振频率一般为 11.0592 MHz，用 51 单片机的定时器做波特率发生器时，如果采用 11.0592 Mhz 的晶振，根据波特率公式计算出来、需要定时器设置的值都是整数；如果采用频率为 12 Mhz 的晶振，计算结果不是整数的波特率，波特率都是有偏差的。

比如为了实现波特率 9600，使用频率为 11.0592 MHz 的晶振，定时器初值设置为 0xFD，计算出的实际波特率为 9600，精确实现，无误差。

但是，为了实现波特率 9600，如果采用频率为 12 MHz 的晶振，定时器初值设置为最靠近 0xfd 的数，计算结果误差率为 8.51%，数据会出错。

常用波特率与定时器初值对应关系如表 5-3 所示。

表 5-3　常用波特率与定时器初值对应表

串口工作方式	波特率	晶振 f_{osc}/MHz	SMOD	定时器初值 TH1
方式 1 或 方式 3	19200	11.059	1	FDH
	9600	11.059	0	FDH
	4800	11.059	0	FAH
	2400	11.059	0	F4H

3. 串行口工作方式选择位

SCON(Serial Control Register)串行口控制寄存器用于控制串行通信的方式选择、接收和发送控制位，并指示串口的状态，其格式如 5-4 所示。

表 5-4　SCON 寄存器格式

D7	D6	D5	D4	D3	D2	D1	D0
SM0	SM1	SM2	REN	TB8	RB8	TI	RI

SM0 和 SM1：串行口工作方式选择位，其组合含义如表 5-1 所示。

SM2：多机通信控制位。多机通信工作在方式 2 和方式 3。SCON 处于接收状态，当串行口工作于方式 2 或方式 3，以及 SM2=1 时，只有当接收到第 9 位数据(RB8)为 1 时，才把接收到的前 8 位数据送入 SBUF，且置位 RI 发出中断申请，否则会将接收到的数据放弃；当 SM2=0 时，就不管第 9 位数据是 0 还是 1，都会将数据送入 SBUF，并发出中断申请。工作于方式 0 时，SM2 必须为 0。

REN：允许接收位。REN 用于控制数据接收的允许和禁止，REN=1 时，允许接收；REN=0 时，禁止接收。

TB8：发送数据位 8。在方式 2 和方式 3 时，TB8 是要发送的第 9 位数据位。在多机通信中需要传输这一位，并且它代表传输的是地址还是数据，TB8=0 时为数据，TB8=1 时为地址。

RB8：接收数据位 8。在方式 2 和方式 3 时，RB8 存放接收到的第 9 位数据，用以识

别接收到的数据特征或者用于校验。对于方式 0，不使用 RB8。

TI：发送中断标志位。方式 0 时，发送完第 8 位数据后，由硬件置位，其他方式下，在发送或停止位之前由硬件置位，因此，TI=1 时表示帧发送结束，TI 可由软件清 0。

RI：接收中断标志位。方式 0 时，接收完第 8 位数据后，该位由硬件置位，在其他工作方式下，该位由硬件置位，RI=1 时表示帧接收完成，RI 可由软件清 0。

在处理串口中断时，TI 和 RI 都需要软件清 0，硬件置位后不能自动清 0。

5.1.3　单片机串行口接口

51 单片机串行口有两个在物理上独立的串行数据缓冲寄存器 SBUF，这两个缓冲寄存器共用一个地址 99H，这个重叠的地址靠读/写指令加以区别。

单片机串行发送数据时，CPU 向 SBUF 写入数据，此时 99H 表示发送 SBUF；单片机串行接收数据时，CPU 从 SBUF 读出数据，此时 99H 表示接收 SBUF。如图 5-7 所示为单片机串行口接口。

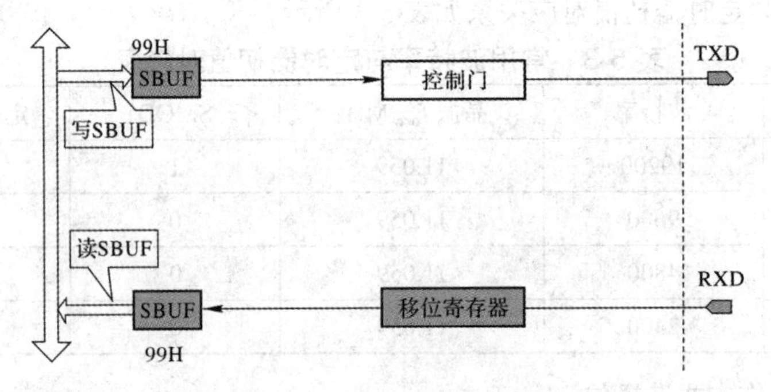

图 5-7　单片机串行口接口

单片机若通过串行口发送数据，采用语句“SBUF=transmit[i];”，表示单片机把存储器中的 8 位数据 transmit[i]写入发送的 SBUF，再由 TXD 引脚一位一位地向外发送，发送完毕后会请求串口中断。

单片机若通过串行口接收数据，在串口中断标志位置位后，就可读取 SBUF 中的数据了。采用语句“receive[i]=SBUF;”表示接收端 RXD 一位一位地接收数据，直到接收到完整的一帧数据后，则通知单片机从 SBUF 中读出数据到存储器的 receive[i]。

5.2　单片机与单片机的串口通信项目

单片机与单片机之间交换信息常称为双机通信。对于双机通信常采用查询方式和中断方式设计应用程序。采用中断方式接收数据可提高单片机的工作效率。

5.2.1　硬件电路设计

在单片机与单片机串口通信项目硬件电路设计中，采用单片机 A 的按键发出指令，通过串口连线控制单片机 B 的 LED 点亮或熄灭，实现单片机与单片机串口通信。

在双机通信中，两个单片机可以直接采用并口通信，1 m 之内可以可靠通信。若双机距离较远，并口通信干扰大，应该采用串口通信，可靠通信距离可以达到 15 m。

直接把两个单片机的 TXD 和 RXD 两个引脚交叉相连接就可实现单片机与单片机串口通信。其硬件电路设计如图 5-8 所示。

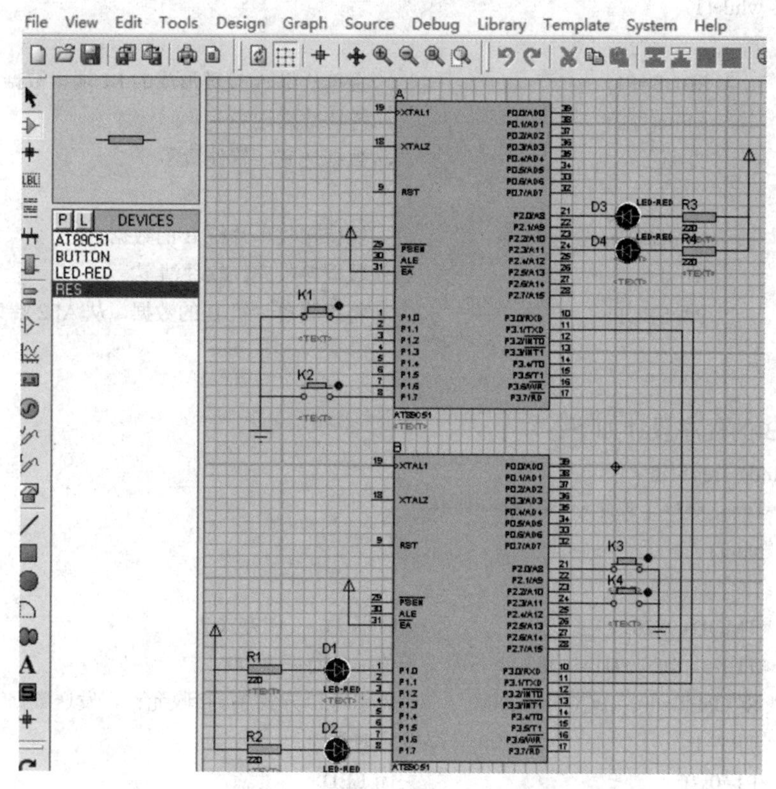

图 5-8　单片机与单片机串口通信项目硬件电路图

在图 5-8 中，单片机 A 的 P1 端口的 P1.0 和 P1.7 连接按键开关 S1 和 S2，按键开关控制 P1 端口的输入数据，该数据通过串行口送到单片机 B 的端口，控制 D1 和 D2 两个红色 LED 的点亮和熄灭。同样，单片机 B 的 P2 端口的 P2.0 和 P2.3 连接按键开关 S3 和 S4，按键开关控制 P2 端口的输入数据，该数据通过串行口送到单片机 B 的 P2 端口，控制 D3 和 D4 两个红色 LED 的点亮和熄灭。

5.2.2　程序设计

单片机与单片机串口通信项目程序设计可以采用查询方式和中断方式两种。

1. 查询方式串口程序设计

单片机 A 的程序设计如下：

```
#include <reg51.h>
/*************主程序***************/
void main()
{
```

```
    TMOD=0x20;                    //定时器1，工作方式2
    TL1=0xfd;  TH1=0xfd;          //初值，波特率9600
    SCON=0xd0;  PCON=0x00;        //串口方式3，接收允许，发送数据
    TR1=1;                        //开定时器1
    while(1)
    {
        SBUF=P1;                  //将单片机A按键形成的P1端口数据送串口
        while(!TI);               //等待数据送完
        TI=0;                     //数据送完，软件清零

        while(!RI);               //等待接收单片机B的数据
        RI=0;                     //数据接收完，软件清零
        P2=SBUF;                  //将接收单片机B的数据，从AP2端口送出
    }
}
```

单片机 B 的程序设计如下：

```
#include <reg51.h>
/*************主程序***************/
void main()
{
    TMOD=0x20;                //定时器1，工作方式2
    TL1=0xfd;  TH1=0xfd;      //初值，波特率9600
    SCON=0xd0;  PCON=0x00;    //设置串行口方式3：接收允许，发送数据
    TR1=1;                    //开定时器1
    P1=0xff;                  //关闭LED
    while(1)
    {
        while(!RI);           //串口等待接收单片机A按键形成的数据
        RI=0;                 //接收完数据后，软件清零
        P1=SBUF;              //将接收单片机A数据送单片机B的P1端口输出

        SBUF=P2;              //将单片机B的P2端口的数据送串口
        while(!TI);           //等待送完数据
        TI=0;                 //送完数据，软件清零
    }
}
```

2. 中断方式串口程序设计

单片机 A 的程序设计如下：

```
#include <reg51.h>
/*************主程序***************/
void main()
```

```
{
    TMOD=0x20;                          //定时器 1，工作方式 2
    TL1=0xfd;   TH1=0xfd;               //初值，波特率 9600
    SCON=0xd0;   PCON=0x00;             //设置串行口方式 3：接收允许，发送数据
    ES=1;                               //允许串口
    EA=1;                               //允许中断
    TR1=1;                              //开定时器 1
    while(1)
    {
        SBUF=P1;                        //将 A 按键形成的 P1 端口数据送串口
        while(!TI);                     //等待数据送完
        TI=0;                           //数据送完，软件清零
    }
}

void S_receive() interrupt 4
{
    EA=0;
    RI=0;                  //数据接收完，软件清零
    P2=SBUF;               //将接收到的单片机 B 数据，从单片机 A 的 P2 端口输出
    EA=1;                  //开中断
}
```

单片机 B 的程序设计如下。

```
#include <reg51.h>
/*************主程序***************/
void main()
{
    TMOD=0x20;                          //定时器 1  工作方式 2
    TL1=0xfd;   TH1=0xfd;               //初值，波特率 9600
    SCON=0xd0;   PCON=0x00;             //设置串行口方式 3：接收允许，发送数据
    P1=0xff;                            //关闭 LED
    ES=1;                               //允许串口
    EA=1;                               //允许中断
    TR1=1;                              //开定时器 1
    while(1)
    {
        SBUF=P2;                        //将单片机 B 的 P2 端口的数据送串口
        while(!TI);                     //等待送完数据
        TI=0;                           //送完数据，软件清零
    }
```

```
    }

    void S_receive1() interrupt 4
    {
        EA=0;
        RI=0;                       //接收完数据后，软件清零
        P1=SBUF;                    //将接收到的单片机A的数据送单片机B的P1端口输出
        EA=1;
    }
```

5.2.3 仿真调试

仿真时，在单片机 A 中下载相应的 Program File 中的.hex 文件，在单片机 B 中下载相应的 Program File 中的.hex 文件；当按下单片机 A 的 S1 键时，单片机 B 的 D1 亮；当按下单片机 B 的 S3 键时，单片机 A 的 D3 亮。其仿真运行图如图 5-9 所示。

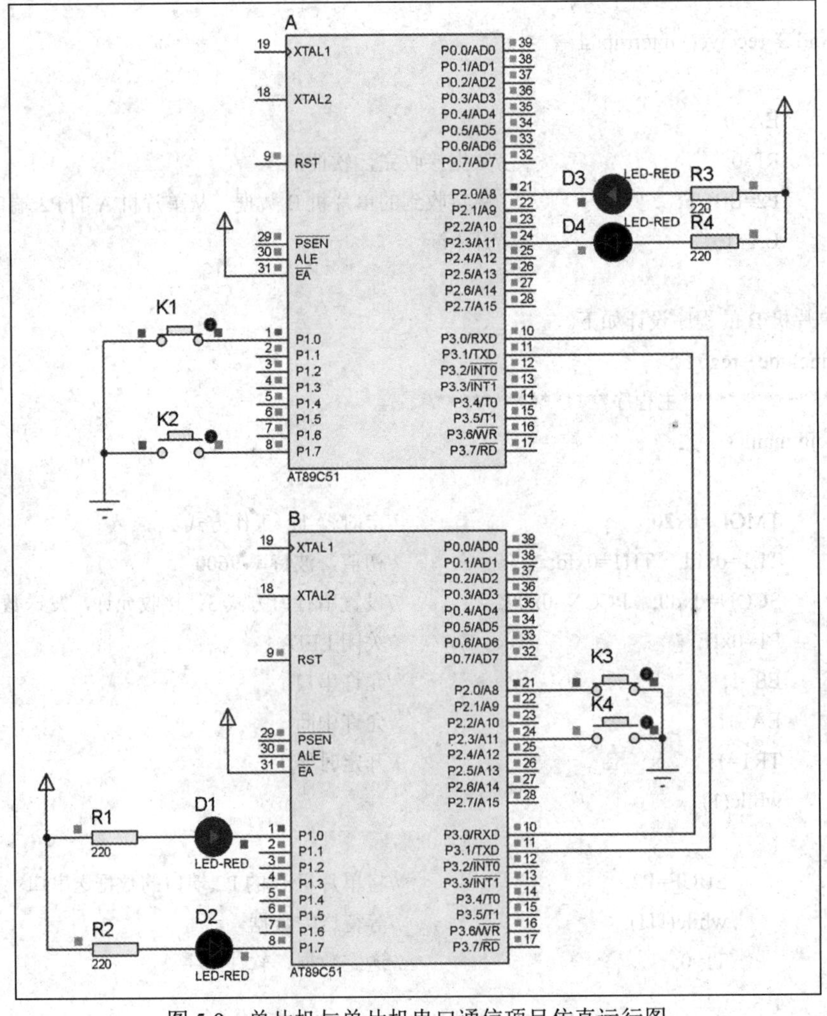

图 5-9　单片机与单片机串口通信项目仿真运行图

5.3　单片机与 PC 之间通信项目设计

5.3.1　硬件电路设计

单片机与 PC 之间的通信是串口通信，需采用 RS-232C 或 USB 串行接口实现，单片机与 PC 进行串行通信时接口不能直接相连，需要进行转换。

单片机与 PC 之间通信项目硬件电路设计如图 5-10 所示。

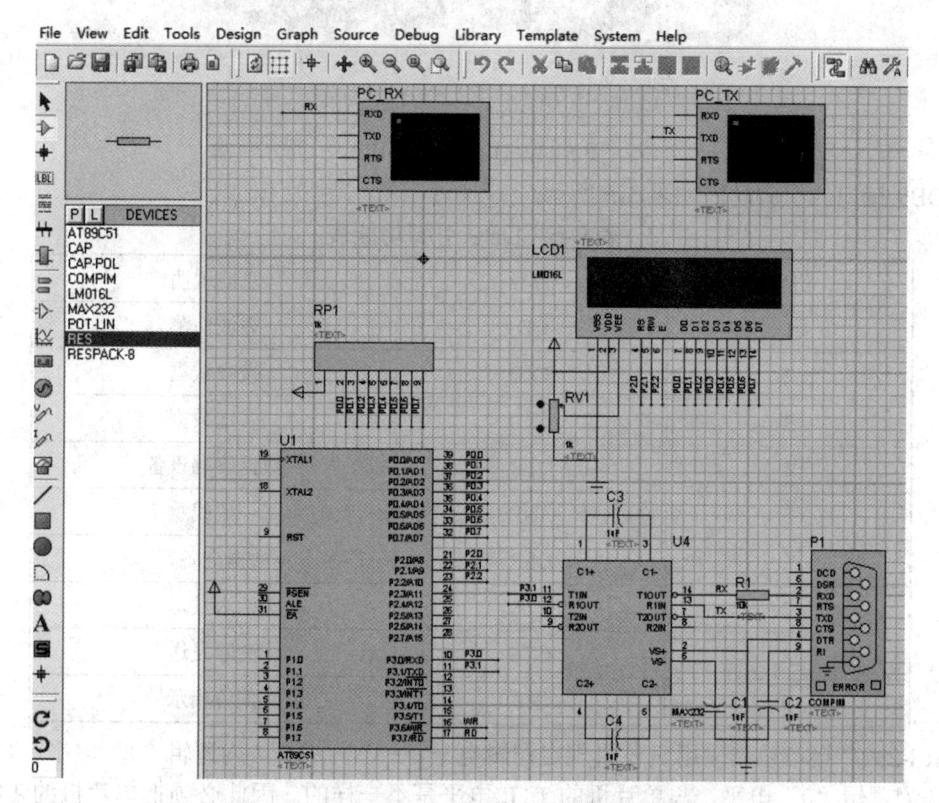

图 5-10　单片机与 PC 之间串口通信硬件电路图

1. 单片机通信接口

单片机上的串行通信接口为单片机的 RXD、TXD、VCC、GND 四个引脚，其电平逻辑遵照 TTL 原则，即晶体管-晶体管逻辑电平 Transistor-Transistor Logic。TTL 电平信号被使用的最多是因为通常单机片数据采用二进制表示，+5 V 等价于逻辑“1”，0 V 等价于逻辑“0”，这是计算机处理器控制设备内部各部分之间通信的标准技术。

2. PC RS-232C 接口

PC 上的串口通信接口为九针的 DB9 接口，其电平逻辑遵照 RS-232C 接口协议。

RS-232 接口协议描述了计算机与相关设备之间较低速率的串行数据通信的物理接口及协议。其中 RS 代表 Recommended standard 推荐标准，232 是标识号，C 代表 RS232 的最新一次修改。

RS-232C 接口最大传输速率为 20 kb/s，可靠传输最长距离为 15 m。

常采用的 DB9 接口有公母之分，其实物图如图 5-11 所示。

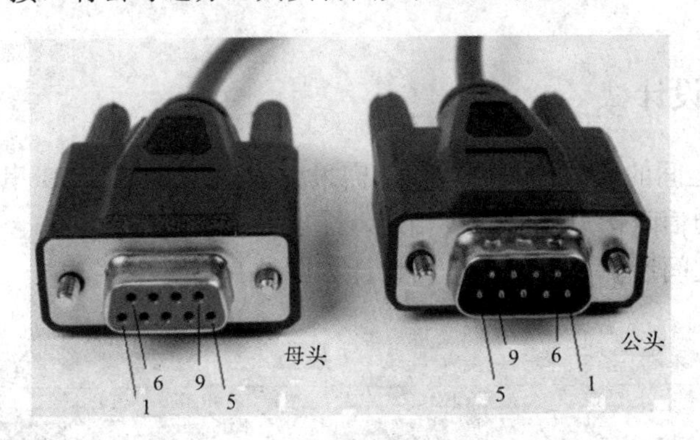

图 5-11 DB9 接口实物图

DB9 接口的引脚功能如表 5-5 所示。

表 5-5 DB9 引脚功能表

引脚	简写	功能说明
1	CD	载波侦测
2	RXD	接收数据
3	TXD	发送数据
4	DTR	数据终端设备
5	GND	地线
6	DSR	数据准备好
7	RTS	请求发送
8	CTS	清除发送
9	RI	振铃指示

RS-232C 接口协议采用负逻辑规定逻辑电平，−3 V～−15 V 为逻辑“1”电平，+3 V～+15 V 为逻辑“0”电平，与单片机的 TTL 电平是不一样的。因此必须把单片机的 TTL 电平转变为 RS-232C 电平，或者把计算机的 RS-232C 电平转换成单片机的 TTL 电平。

实现 TTL 电平和 RS-232C 电平转换常用 MAX232 芯片实现。该芯片的实物图如图 5-12 所示。

TTL 电平与 RS-232C 电平转换示意图如图 5-13 所示。

图 5-12 MAX232 芯片实物图

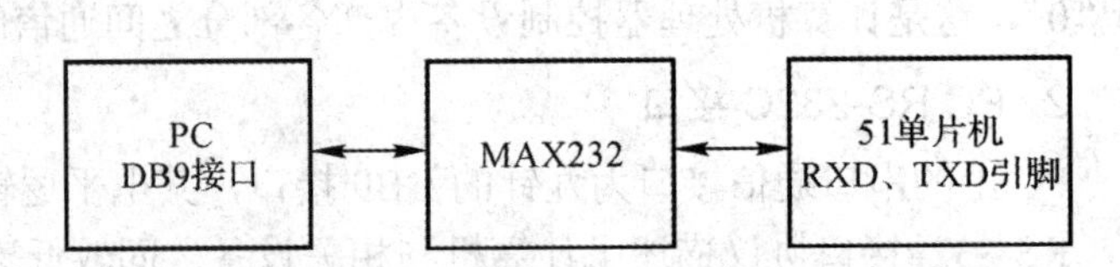

图 5-13 TTL 电平与 RS-232C 电平转换示意图

采用 MAX232 实现 TTL 电平与 RS-232C 电平转换的连接实物图如图 5-14 所示。

图 5-14 采用 MAX232 实现 TTL 电平与 RS-232C 电平转换实物连接图

在图 5-14 中，MAX232 一端连接 PC 的 DB9 串口，另一端的 RXD、TXD、VCC、GND 引脚与单片机相应引脚连接。

一般会将该转换电路直接集成在应用主板上，并使用 DB9 母座供 PC 的 DB9 接口连接。PC DB9 接口与 MAX232 连接硬件电路接线图如图 5-15 所示。

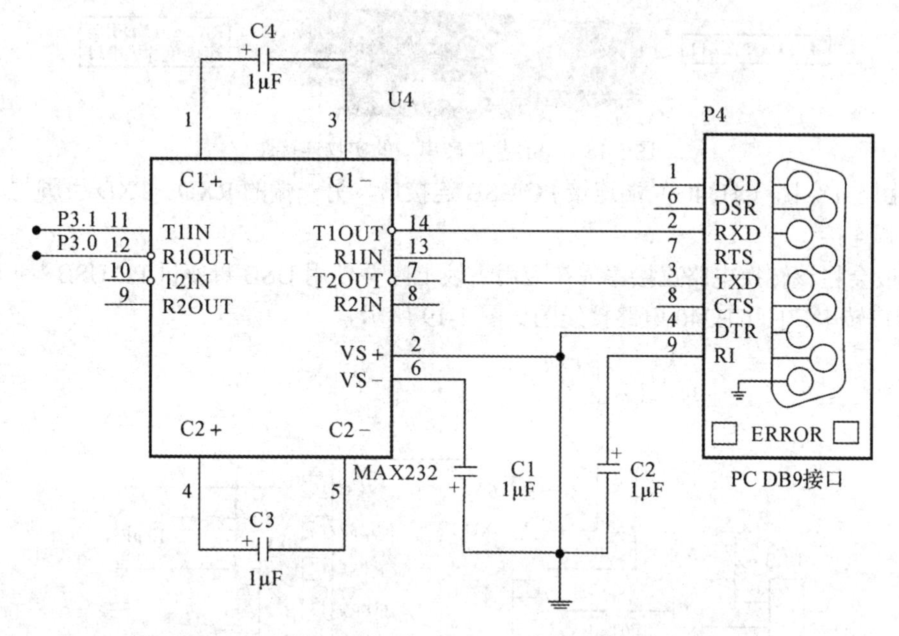

图 5-15 PC DB9 接口与 MAX232 连接硬件电路连接图

电路中，按要求要使用 C1、C2、C3、C4 等 4 个 1 μF 的电解电容，由于在实际使用中器件对电源噪音很敏感，因此电源 VCC 必须要对地连接一去耦电容，其值应为 0.1 μF。

3. PC 的 USB 接口

随着技术的发展，工业上还在大量使用 RS232 串口通信，但是商业技术的应用上，已经慢慢地用 USB 接口取代了 RS232 串口，例如现在绝大多数笔记本电脑已经不配置 RS232 串口。因此实际应用中需要在电路上添加一个 USB 接口转串口芯片，就可以成功实现 USB 通信协议和标准串行口通信协议的转换。常使用的转换器件是 CH340 芯片。

1) CH340 转换芯片及电路

CH340 芯片的实物图如图 5-16 所示。

图 5-16　CH340 芯片实物图

PC 的 USB 接口与单片机串行接口连接示意图如图 5-17 所示。

图 5-17　PC 的 USB 接口与单片机串行接口连接示意图

USB 接口转串口的连接实物图如图 5-18 所示。

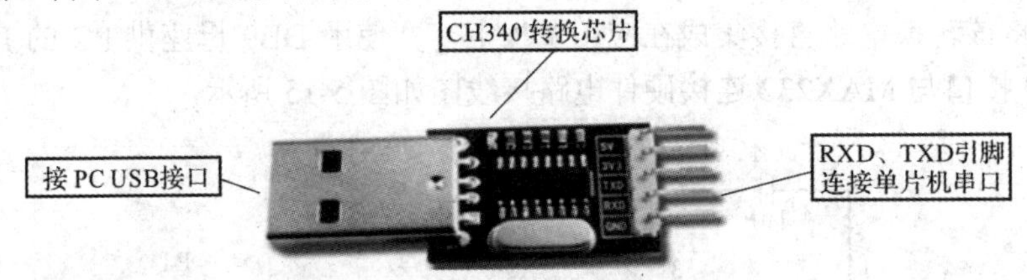

图 5-18　USB 接口转串口的实物连接图

在图 5-18 中，CH340 一端连接 PC USB 连接口，另一端的 RXD、TXD 引脚与单片机相应引脚连接。

一般会将该转换电路直接集成在应用主板上，并使用 USB 母座供 PC USB 接口连接。USB 接口转串口的 CH340 电路接线图如图 5-19 所示。

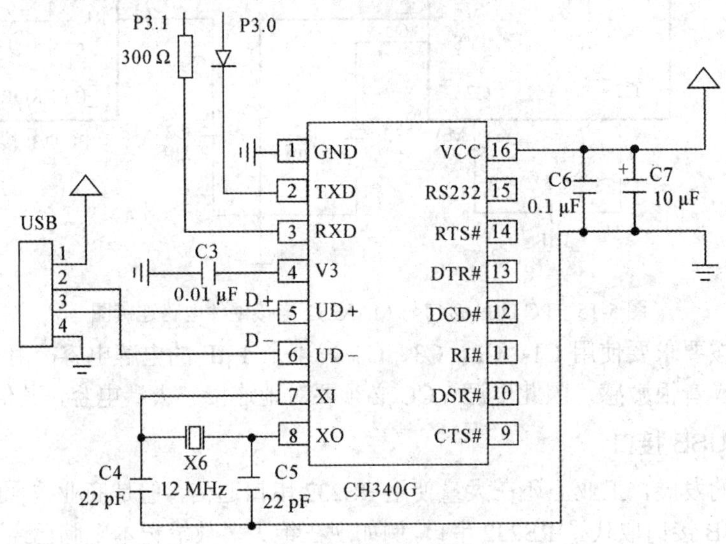

图 5-19　USB 接口转串口的 CH340 电路连接图

在图 5-19 中，CH340 的 TXD 引脚接单片机的 RXD 引脚，RXD 引脚接单片机的 TXD 引脚，这样一发一收才能实现通信。另外，在 TXD 引脚处接一二极管，在 RXD 处接一电阻，是为了防止 CH340 给单片机灌入电流导致单片机不能掉电重启，以保证单片机正常通信。

2) CH340 驱动的安装

为了使 CH340 系列芯片能够正常工作，需要在 PC 上安装 CH340 系列的 USB 接口转串口驱动，如 CH340 驱动、CH341SER 驱动等，且兼容 Windows 10 等操作系统。

在 Windows 10 系统下 CH340 的安装及使用教程如下：

① 首先，下载 CH340 的 USB 接口转串口驱动程序，下载好以后，双击运行“CH341SE”应用程序，如图 5-20 所示。

② 在弹出的窗口中，单击“安装”按钮，如图 5-21 所示。

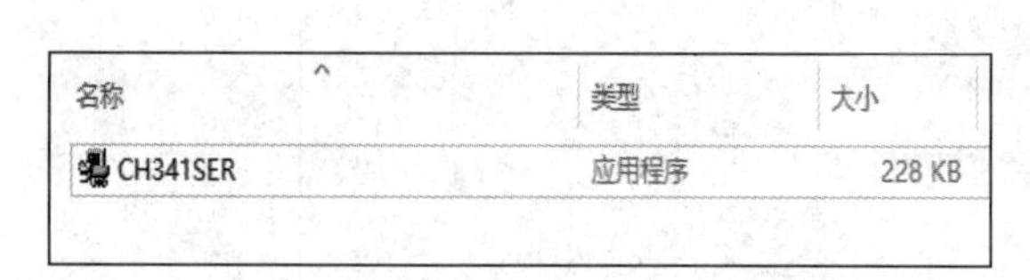

图 5-20　CH340 驱动安装文件

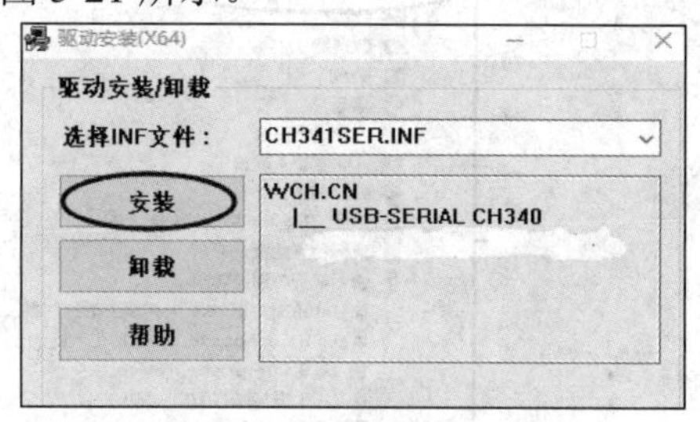

图 5-21　CH340 驱动安装界面

③ 等待片刻，如果成功安装会弹出如图 5-22 所示的界面，单击“确定”按钮。

安装后，需将设备 USB 线插入 PC 的 USB 接口，查看 CH340 驱动是否安装成功。

④ 将 PC 通过 USB 线与单片机连接，确保单片机处于正常工作状态。在 PC 桌面上单击右键，在弹出的快捷菜单中选择“属性”选项，如图 5-23 所示。

图 5-22　CH340 驱动安装成功界面

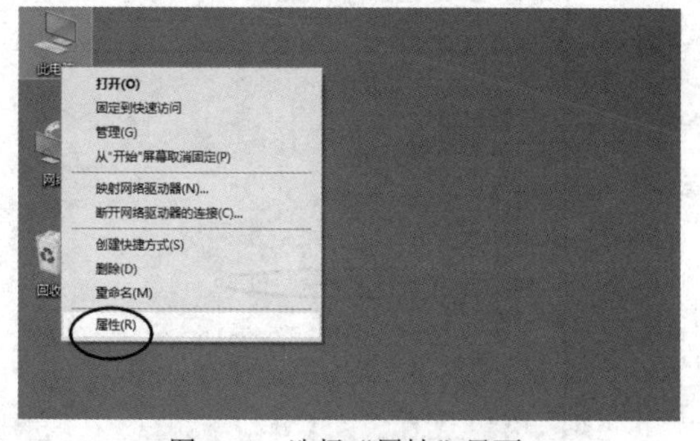

图 5-23　选择“属性”界面

⑤ 在弹出的“系统”窗口中选择“设备管理器”，如图 5-24 所示。

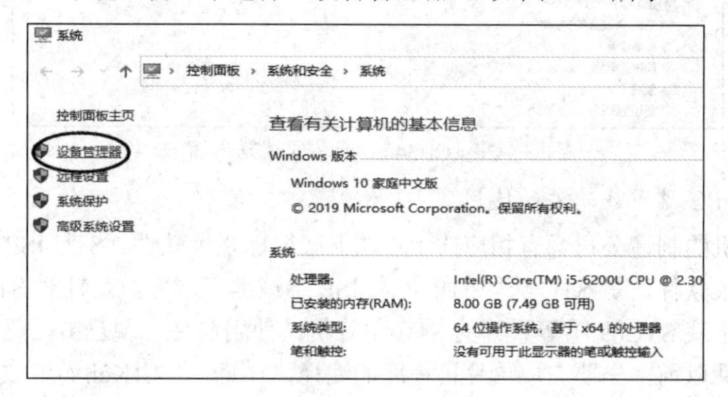

图 5-24　选择“设备管理器”界面

⑥ 再在弹出的“设备管理器”窗口中选择“端口”选项，如图 5-25 所示。

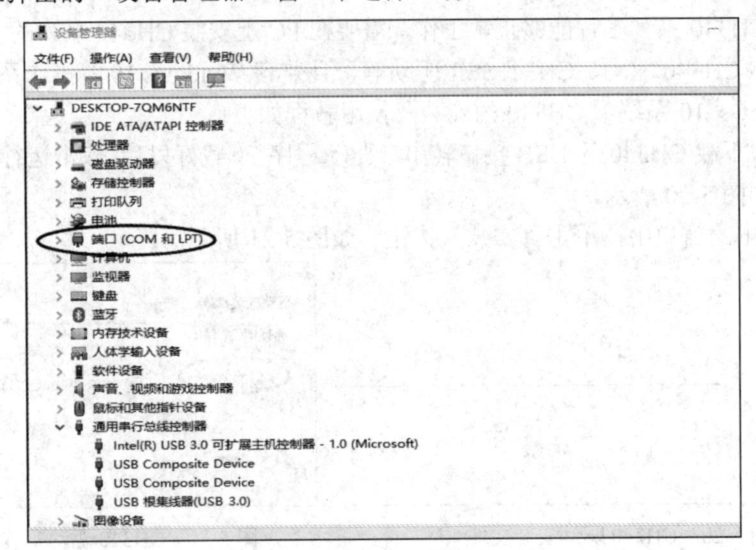

图 5-25　选择“端口”界面

当看到“USB-SERIAL CH340(COM*)”选项时，证明 CH340 驱动已安装成功，如图 5-26 所示。

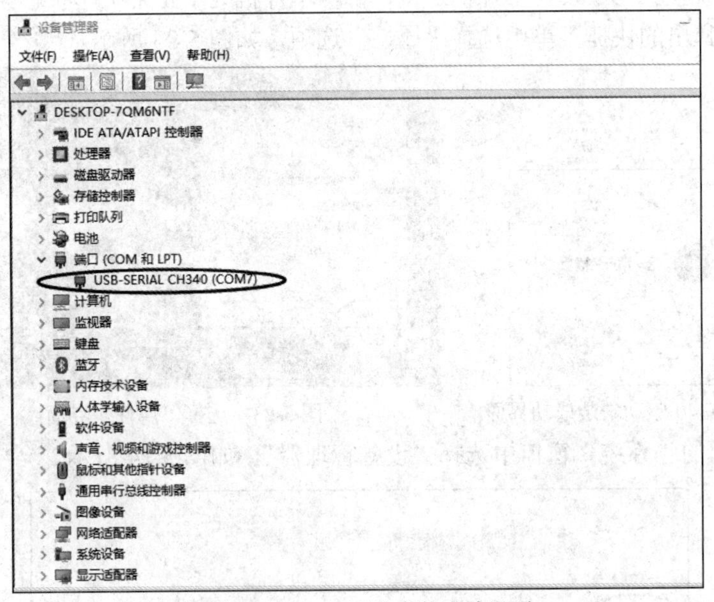

图 5-26　CH340 驱动安装成功界面

3) 单片机 PC 端下载软件的使用

各个单片机的制造公司都有相应的 PC 端下载编程烧录软件。STC-ISP 就是一款单片机下载编程烧录软件，是 STC 公司的单片机 ISP 下载编程软件，是针对 STC 系列单片机而设计的，可下载 STC8951 等系列的 STC 单片机，使用简便，现已被广泛使用。

在下载软件以前，先要完成单片机程序的编译，详见“1.2.1Keil 软件的使用”一节内容。但对 STC 公司的芯片还需要先打开 STC-ISP 程序中的 Keil 仿真设置界面进行设置，如图 5-27 所示。

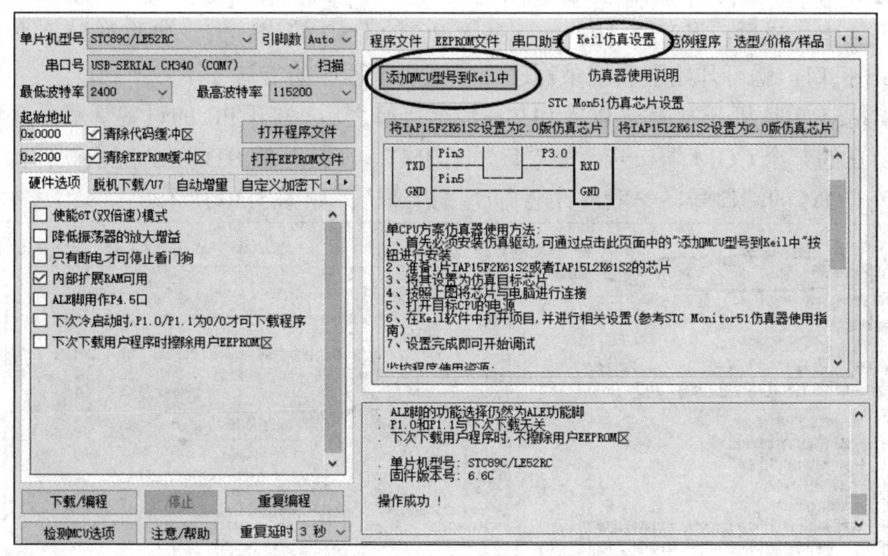

图 5-27　STC-ISP 的 Keil 仿真设置

首先单击图 5-27 所示界面中的“添加 MCU 型号到 Keil 中”按钮，在弹出窗口中将 STC 单片机型号添加到 Keil 安装目录中，如 c:\Keil，如图 5-28 所示。

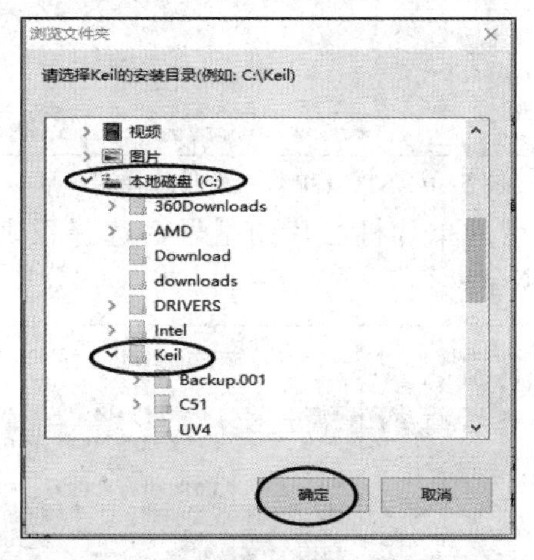

图 5-28　添加单片机型号到 Keil 安装目录

然后单击“确定”按钮，弹出“STC MCU 型号添加成功！”对话框，按“确定”按钮完成单片机型号的添加。这时打开 Keil 软件，新建一个工程文件后，就可以通过下拉箭头选择“STC MCU Database”选项，然后单击“确定”按钮后就可以选择对应的单片机型号了，如图 5-29 所示。

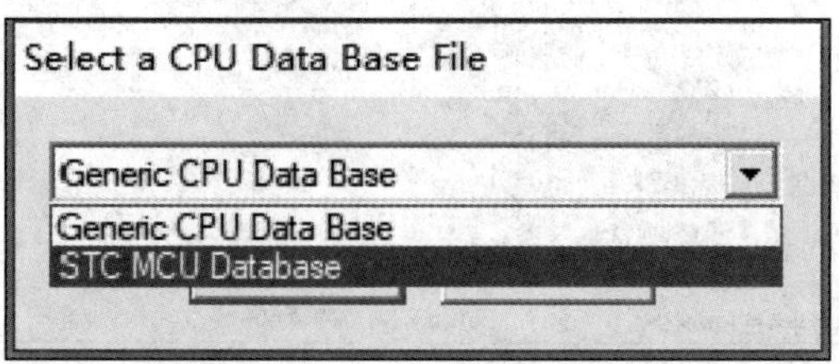

图 5-29　STC 单片机型号选择

通过对单片机程序的编译形成 .hex 程序文件，就可供 PC 下载到单片机中。

以上工作完成后，将 USB 线的一端插入 PC 的 USB 接口，另一端插入 51 单片机开发板的 USB 接口，就可开始下载烧录程序。下载烧录程序的方法如下：

(1) 将 51 单片机开发板与 PC 用 USB 线连接好之后，打开 PC 的设备管理器查看 USB 转串口所在的某个 COM 端口号，如端口号 COM7。在打开的 STC-ISP 烧录软件操作界面中选择该 COM 的端口号，一般软件会自动扫描确认，如图 5-30 所示。

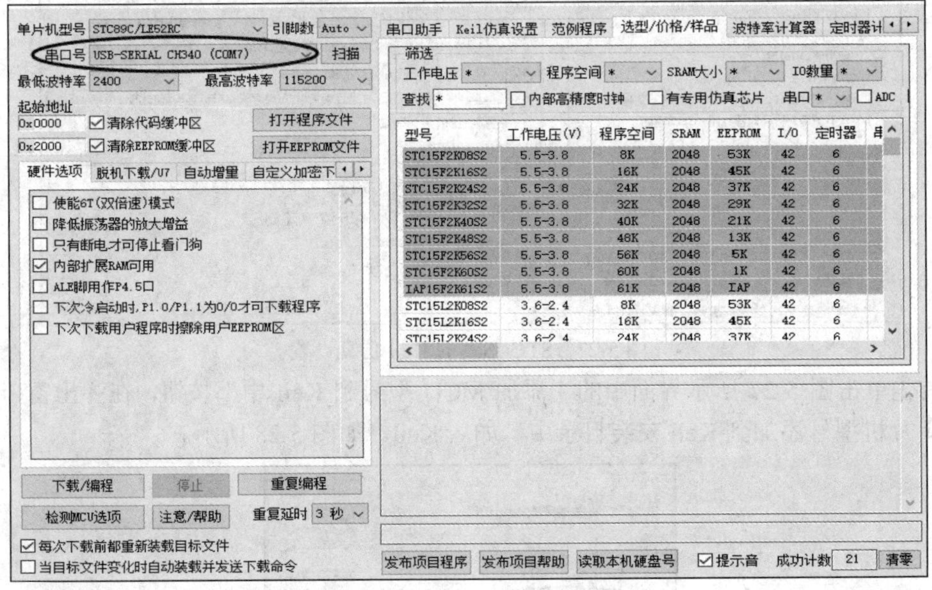

图 5-30　STC-ISP 烧录软件选择端口号

(2) 根据开发系统使用的单片机芯片的型号，选择正确的 51 单片机型号，如 STC89C52RC，如图 5-31 所示。

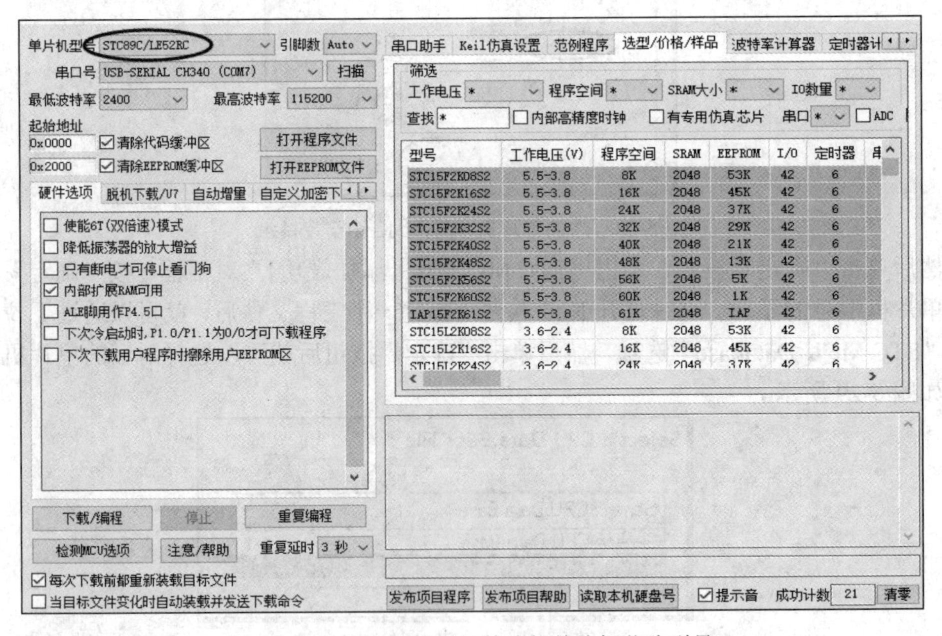

图 5-31　STC-ISP 烧录软件选择单片机芯片型号

(3) 设置串口的波特率最高为 115200，最低为 2400，如图 5-32 所示。

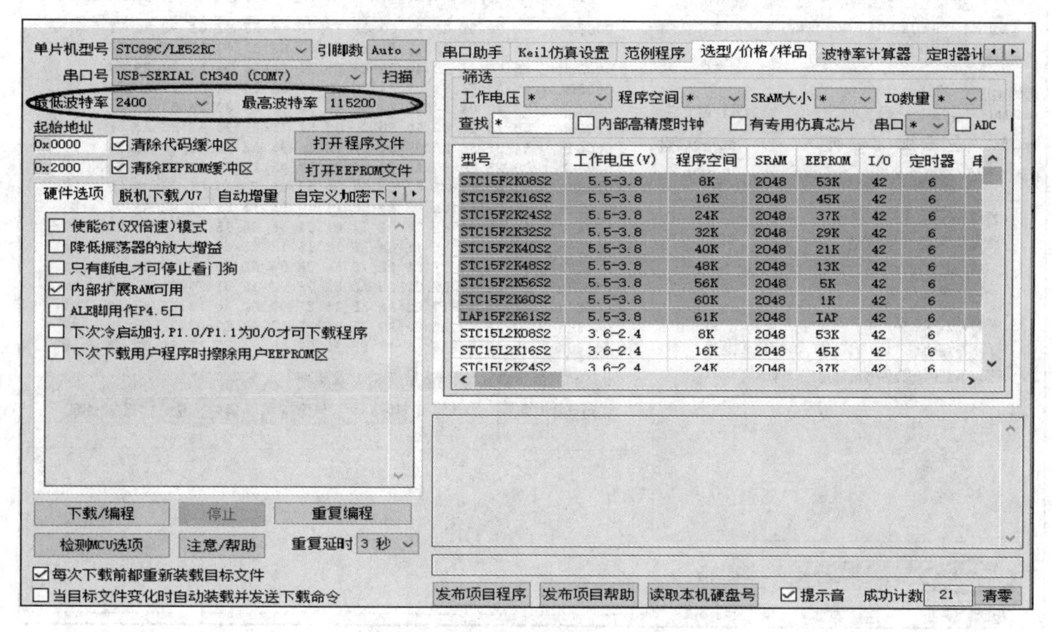

图 5-32　设置串口的波特率

(4) 打开事先编译好的 .HEX 可执行程序文件，如图 5-33 所示。

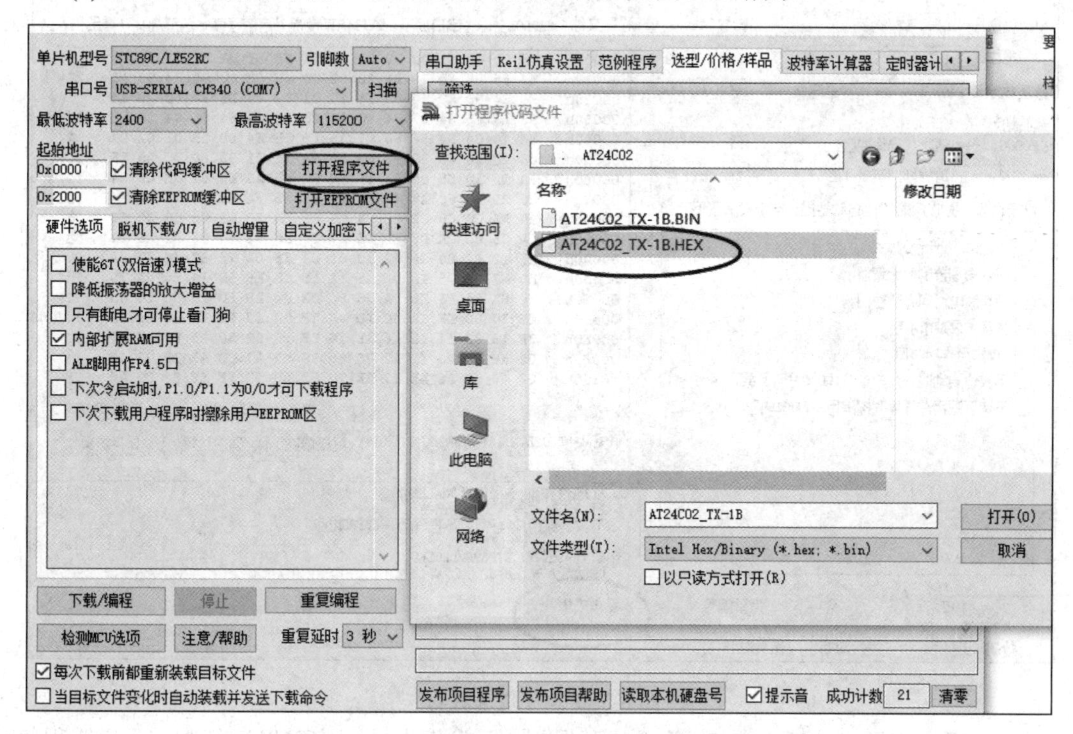

图 5-33　打开.HEX 可执行程序文件

(5) 单击“下载/编程”按钮，下载程序，如图 5-34 所示。

(6) 给 51 单片机开发板上电软件自动进行程序烧录，程序烧录成功后如图 5-35 所示。

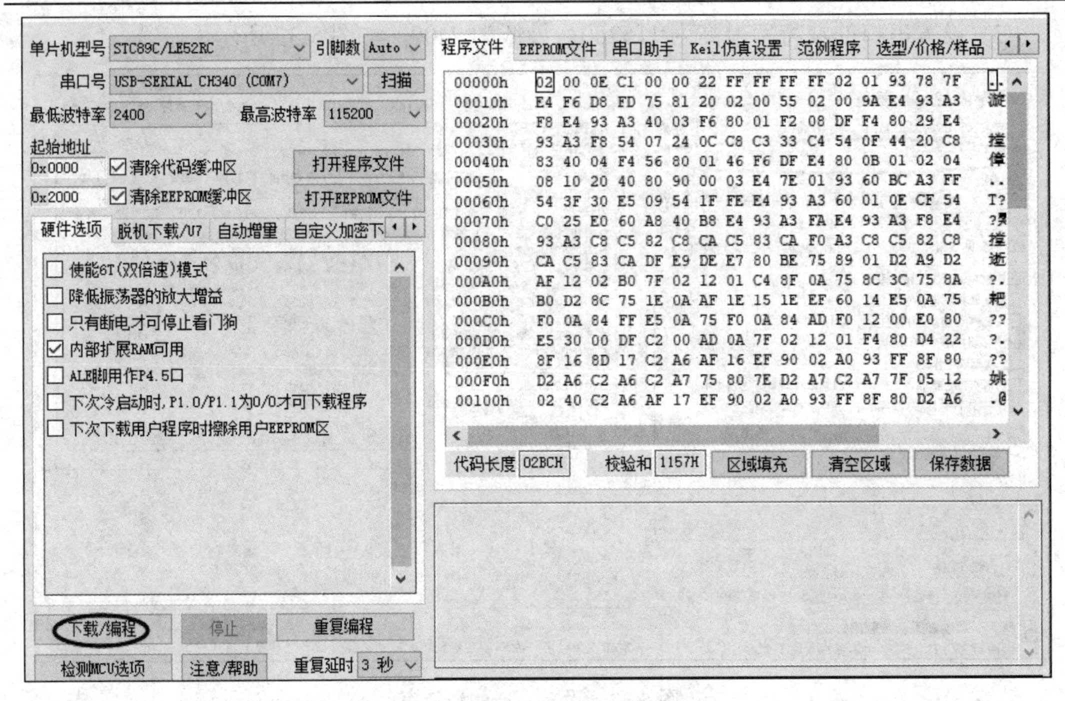

图 5-34　下载.HEX 可执行程序文件

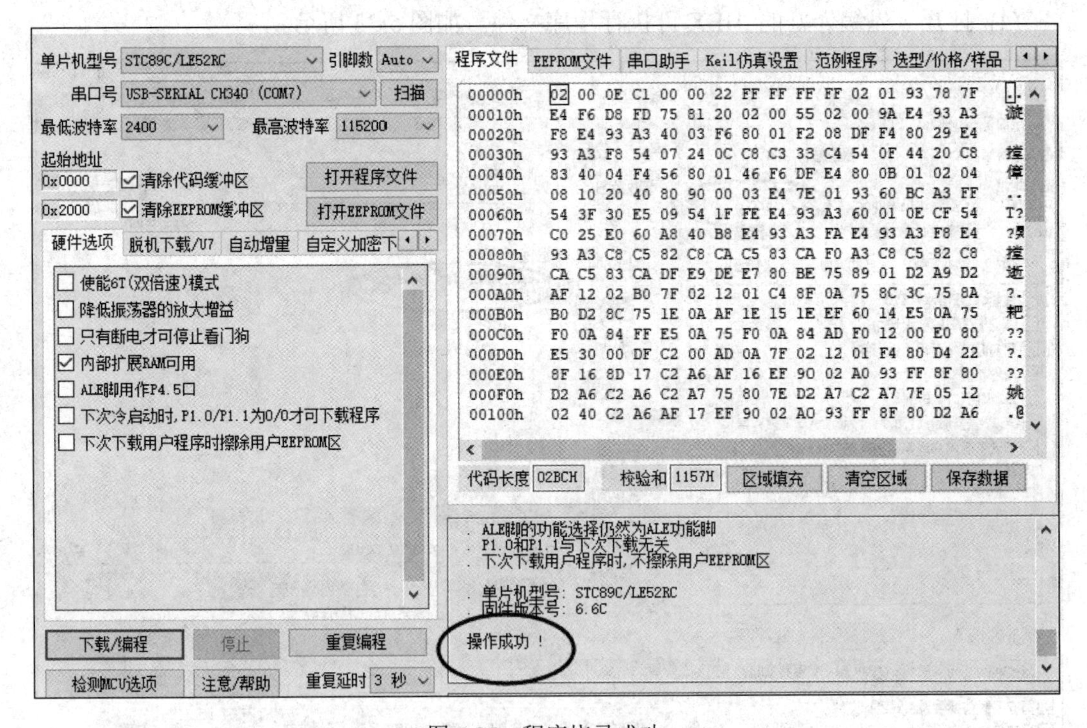

图 5-35　程序烧录成功

(7) 程序烧录成功后重启 51 单机片开发板，开发板上的程序可以运行起来，说明程序烧录成功。

注意事项：烧录程序的时候要先单击“下载/编程”按钮，然后等待 1～2 s 的时间再给

51 单片机开发板上电。开发板程序的下载一般只需要一根 USB 连接线，因为 USB 转串口芯片是集成在单片机开发板上的。

烧录程序常见故障可按以下步骤排查。

(1) TXD 引脚和 RXD 引脚接错，下载器 TXD 引脚应接单片机 RXD 引脚，RXD 引脚应接单片机 TXD 引脚。

(2) 晶振没插或者接触不良。

(3) 单片机型号选择错误，如果单片机型号是 STC89C52RC 就要选择后面加 RC 字样的型号，型号为 STC89C52 就不行。

(4) 单片机芯片损坏，需要更换。

(5) 单片机需要冷启动，就是给单片机断一次电，有的可直接按电源开关就可以冷启动。

5.3.2 程序设计

单片机与 PC 之间通信项目程序设计包含串口通信程序和 LCD 显示程序两个程序。

串口通信程序如下：

```
#include    <reg51.h>
#define uchar    unsigned char
uchar PCtoMCS[16]=" ";                              //PC 传送到单片机的字符数组
uchar MCStoPC[]="**received data from MCS51**";     //单片机传送给 PC 的字符
void LCD_write_command(uchar);                      //LCD 写命令函数声明
void LCD_write_data(uchar);                         //LCD 写数据函数声明
void LCD_init( );                                   //LCD 初始化函数声明
void delay(uchar);

/*************主程序***************/
void main(void)
{
    unsigned char i, n;
    TMOD=0x20;                          //定时器 1，工作方式 2
    TL1=0xfd;   TH1=0xfd;               //初值，波特率 9600
    SCON=0xd0;   PCON=0x00;             //设置串行口方式 3：接收允许，发送数据
    TR1=1;                              //开定时器 1
    while(1)
    {
        i=0;
        while(MCStoPC[i]!='\0')         //单片机发送给 PC 字符串
        {
            SBUF=MCStoPC[i];            //发送字符
            while(TI==0);               //TI  发送中断标记，等待发送完成 TI=1
            TI=0;                       //软件清 0
            i++;                        //下一个字符
```

```
        }

        i=0;                          //i 清 0，为接收作准备
        while(RI==0);                 //等待接收完成 RI=1
        RI=0;                         //软件清 0
        PCtoMCS[i]=SBUF;              //启动接收
        while(PCtoMCS[i]!='#')        //传送完后，应答 A 机并显示收到的字符串
        {
            i++;
            while(RI==0);             //接收应答
            RI=0;                     //软件清 0
            PCtoMCS[i]=SBUF;          //一个一个接收字符
        }
        PCtoMCS[i]='\0';              //设置数组结束符\0
        LCD_init();
        n=0;
        LCD_write_command(0x80);
        while(PCtoMCS[n]!='\0')
        {
            LCD_write_data(PCtoMCS[n]);
            n++;
            delay(1);
        }
    }
}
```

LCD 显示程序如下：

```
#include <reg51.h>
#define uchar unsigned char
sbit LCD_RS=P2^0;                //将 P2.0 取名为 LCD_RS，控制寄存器选择
sbit LCD_E=P2^2;                 //将 P2.2 取名为 LCD_E，使能端
sbit LCD_RW=P2^1;                //将 P2.1 取名为 LCD_RW，控制读写选择

/*************延时函数 t(ms)**************/
void delay(uchar t)
{
        uchar    j, k;
        for(j=0; j<t; j++)
        {
          for(k=0; k<255; k++)
{
```

```
}
    }
}

/*************忙检测函数**************/
bit LCD_Busy()
{
    bit LCD_Busy;
    LCD_RS=0;
    LCD_RW=1;
    LCD_E=1;
    delay(1);
    LCD_Busy=(bit)(P0&0x80);                //取 LCD 数据首位，即忙信号位
    LCD_E=0;
    return LCD_Busy;
}

/*************写命令函数**************/
void LCD_write_command(uchar cmd)
{
    while(LCD_Busy());                      //等待显示器忙检测完毕
    delay(1);
    LCD_RS=0;
    LCD_RW=0;
    P0=cmd;
    delay(1);
    LCD_E=1;
    delay(1);
    LCD_E=0;
}
/**************写数据函数**************/
void LCD_write_data(uchar dat)
{
    while(LCD_Busy());                  //等待显示器忙检测完毕
    delay(1);
    LCD_RS=1;
    LCD_RW=0;
    P0=dat;
    delay(1);
    LCD_E=1;
    delay(1);
    LCD_E=0;
```

```
    }
    /**************初始化函数**************/
    void LCD_init( )
    {
        LCD_write_command(0x38);            // 16×2 显示，5×7 点阵，8 位数据接口
        delay(1);
        LCD_write_command(0x01);            //清屏
        delay(1);
        LCD_write_command(0x06);            //光标右移，字符不移
        delay(1);
        LCD_write_command(0x0f);            //显示开，有光标，光标闪烁
        delay(1);
    }
```

在程序设计时可以将串口通信程序和 LCD 显示程序都加在同一个 .c 文件中，但对于复杂一点的工程程序，需要将这两个程序分放在不同的 .c 文件中，不过只能有 1 个 main( ) 函数。然后加入到同一个工程文件中，在编译时将其统一编译。

5.3.3 仿真调试

单片机与 PC 之间通信项目仿真运行图，如图 5-36 所示。

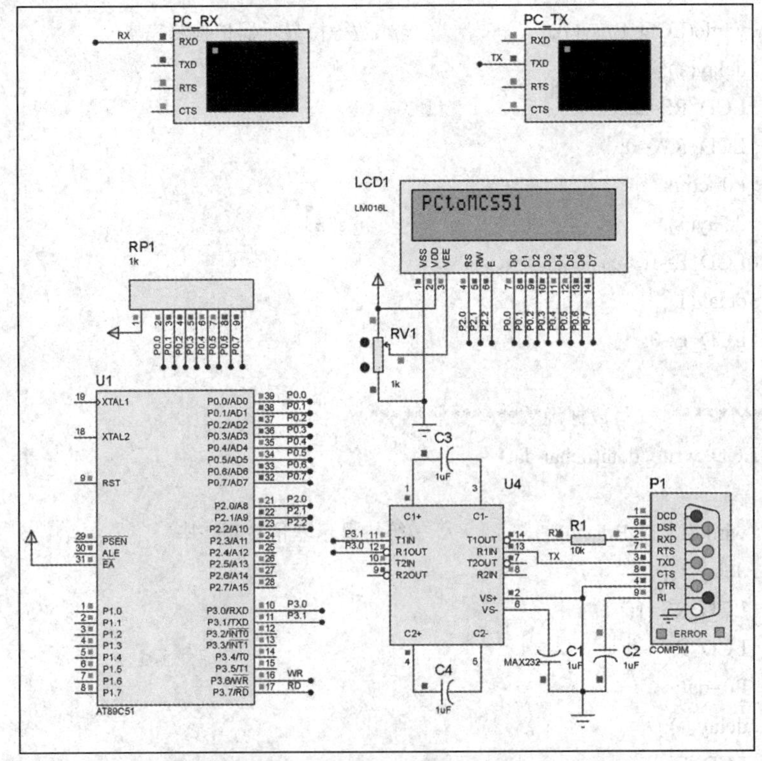

图 5-36　单片机与 PC 之间通信项目仿真运行图

在单片机与 PC 之间通信项目仿真调试过程中，使用了 COMPIM 串口器件，使用前需

要配置 COMPIM 串口器件的波特率为 9600，如图 5-37 所示。

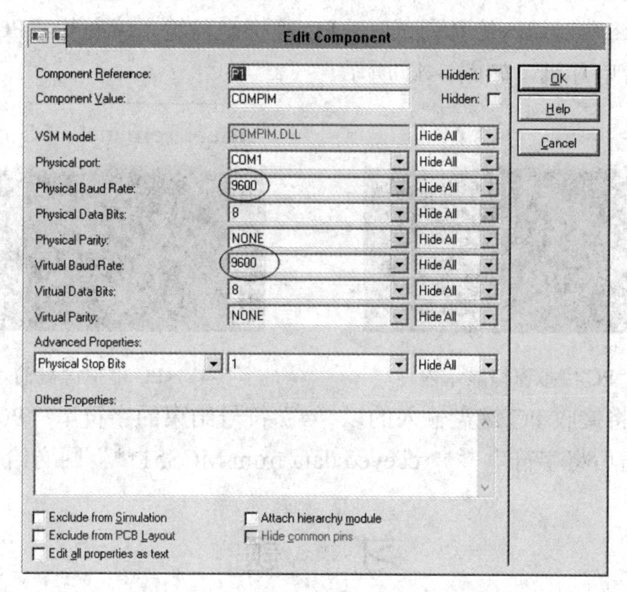

图 5-37　COMPIM 串口器件波特率设置

在此项目仿真调试过程中使用了虚拟终端 PC_RX 和 PC_TX。虚拟终端的添加、设置和使用方法如下：

(1) 单击虚拟终端菜单中的“VIRTUAL TERMINAL”选项添加虚拟终端，如图 5-38 所示。

(2) 右键单击虚拟终端，在弹出的“Edit Component”窗口中，修改属性，改变波特率为 9600。当在单片机和 PC 串口间接入了 MAX232 芯片，虚拟终端的“RX/TX Polarity”的极性属性设置为“Inverted”，如图 5-39 所示。

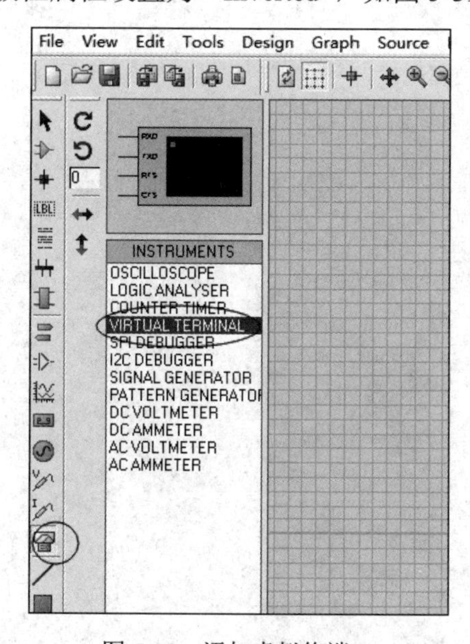

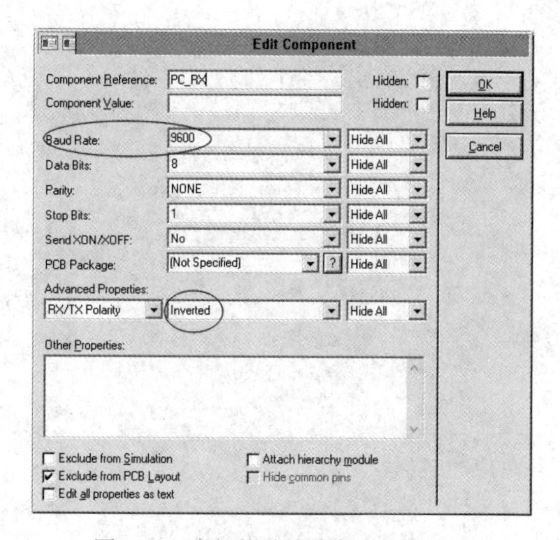

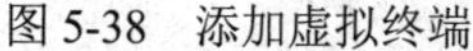
图 5-38　添加虚拟终端　　　　图 5-39　虚拟终端波特率和极性设置

(3) RXD 表示 PC 终端接收，仿真调试时，PC 虚拟窗口会显示单片机发送来的字符串

“**received data from MCS51**”，如图 5-40 所示。

TXD 表示 PC 终端发送，仿真调试时，PC 虚拟键盘输入字符串“PCtoMCS51”，并以“#”结束，发送给单片机，如图 5-41 所示。

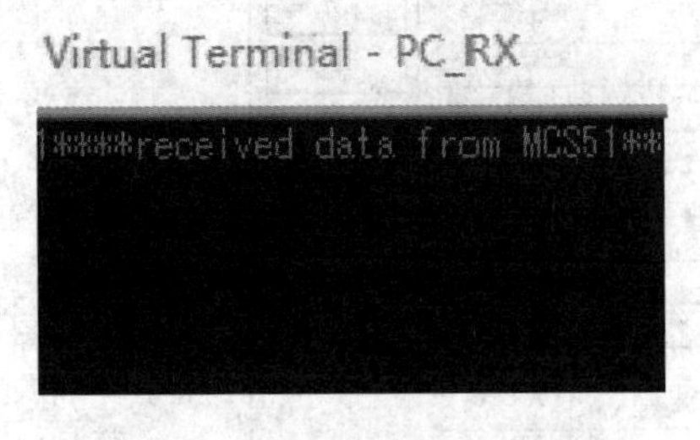

图 5-40　PC 虚拟窗口显示内容

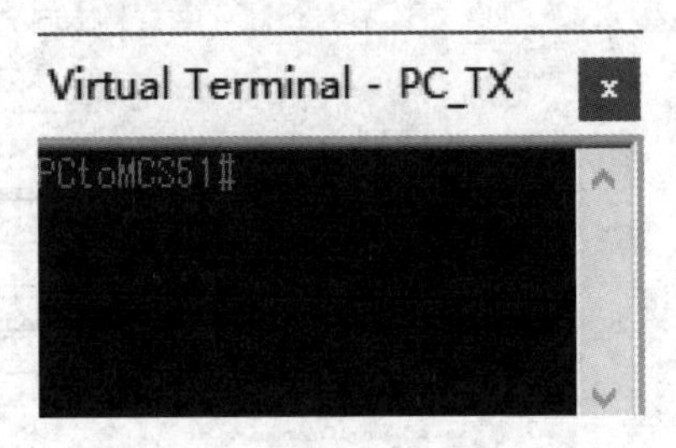

5-41　PC 虚拟键盘输入内容

这样，单片机将接收 PC 键盘输入的以“#”符号结束的字符串“PCtoMCS51”，并显示在 LCD 屏上，随后将字符串“**receved data from MCS51**”回送给 PC 虚拟显示屏。

习　题

5-1　设计电路和编写程序，实现将单片机 A 的一个字符串送到单片机 B，并用 LCD 显示该字符串；再将单片机 B 的另一个字符串送到单片机 A，并用另一个 LCD 显示该字符串。

5-2　设计电路和编写程序，实现将单片机的信息送到 PC 显示，然后，PC 发送 1 个信息到单片机，并用 LCD 显示该信息。

第 6 章　单片机单总线、I2C 和 SPI 的应用

总线就是一个公共的连接线，所有外围设备都可以通过它与单片机相连接，是信息传递的通道。总线的种类很多，常用的有单总线(1-wire)、集成电路总线 I2C(也称 I^2C 或 IIC，Inter-Integrated Circuit)和串行外设接口 SPI(Serial Peripheral Interface)，分别需要 1、2、3 条线进行连接。

(1) 单总线需要 1 条线：一条数据线。

(2) I2C 需要 2 条线：一条时钟线，一条数据线。

(3) SPI 需要 3 条线：一条时钟线，一条数据接收线，一条数据发送线。

这些总线传输结构简单，传输速度快，传输距离远，被越来越多的系统应用。

6.1　单总线 DS18B20 测温项目设计

所谓单总线，就是主机和从机通过 1 根总线进行通信，在这根总线上可挂接的从机数量几乎不受限制，如图 6-1 所示。

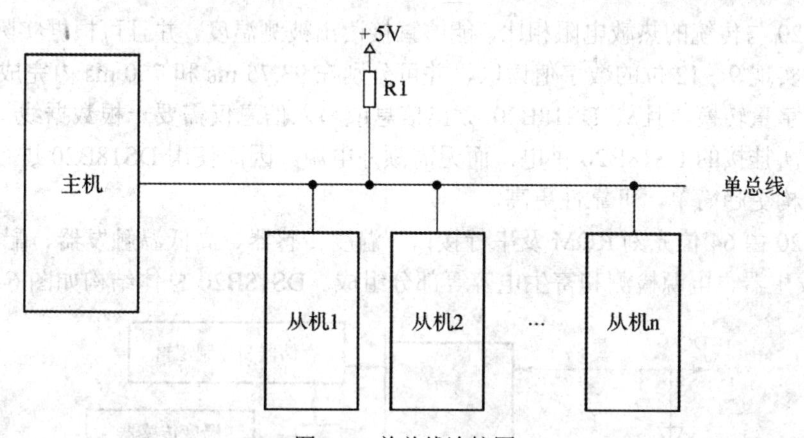

图 6-1　单总线连接图

单总线是由美国达拉斯半导体公司推出的一项通信技术。它采用单根信号线，既可传输时钟，又能传输数据，而且数据传输还是双向的。为保证数据通信的可靠，一般单总线需要接 4.7 kΩ 上拉电阻 R1 到电源，这样，当单总线在闲置时，状态为高电平。

单总线技术具有线路简单，硬件开销少，成本低廉，便于总线扩展和维护等特点。单总线的数据传输速率一般为 16.3 kb/s，最大可达 142 kb/s，通常情况下采用 100 kb/s 以下的速率传输数据。主设备 I/O 端口可直接驱动 200 m 范围内的从设备，经过扩展后可达 1 km 范围。

通常把挂在单总线上的器件称之为单总线器件。单总线器件内一般都具有控制、收发、存储等电路。为了区分不同的单总线器件，厂家生产单总线器件时都要烧录一个 64 位的二进制 ROM 代码，以标志其 ID 号。目前，单总线器件主要有数字温度传感器 DS18B20、A/D 转换器 DS2450、身份识别器 DS1990A、单总线控制器 DS1WM 等。

6.1.1　硬件电路设计

数字温度传感器 DS18B20 的引脚排列及实物图如图 6-2 所示。

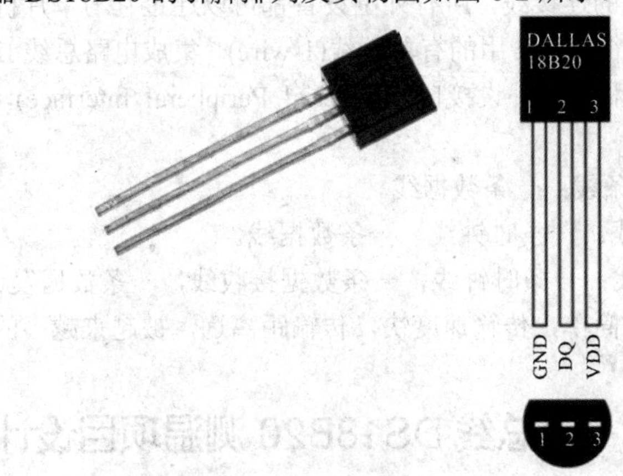

图 6-2　DS18B20 引脚排列及实物图

在图 6-2 中：GND 为电源地；DQ(I/O)为数字信号输入/输出端；VDD 为外接供电电源输入端。

DS18B20 与传统的热敏电阻相比，能够直接读出被测温度，并且可根据实际要求通过简单的编程实现 9～12 位的数字值读取，并可分别在 93.75 ms 和 750 ms 内完成 9 位和 12 位的温度数字量转换，且从 DS18B20 读出信息或写入信息仅需要一根数据线。单总线本身也可以向所挂接的 DS18B20 供电，而无需额外电源。因而使用 DS18B20 进行测量温度可使系统结构更趋简单，可靠性更高。

DS18B20 由 64 位光刻 ROM 及串行接口、温度传感器、高低温触发器、配置寄存器、8 位 CRC 发生器、电源检测和寄生电容等部分组成。DS18B20 总体结构如图 6-3 所示。

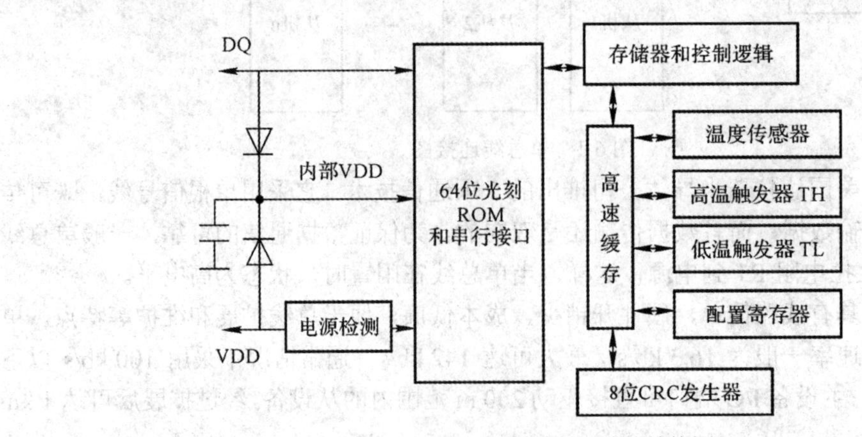

图 6-3　DS18B20 测温项目总体结构图

1. 64 位光刻 ROM

64 位光刻 ROM 是出厂前被光刻好的，它由 8 位产品系列号、48 位产品序号和 8 位 CRC 编码组成。例如 DS18B20 的产品系列号均为 28H，每个器件的 48 位产品序号各不相同，最后 8 位是前面 56 位的循环冗余校验码 CRC。利用产品序号可以识别一根总线上挂载的不同 DS18B20 器件，这样就可以实现一根总线上挂接多个 DS18B20 的目的。

2. 配置寄存器

配置寄存器用于设置 DS18B20 的转换精度，配置寄存器的各位配置表如表 6-1 所示。

表 6-1　DS18B20 配置寄存器配置表

0	R1	R0	1	1	1	1	1
MSb							LSb

DS18B20 配置寄存器的低 5 位都为 1。最高位是测试模式位，用于设置 DS18B20 在工作模式还是在测试模式，在出厂时该位被设置为 0，用户不要去改动。R1 和 R2 决定其温度转换的精度位数。

DS18B20 的温度转换时间与温度转换的精度位数相关，当温度转换的分辨率越高，转换需要的时间则越长，其关系如表 6-2 所示。

表 6-2　温度分辨率和转换时间关系

R0	R1	温度计分辨率/bit	转换时间/ms
0	0	9	93.75
0	1	10	187.5
1	0	11	375
1	1	12	750

3. 高温触发器 TH 和低温触发器 TL

高温触发器 TH 中存放着最高温度报警下限，低温触发器 TL 中存放着最低温度报警下限，这些数据用户可通过软件写入。DS18B20 完成温度转换后，就把测得的温度值与 RAM 中 TH、TL 存放的内容作比较。若温度值高于 TH 或低于 TL，则将该配置寄存器的报警标志位置位，并对主机发出报警搜索命令作出响应。

4. 温度传感器

DS18B20 中的温度传感器可完成对温度的测量，温度值用 16 位有符号扩展的二进制补码形式提供，以 0.0625℃/LSB 形式表达，在 12 位转化情况下温度高、低字节存放列表如表 6 - 3 所示，其中 S 为符号位。

表 6-3　DS18B20 测量的温度值的高、低字节存放列表

S	S	S	S	S	2^6	2^5	2^4

2^3	2^2	2^1	2^0	2^{-1}	2^{-2}	2^{-3}	2^{-4}

在表 6-3 中，二进制中的前 5 位是符号位，如果测得的温度值大于 0，这 5 位都为 0，只要将测到的数值乘于 0.0625 即可得到实际温度；如果温度小于 0，这 5 位都为 1，测到的数值需要取反加 1 再乘于 0.0625 才能得到实际温度。

在12位分辨率下温度—数字量输出的关系表如表6-4所示。

表6-4　温度—数字量关系表

温度	数字量输出(二进制)	数字量输出(十六进制)
+125°	0000 0111 1101 0000	07D0H
+85°	0000 0101 0101 0000	0550H
+25.0625℃	0000 0001 1001 0001	0191H
+10.125℃	0000 0000 1010 0010	00A2H
+0.5℃	0000 0000 0000 1000	0008H
0℃	0000 0000 0000 0000	0000H
-0.5℃	1111 1111 1111 1000	FFF8H
-10.125℃	1111 1110 0101 1110	FF5EH
-25.0625℃	1111 1110 0110 1111	FF6FH
-55℃	1111 1100 1001 0000	FC90H

单总线DS18B20测温项目硬件电路图如图6-4所示。

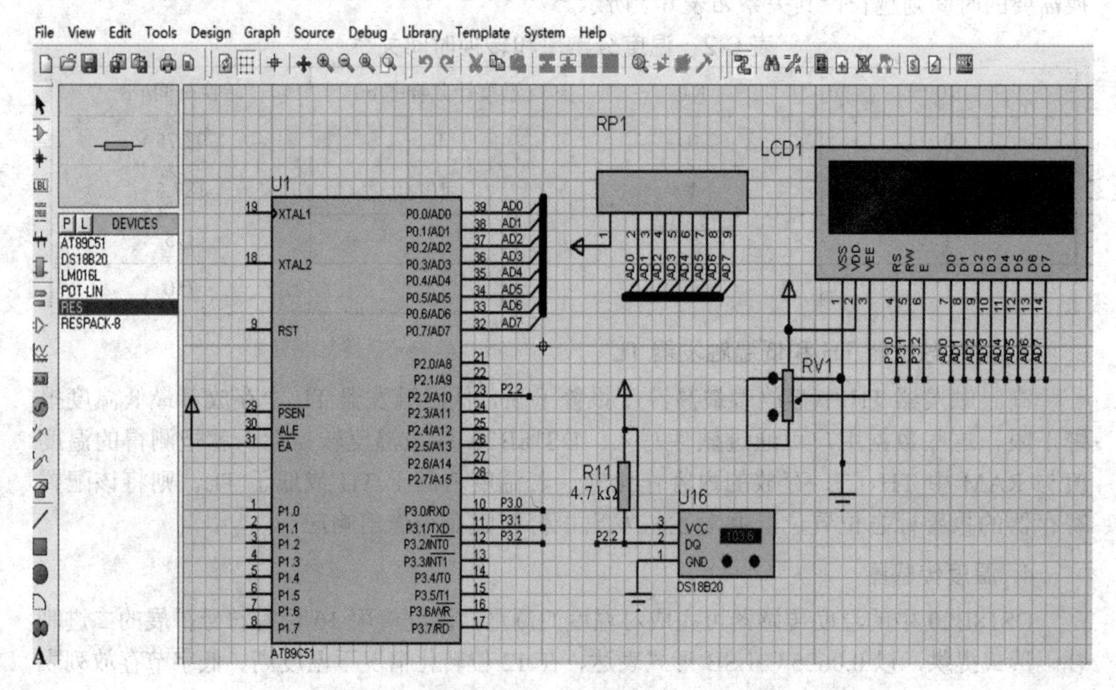

图6-4　单总线DS18B20测温项目硬件电路图

在图6-4中，DS18B20的单总线为DQ，连接单片机的P2.2端口，同时连接4.7 kΩ的上拉电阻。

6.1.2　程序设计

根据DS18B20的协议规定，单片机控制DS18B20完成温度的转换必须经过以下3个步骤。

(1) 每次读写前对 DS18B20 进行复位初始化。

(2) 发送一条 ROM 指令。如表 6-5 所示为 ROM 指令表。

表 6-5　ROM 指令表

指　令	约定代码	功　能
读 ROM	33H	读 DS1820 温度传感器 ROM 中的编码(即 64 位地址)
符合 ROM	55H	发出此命令之后，接着发出 64 位的 ROM 编码，访问单总线上与该编码相对应的 DS1820，使之作出响应，为下一步对该 DS1820 的读写作准备
搜索 ROM	FOH	用于确定挂接在同一总线上的 DS1820 个数和识别 64 位 ROM 地址，为操作各器件做好准备
跳过 ROM	CCH	忽略 64 位 ROM 地址，直接向 DS1820 发送温度变换命令；适用于单片工作
告警搜索命令	ECH	执行后只有温度超过设定值上限或下限的芯片才做出响应

(3) 发送存储器指令。如表 6-6 所示为存储器指令表。

表 6-6　存储器指令表

指　令	约定代码	功　能
温度变换	44H	启动 DS1820 进行温度转换，12 位转换时最长为 750 ms(9 位为 93.75 ms)；结果存入内部第 0、1 字节 RAM 中
读暂存器	BEH	连续读取内部 RAM 中 9 个字节的内容
写暂存器	4EH	发出向内部 RAM 的第 2、3 和 4 字节写上、下限温度数据命令，紧跟该命令之后，传送 3 个字节的数据
备份设置	48H	将 RAM 中第 2、3 和 4 字节字节的内容复制到 EEPROM 中
恢复设置	B8H	将 EEPROM 中内容恢复到 RAM 中的第 2、3 和 4 字节
读供电方式	B4H	读 DS1820 的供电模式。寄生供电时 DS1820 发送“0”，外接电源供电时 DS1820 发送“1”

DS18B20 单总线通信是分时完成的，有着严格的时序概念，以及严格的协议来确保数据的完整性，实现初始化、发送 ROM 指令和存储器指令。如果出现时序混乱，单总线器件将不响应主机，因此读写时序 DS18B20 单总线通信很重要。

1. 初始化

主机通过拉低单总线 480～960 μs 产生复位脉冲，然后产生低电平跳变为高电平的上升沿，单总线器件检测到上升沿之后，延时 15～60 μs，单总线器件又拉低总线 60～240 μs 来产生应答脉冲。在单总线初始化过程中，如果主机接收到从机的应答低脉冲则说明单总线器件就绪，初始化过程完成；如果主机接收到从机的应答高脉冲则说明单总线器件错误，初始化过程不能完成。如图 6-5 所示为单总线初始化时序图。

单总线初始化包含以下三个过程。

(1) 主机发送复位脉冲(480～960 μs)。

(2) 主机产生上升沿(15～60 μs)。

(3) 从机应答低脉冲(60～240 μs)。

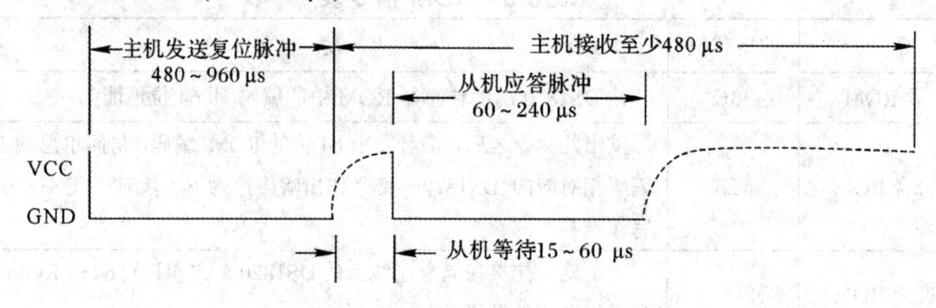

图 6-5　单总线初始化时序图

按照时序图，单总线初始化程序设计如下：

```
uchar DS18B20_init(void)        //DS18B20 初始化
{
    uchar i, s=0;
    DQ=0;
     i=250;
     while(i>0) i--;           //500 μs，范围：480～960 μs
    DQ=1;
     i=20;
     while(i>0) i--;           //40 μs，范围:15～60 μs
    s=DQ;          //读应答脉冲，如果 DQ 为 0，说明初始化成功；若为 1，说明损坏或不存在
    while(!DQ);                //DQ 恢复 1
    return s;                  //函数值为 0 或 1
}
```

2. 发送 ROM 指令和存储器指令

实现发送 ROM 指令和存储器指令需要实现应答、写 0、写 1、读 0、读 1 等操作。

1) 写 0 和写 1 时隙

写时隙包括写 0 的时隙和写 1 的时隙。如图 6-6 所示为单总线写时隙时序图。

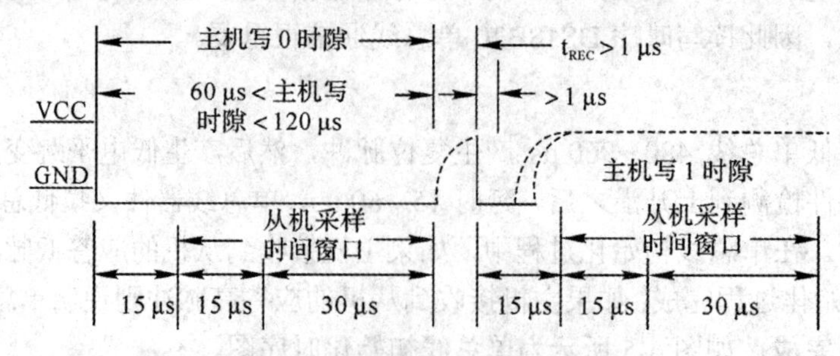

图 6-6　单总线写时隙时序图

当数据线拉低后，在 15～60 μs 的时间窗口内对数据线进行采样。如果数据线为低电

平，就是写 0；如果数据线为高电平，就是写 1。

主机要产生一个写 0 时隙，就必须把数据线拉低并保持 60 μs。主机要产生一个写 1 时隙，就必须把数据线拉低，在写时隙开始后的 15 μs 内允许数据线拉高。实现的程序代码如下：

```
uchar i;
DQ=1;
 i=2;
    while(i>0) i--;      //6 μs, 间隔至少 1 μs
DQ=0;
 i=2;
    while(i>0) i--;      //6 μs, 间隔至少 1 μs
DQ=x;
 i=45;
    while(i>0) i--;      //90 μs，写一位时间范围：60～120 μs
DQ=1;
```

2) 读 0 和读 1 时隙

当主机把总线拉低，并保持至少 1 μs 后释放总线。如果此时控制器采样为低电平，那么读到的值便是 0；如果为高电平，则读到的值为 1。如图 6-7 所示为单总线读时隙时序图。

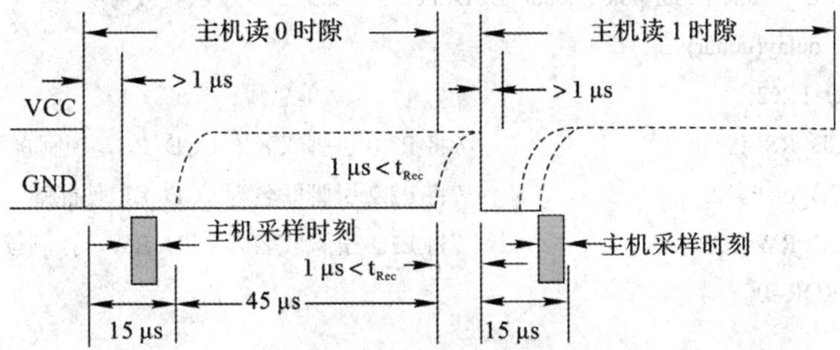

图 6-7　单总线读时隙时序图

注意图 6-7 中标注的 15 μs，其意思是控制器采样在 15 μs 内完成。15 μs 后将由上拉电阻将总线拉高并维持 45 μs。整个读周期为 15 + 45 = 60 μs。这个周期的时间也是要控制的。实现读时隙程序设计如下：

```
DQ=1;
i=2;
while(i>0) i--;   //6 μs，间隔至少 1 μs
DQ=0;
i=2;
while(i>0) i--;   //6 μs，间隔至少 1 μs
DQ=1;
i=2;
while(i>0) i--;   //6 μs，间隔至少 1 μs
```

```
x=DQ;
i=40;
while(i>0) i--;   //80 μs，读一位时间范围：60～90 μs
DQ=1；
```

启动温度转换和读取温度值并显示在 LCD 的完整程序设计如下：

```
#include <reg51.h>
#define uchar    unsigned char
#define uint unsigned int
uint DS18B20(void);                              //读 DS18B20 双字节函数声明
uchar DS18B20_init(void);                        //DS18B20 初始化
void Write(uchar );                              //写 DS18B20 一个字节函数声明
uchar Read(void);                                //读 DS18B20 一个字节函数声明
void start(void);                                //启动 DS18B20 函数声明
bit LCD_Busy();                                  //忙函数声明
void LCD_write_command(uchar );                  //写命令函数声明
void LCD_write_data(uchar ) ;                    //写数据函数声明
void LCD_init( ) ;                               //初始化函数声明
void LCD_1_line(uchar pos1, uchar*LCDline1);     //第一行显示函数声明
void LCD_2_line(uchar pos2, uchar*LCDline2);     //第二行显示函数声明
void     delay(uchar);
sbit DQ=P2^2;                                    //单总线
sbit LCD_RS=P3^0;                   //将 P3.0 引脚取名为 LCD_RS，控制寄存器选择
sbit LCD_E=P3^2;                    //将 P3.2 引脚取名为 LCD_E，使能端
sbit LCD_RW=P3^1;                   //将 P3.1 引脚取名为 LCD_RW，控制读写选择
bit ERROR=0;

/*************主程序***************/
void main(void)
{
      uchar LCDline1[]="TEMP:";              //定义第一行要显示的字符串
      uchar LCDline2[16]=" ";                //定义第二行要显示的字符串
      unsigned int temp12, temp;
      LCD_init();
      LCD_1_line(0x00, LCDline1);

      while(1)
      {
            temp=DS18B20();
```

```
    if(temp>0xF800)                              //高 5 位为 11111，温度为负
    {
        temp=~temp+1;                            //负数要有补码：取反加 1
        LCDline2[0]=' ';                         //负百位不显示

        LCDline2[1]='-';                         //显示温度的负
        temp12=(long int)temp*625/1000;          //十进制数温度，计小数点一位，放大 10 倍
        LCDline2[2]=(temp12%1000)/100+0x30;      //温度十位
        if (LCDline2[2]==0x30)
        {
            LCDline2[1]=' ';                     //首位为 0，不显示
            LCDline2[2]='-';                     //显示负
        }
    }
    else
    {
        LCDline2[0]=' ';
        temp12=(long int)temp*625/1000;          //十进制数温度，计小数点一位，放大 10 倍
         LCDline2[1]=(temp12%10000)/1000+0x30; //温度百位，并+0x30，形成 LCD 字符码
        if (LCDline2[1]==0x30)   LCDline2[1]=' ';   //首位为 0，不显示
        LCDline2[2]=(temp12%1000)/100+0x30;      //温度十位
        if (LCDline2[1]==' '&LCDline2[2]==0x30)   LCDline2[2]=' ';   //首位为 0，不显示
    }
    temp=(long int)temp*625/1000;                //十进制数温度，计小数点一位，放大 10 倍
    LCDline2[3]=(temp%100)/10+0x30;              //温度个位
    LCDline2[4]='\.';                            //温度小数点
    LCDline2[5]=(temp%10)/1+0x30;                //温度小数位
    LCDline2[6]=0xdf;                            //6 位显示温度符号℃的 o
    LCDline2[7]=0x43;                            //7 位显示温度符号℃的 C
    LCD_2_line(0x00, LCDline2);
    }

}

/*********DS18B20 初始化*************/
uchar DS18B20_init(void)
{
        uchar i, s=0;
```

```
        DQ=0;
        i=250;
        while(i>0) i--;                 //500 μs，范围：480～960 μs
        DQ=1;
        i=20;
        while(i>0) i--;                 //40 μs，范围:15～60 μs
        s=DQ;                           //应答脉冲为 0，初始化成功；为 1，损坏或不存在
        while(!DQ);                     //DQ 恢复 1
        return s;                       //函数值为 0 或 1
}

/*********温度传感器写一字节*************/
void Write(uchar date)
{
        uchar i, j;
        for(j=0; j<8; j++)              //写一字节：低位在前, 高位在后
        {
            DQ=1;
            i=2;
            while(i>0) i--;             //6 μs，间隔至少 1 μs
            DQ=0;
            i=2;
            while(i>0) i--;             //6 μs，间隔至少 1 μs
            DQ=date&0x01;               //先写最低位
            i=45;
            while(i>0) i--;             //90 μs, 写一位时间范围：60～120 μs
            date=date>>1;               //右移一位，再写，循环 8 次
        }
        DQ=1;
}

/*********温度传感器读出一字节数据*************/
uchar Read(void)
{
        uchar i, j, date=0;
        for(j=0; j<8; j++)              //读 8 位为一字节：低位在前，高位在后
        {
            DQ=1;
```

```
        i=2;
        while(i>0) i--;              //6 μs，间隔至少 1 μs
        date>>=1;                    //右移 1 位
        DQ=0;
        i=2;
        while(i>0) i--;              //6 μs，间隔至少 1 μs
        DQ=1;
        i=2;
        while(i>0) i--;              //6 μs，间隔至少 1 μs
        if(DQ==1)
        date=date|0x80;              //若 DQ=1，最高位置 1
        i=40;
        while(i>0) i--;              //80 μs，读一位时间范围：60～90 μs
    }
    DQ=1;
    return(date);                    //返回一字节数据
}

/*********启动 DS18B20 的一次温度转换*************/
void start(void)
{
    if(DS18B20_init()==1)
    {
      ERROR=1;                       //无法初始化，出错
    }
    else
    {
        Write(0xcc);                 //单个传感器，可以跳过 ROM，即跳过多传感器识别
        Write(0x44);                 //启动温度转换
        while(!DQ);                  //DQ 由 0 转为 1，则温度转换结束
    }
}

/*********温度传感器读温度双字节*************/
uint DS18B20(void)
{
    unsigned int Temp=0;
    start();
```

```
        if(DS18B20_init()==1)
        {
          ERROR=1;
        }
        else
        {
            Write(0xcc);                    //跳过 ROM，即跳过多传感器识别
            Write(0xbe);                    //读取 DS18B20 寄存器指令
            Temp=Read();                    //读取温度值低位字节
            Temp=(Read()<<8)|Temp;          //读取温度值高位字节，并合成 16 位字节
        }
        return(Temp);                       //返回温度值
    }

    /*********     LCD 显示程序     *************/
    /*************忙检测函数**************/
    bit LCD_Busy()
    {
        bit LCD_Busy;
        LCD_RS=0;
        LCD_RW=1;
        LCD_E=1;
        delay(1);
        LCD_Busy=(bit)(P0&0x80);            //取 LCD 数据首位，即忙信号位
        LCD_E=0;
        return LCD_Busy;
    }

    /*************写命令函数**************/
    void LCD_write_command(uchar cmd)
    {
        while(LCD_Busy());                  //等待显示器忙检测完毕
        delay(1);
        LCD_RS=0;
        LCD_RW=0;
        P0=cmd;
        delay(1);
        LCD_E=1;
```

```
        delay(1);
        LCD_E=0;
}

/**************写数据函数**************/
void LCD_write_data(uchar dat)
{
        while(LCD_Busy());
        delay(1);
        LCD_RS=1;
        LCD_RW=0;
        P0=dat;
        delay(1);
        LCD_E=1;
        delay(1);
        LCD_E=0;
}

/**************初始化函数**************/
void LCD_init( )
{
        LCD_write_command(0x38);            // 16×2 显示，5×7 点阵，8 位数据接口
        delay(1);
        LCD_write_command(0x01);            //清屏
        delay(1);
        LCD_write_command(0x06);            //光标右移，字符不移
        delay(1);
        LCD_write_command(0x0C);            //显示开，无光标，光标不闪烁
        delay(1);
}

/**************显示第一行字符**************/
void LCD_1_line(uchar pos1, uchar*LCDline1)
{
        uchar   i=0;
        LCD_write_command(0x80+pos1);       //在第一行 pos1 位显示
        while(LCDline1[i]!='\0')            //显示首行字符串
        {
```

```
            LCD_write_data(LCDline1[i]);
            i++;
            delay(1);
        }
}

/**************显示第二行字符**************/
void LCD_2_line(uchar pos2, uchar*LCDline2)
{
        uchar i=0;
        LCD_write_command(0x80+0x40+pos2);      //在第二行 pos2 位显示
        while(LCDline2[i]!='\0')                 //显示第二行字符串
        {
            LCD_write_data(LCDline2[i]);
            i++;
            delay(1);
        }
}

/****************延时函数 t(ms)*************/
void   delay(uchar t )
{
        uchar j, k;
        for(j=0; j<t; j++)
        {
          for(k=0; k<255; k++)
          {
          }
        }
}
```

6.1.3　仿真调试

单总线 DS18B20 测温项目仿真运行图如图 6-8 所示。

DS18B20 内部 RAM 的第 1、2 字节用于存放温度值低 8 位和高 8 位，初始数据为 50 和 05，组成 16 位数据为 0x0550，用二进制表示为 0000 0101 0101 0000。其前 5 位为温度值的正负符号，最后 4 位为温度值的小数部分值，中间 8 位为温度值的整数值用二进制表示为 01010101，用十进制数表示为 85。所以该项目初始会闪显 85℃，然后再显示测量的温度值。

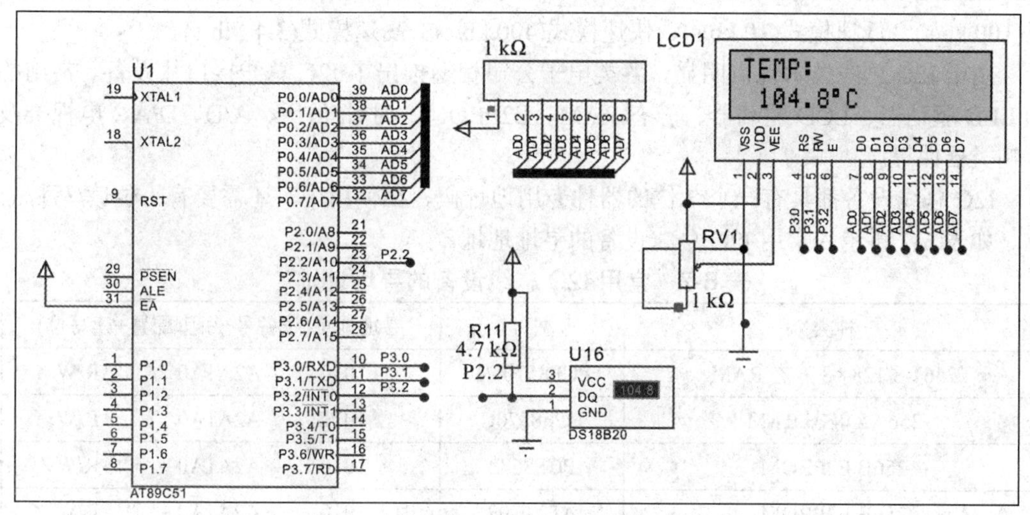

图 6-8　单总线 DS18B20 测温项目仿真运行图

6.2　I2C 总线 AT24C02 EEPROM 项目设计

I2C 是一种两线接口。它是由 Philips 公司发明的两线式串行总线，用于连接单片机及其外围设备。

I2C 的应用连接如图 6-9 所示。

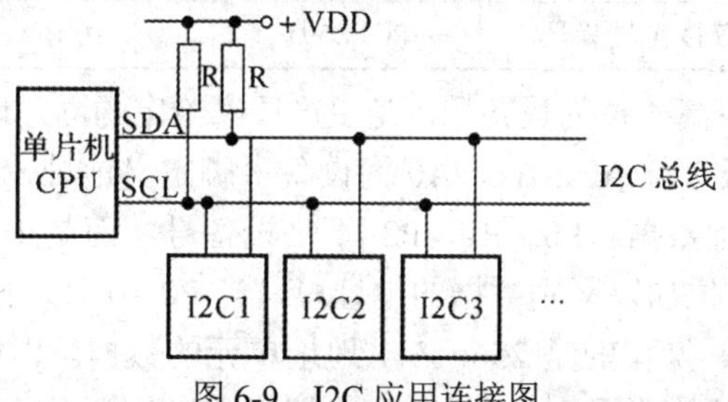

图 6-9　I2C 应用连接图

设备挂载在 I2C 总线上，有主设备和从设备之分。主设备必须是带有 CPU 的逻辑模块，是一种能产生时钟信号、启动通信、发送 I2C 命令和终止通信的设备，它可以有多个从设备，如图 6-9 中的 I2C1、I2C2、I2C3 等。从设备的数量受地址空间和总线的最大电容(400 pF)的限制。采用 I2C 总线后 CPU 只要使用两个引脚就可和多个设备进行通信。

I2C 使用两条双向的线，一条 Serial Data Line(SDA)叫数据线，另一条 Serial Clock Line(SCL)叫时钟线。因为有时钟同步，所以是个同步总线。又因为只有一根数据线，要么主发从收，要么主收从发，所以也是一个半双工总线。

由于 SDA、SCL 端口为漏极开路结构，因此它们必须接有上拉电阻 R，阻值的大小常为 1.8 kΩ，4.7 kΩ 和 10 kΩ，1.8 kΩ 时性能最好。当 I2C 总线空闲时，两根线均为高电平。I2C 总线允许相当大范围的工作电压，典型的电压基准为+3.3 V 或+5 V。

I2C 总线是同步通信的一种特殊形式，具有接口线少，控制方式简单，器件封装形式小，通信速率较高等优点。常见的 I2C 总线以传输速率的不同可分为不同的模式：标准模式(100 kb/s)、低速模式(10 kb/s)、快速模式(400 kb/s)、高速模式(3.4 Mb/s)。

由于I2C总线技术优点明显，各类电子公司相继推出了I2C总线接口从设备。常用的如LED驱动器、LCD驱动器、静态RAM、E2PROM、时钟/日历、A/D、D/A、电视类及音响类器件等。

I2C总线设备都具有一个7位的器件专用地址码，在使用中，还需要有1位读/写标志位。如表6-7所示为常用I2C总线设备的寻址地址。

表6-7　常用I2C总线设备的寻址地址

种类	型号	寻址地址(设备号+引脚配置+读写位)		
256×8/128×8 静态 RAM	PCF8570/71	1010	A2A1A0	R/W
256×8 静态 RAM	PCF8570C	1011	A2A1A0	R/W
256B E2PROM	PCF8582	1010	A2A1A0	R/W
256B E2PROM	AT24C02	1010	A2A1A0	R/W
512B E2PROM	AT24C04	1010	A2A1P0	R/W
1024B E2PROM	AT24C08	1010	A2P1P0	R/W
2048B E2PROM	AT24C16	1010	P2P1P0	R/W
日历时钟	PCF8591	1010	0 0 A0	R/W
8 位 I/O 端口	PCF8574	0100	A2A1A0	R/W
4 位 LED 驱动控制器	SAA1064	0111	0 A1A0	R/W
4 通道 8 位 A/D、1 路 D/A 转换器	PCF8591	1001	A2A1A0	R/W

寻址地址编码中，高4位为设备号，是生产厂家给定的固定地址编码，例如1010就是AT24C**的设备号。低3位A2、A1、A0为设备引脚定义地址，是设备在电路中接电源或地的不同而形成的地址数据。P0、P1、P2不是设备号，而是用来表明设备内部的数据空间段。例如可以用P0位加以区别数据的地址段，当P0=0时，操作的是0～255地址单元的数据；当P0=1时，操作的是256～511地址单元的数据。R/W为数据传输方向，规定总线上主设备对从设备的数据传输方向，1为接收，0为发送。

主设备通过地址码来建立多机通信的机制，因此I2C总线省去了外围器件的片选线。

每个通信周期都由一个起始信号开始通信，由一个停止信号结束通信，中间部分是传递的数据。

从设备地址由高7位的实际从设备地址位和低1位的读/写标志位组成。每个通信周期，主设备会先发8位的从设备地址，主设备以广播的形式发送从设备地址，I2C总线上的所有从设备收到地址后，判断从设备地址是否匹配，不匹配的从设备继续等待，匹配的设备发出一个应答信号。其发送数据的基本过程如下：

(1) 主设备发送出起始信号。

(2) 主设备接着发送出一个字节的从设备地址信息，其中最低位为读/写控制码，1为读，0为写，高七位为从设备地址。

(3) 从设备发送出应答信号。

(4) 主设备开始发送信号，每发完一个字节后，从设备发出应答信号给主设备。

(5) 主设备发出停止信号。

1. 起始(START)信号和停止信号(STOP)

起始信号和停止信号都由主设备发出。每一个 I2C 总线命令的发送总是开始于起始信号，并结束于停止信号。这里所谓的起始信号的和停止信号的起始是由 SCL 和 SDA 组合决定的。如图 6-10 所示为 I2C 总线起始信号和停止信号时序图。

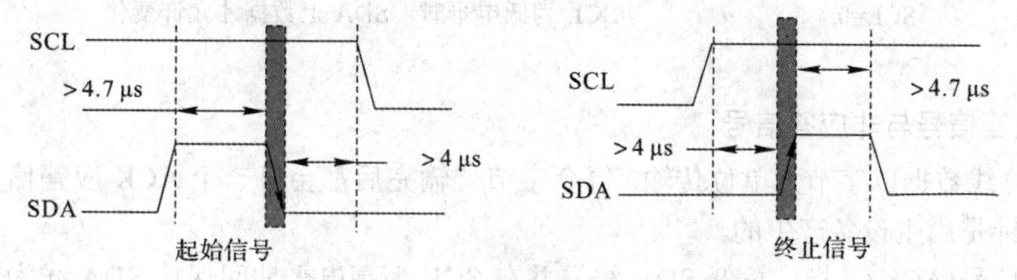

图 6-10　I2C 起始信号和停止信号时序图

起始信号为：当 SCL 为高电平期间，SDA 由高到低的跳变。该信号是一种电平跳变时序信号。

起始信号程序设计如下：

```
void delay_6us(void)          //6 μs 延时
{
      _nop_();
      _nop_();
      _nop_();
      _nop_();
      _nop_();
      _nop_();
}

void start()                  //开始数据传送，开始位
{
        SDA=1;                //SDA 初始化为高电平“1”
        SCL=1;                //开始数据传送时，SCL 为高电平“1”
        delay_6us();
        SDA=0;                //SDA 的下降沿：开始信号
        delay_6us();
        SCL=0;                //SCL 为低电平时，SDA 上数据才允许变化
}
```

停止信号为：当 SCL 为高电平期间，SDA 由低到高的跳变。停止信号也是一种电平跳变时序信号(边沿)，而不是一个电平信号。

停止信号程序设计如下：

```
void stop()                          //结束数据传递
{
```

```
        SDA=0;                //SDA 初始化为低电平“0”
        SCL=1;                //结束数据传送时，SCL 为高电平“1”
        delay_6us();
        SDA=1;                //SDA 的上升沿：结束信号
        delay_6us();
        SCL=0;                //SCL 为低电平时，SDA 上数据才允许变化
    }
```

2. 应答信号与非应答信号

I2C 总线数据以字节为单位传输，每个字节传输完后都会有一个 ACK 应答信号。应答信号的时钟是由主设备产生的。

应答信号(ACK)是指：拉低 SDA 线，并在 SCL 为高电平期间保持 SDA 线为低电平。

非应答信号(NOACK)是指：SDA 线为高电平期间，且 SCL 也为高电平期间保持 SDA 线为高电平。

如图 6-11 所示为应答信号和非应答信号时序图。

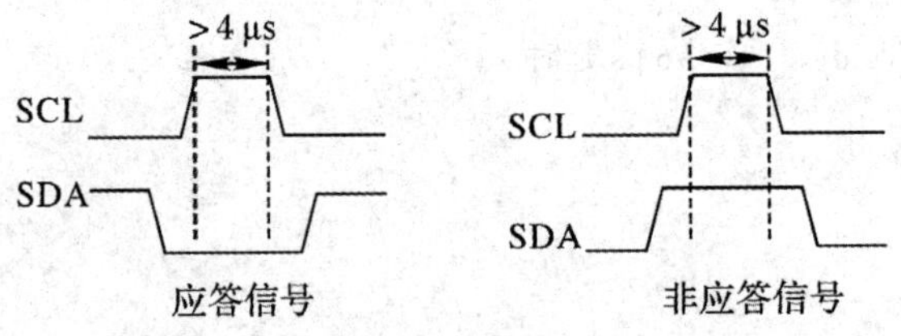

图 6-11　应答信号和非应答信号时序图

应答信号程序设计如下：

```
    void ack()                //应答
    {
        SDA=0;
        SCL=1;
        delay_6us();
        SCL=0;
        SDA=1;
    }
```

非应答信号程序设计如下：

```
    void noack()              //非应答
    {
        SDA=1;
        SCL=1;
        delay_6us();
        SCL=0;
        SDA=0;
    }
```

检测 I2C 总线上设备应答信号程序设计如下：

```
bit detect_ack()                    //检测应答
{
        bit detect_ack;
        SDA=1;
        SCL=1;
        delay_6us();
        detect_ack=SDA;
        SCL=0;
        return detect_ack;
}
```

I2C 总线在传输数据期间，如果从设备没有应答将意味着没有更多的数据要传送或者设备没有准备好，这时，主设备要么产生停止信号，要么重新发送起始信号。

3. 数据传输

I2C 总线使用 SDA 信号线来传输数据，使用 SCL 信号线进行数据同步。如图 6-12 所示为 I2C 总线数据传输时序图。

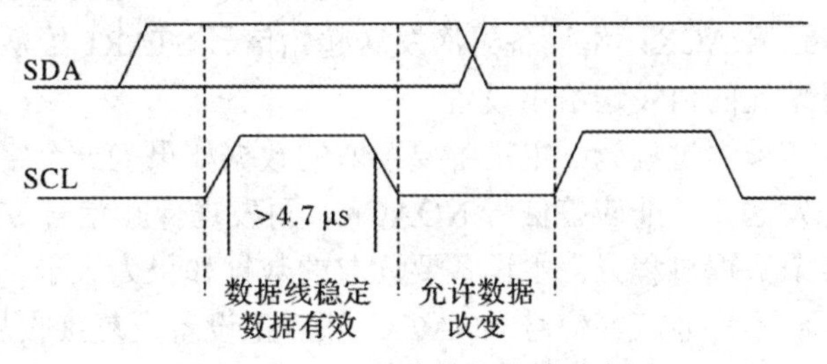

图 6-12　I2C 总线数据传输时序图

SDA 数据线在 SCL 的每个时钟周期内传输一位数据。传输时，SCL 为高电平时 SDA 的数据有效，即此时 SDA 为高电平时表示数据“1”，为低电平时表示数据“0”。当 SCL 为低电平时，SDA 的数据无效，一般在这时 SDA 进行电平切换，为下一次表示数据作准备。

SDA 线的电平变化必须在 SCL 为低电平时进行，且 SDA 线的电平在 SCL 线为高电平时要保持稳定不变。

I2C 总线数据传输每次都以字节为单位，每次传输的字节数不受限制。I2C 总线传输数据分为以下两个过程。

1) 主设备发送(写)数据

I2C 总线开始数据传输后，主设备先发送一个起始信号，然后再发送一个地址数据。这个地址数据由 7 位的从设备地址和最低位的读/写标志位组成，该读/写标志位决定数据的传输方向。然后，主设备等待从设备的应答信号 ACK。每一个字节数据的传输都需要一个应答信号。数据传输以停止信号结束。

主设备写数据的标准流程如下：

(1) 主设备发送起始信号 START。

(2) 主设备发送 7 位 I2C 从设备地址和写操作标志 0，等待应答信号 ACK。

(3) 从设备发送应答信号 ACK。

(4) 主设备发送 8 位字节的存储单元首地址，等待应答信号 ACK。

(5) 从设备发送应答信号 ACK。

(6) 主设备发送 8 位数据，即要写入存储单元中的数据，等待应答信号 ACK。

(7) 从设备发送应答信号 ACK。

(8) 重复步骤(6)、(7)多次，即顺序写多个存储单元。

(9) 主设备发送停止信号 STOP。

主设备写数据时序图如图 6-13 所示。

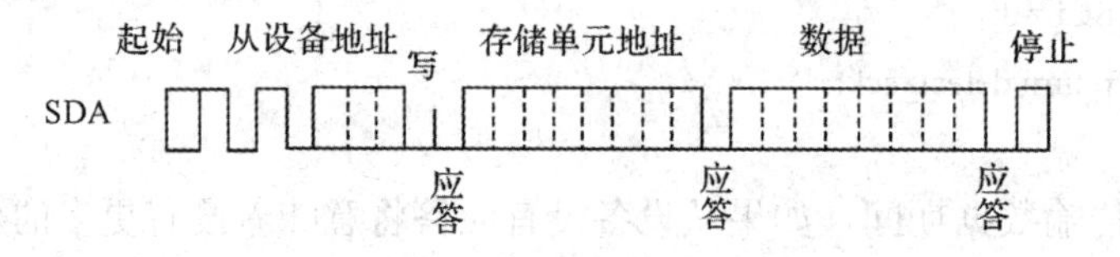

图 6-13　主设备写数据时序图

2) 主设备接收(读)数据

I2C 开始通信时，主设备先发送一个起始信号，然后再发送一个从设备地址数据，等待从设备的应答信号 ACK；从设备应答主设备后，主设备再发送要读取的寄存器地址，从设备发送应答主设备信号 ACK；主设备再次发送起始信号 START 给从设备，从设备应答主设备，并将该存储单元的值发送给主设备。

主设备读取单字节数据过程为：主设备要读取的数据如果为一个字节的数据，就要结束应答，主设备要先发送一个非应答信号 NOACK，再发送停止信号 STOP。

主设备读取多字节数据过程为：主设备要读取的数据如果为大于一个字节的数据，就发送应答信号 ACK，而不是非应答信号 NOACK，然后主设备反复接收从设备发送的数据，直到主设备读取的数据是最后一个字节数据，于是主设备给从设备发送非应答信号 NOACK，然后发送停止信号 STOP，结束 I2C 总线通信。

读数据的标准流程如下：

(1) 主设备发送起始信号 START。

(2) 主设备发送 7 位 I2C 从设备地址和读操作标志 1，等待应答信号 ACK。

(3) 从设备发送应答信号 ACK。

(4) 从设备发送 8 位存储单元首地址，等待应答信号 ACK。

(5) 从设备发送应答信号 ACK。

(6) 主设备重新发起起始信号 START。

(7) 主设备发送 7 位 I2C 从设备地址和读操作标志 1，等待应答信号 ACK。

(8) 从设备发送应答信号 ACK。

(9) 从设备发送 8 位存储单元地址数据，等待应答信号 ACK。

(10) 主设备发送应答信号 ACK。

(11) 重复步骤(9)、(10)多次，即顺序读多个存储单元。

(12) 主设备给从设备发送停止信号 STOP。

主设备读流程数据时序图如图 6-14 所示。

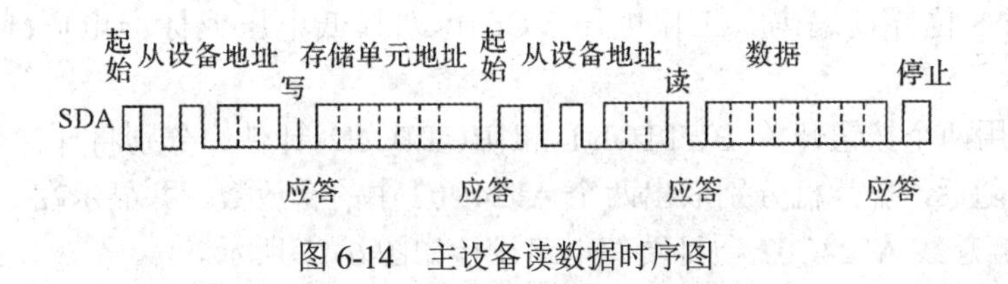

图 6-14　主设备读数据时序图

6.2.1　硬件电路设计

EEPROM(Electrically Erasable Programmable Read Only Memory)是指电可擦可编程只读存储器。EEPROM 的擦除不需要借助于其他设备，它是以电子信号来修改其内容的，而且是以字节为最小修改单位，不必将数据全部清掉才能写入。EEPROM 在写入数据时，仍要利用一定的编程电压，此时，只需用厂商提供的专用刷新程序就可以轻而易举地形成该编程电压，从而改写内容。

EEPROM 是一种掉电后数据不丢失的存储芯片。

在单片机系统中使用较多的 EEPROM 存储器是 Atmel 公司的 24 系列串行 EEPROM。它具有型号多，容量大，支持 I2C 总线协议，占用单片机的 I/O 端口少，芯片扩展方便和读写简单等优点，并工作于从设备模式。内部数据可重复擦写 100 万次以上，内容数据掉电情况下可保存 100 年。

EEPROM 常用的产品型号有 AT24C02、AT24C04、AT24C08、AT24C16 等，容量分别为 256 B、512 B、1024 B、2048 B，设备号都为 1010，寻址地址如表 6-7 所示。

AT24C02 的容量为 256 B，实物图如图 6-15 所示，引脚图如图 6-16 所示。

图 6-15　AT24C02 实物图

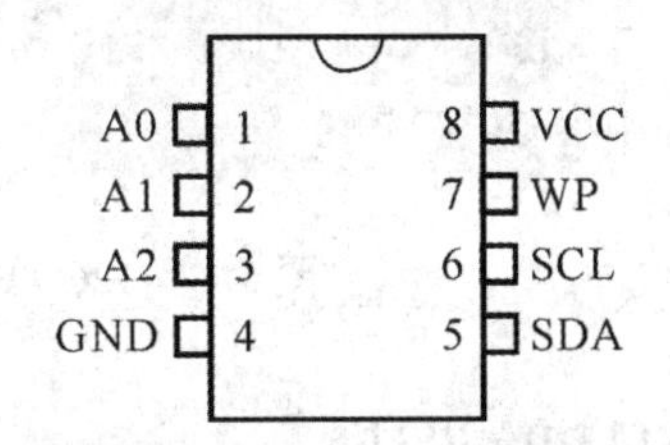

图 6-16　AT24C02 引脚图

AT24C02 引脚说明如表 6-8 所示。

表 6-8　AT24C02 引脚说明表

管脚名称	功　能
A2、A1、A0	设备地址选择
SDA	I2C 数据线
SCL	I2C 时钟线
WP	写保护
VCC	1.8～5.5 V 工作电压
VSS	地

其中 A2、A1、A0 引脚接高、低电平后可得到设备的三位寻址码，与 1010、读/

写标志位形成 8 位寻址编码。工作电压 VCC 可选择低电压或标准电压(1.8 V、2.7 V、5 V)。

该项目使用两个按钮开关 BUTTON1 和 BUTTON2 计件，分别将计件数存放到两个 AT24C02 中，随后，单片机分别取出两个 AT24C02 中的存放数，并显示在 LCD 的第一行和第一行。I2C 总线 AT24C02 项目硬件电路设计如图 6-17 所示。

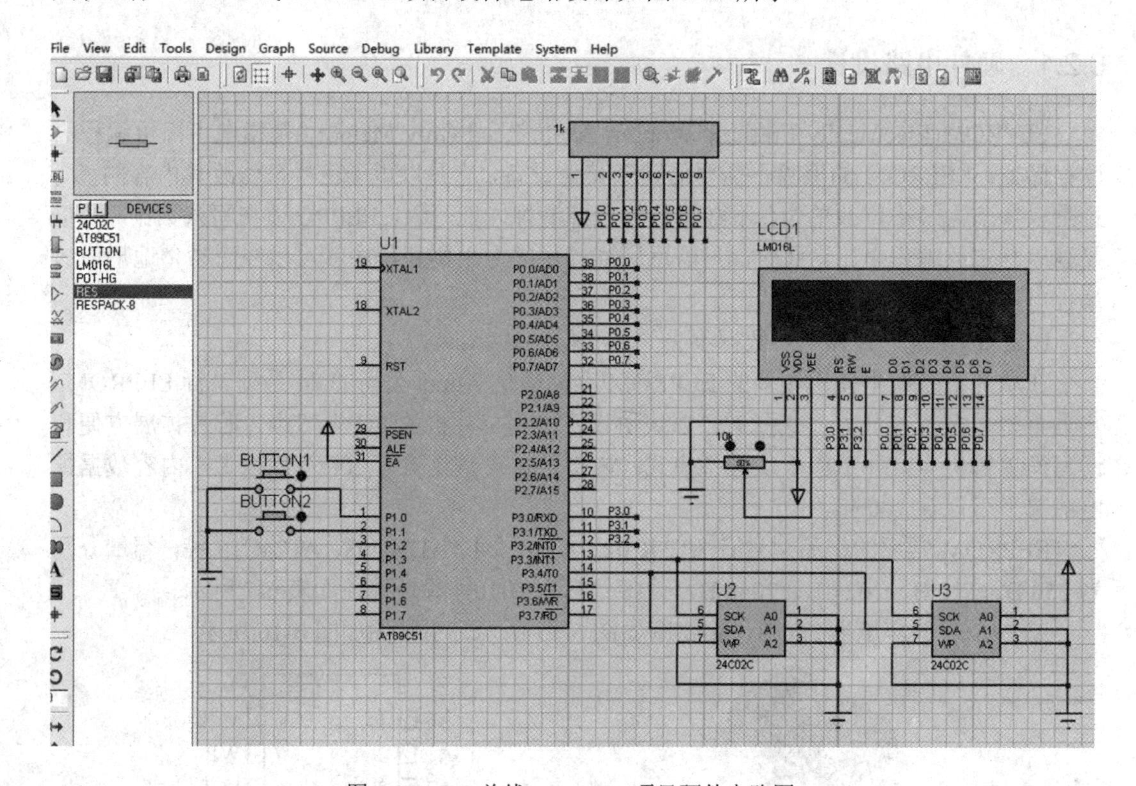

图 6-17　I2C 总线 AT24C02 项目硬件电路图

6.2.2　项目程序设计

I2C 总线 AT24C02 项目使用了两个 AT24C02，分别为 U2 和 U3。U2 器件的地址为 0xa0，即 10100000，其中 1010 为 AT24C02，000 为 U2 选择器件，0 为写。U3 器件的地址为 0xa2，即 10100010，其中 1010 为 AT24C02，001 为 U3 选择器件，0 为写。程序设计如下：

```
#include<reg51.h>
#include<intrins.h>                //包含_nop_()函数定义的头文件
#define uchar unsigned char
sbit LCD_RS=P3^0;                  //将 P3.0 引脚取名为 LCD_RS，控制寄存器选择
sbit LCD_E=P3^2;                   //将 P3.2 引脚取名为 LCD_E，使能端
sbit LCD_RW=P3^1;                  //将 P3.1 引脚取名为 LCD_RW，控制读写选择
sbit button1=P1^0;                 //将第一按钮开关位定义为 P1.0 引脚
sbit button2=P1^1;                      //将第二按钮开关位定义为 P1.1 引脚
```

```
sbit SDA=P3^4;                          //将串行数据总线 SDA 位定义为 P3.4 引脚
sbit SCL=P3^3;                          //将串行时钟总线 SCL 位定义为 P3.3 引脚
uchar num[]="";
bit LCD_Busy();                         //忙函数声明
void LCD_write_command(uchar );         //写命令函数声明
void LCD_write_data(uchar ) ;           //写数据函数声明
void LCD_init( ) ;                      //初始化函数声明
void delay(uchar);                      //延时函数声明
void delay_6us();                       //延时 6 μs 函数声明
void LCD(uchar, uchar);                 //LCD 显示函数声明
void start() ;                          //开始函数声明
void stop();                            //停止函数声明
void ack();                             //应答函数声明
void no_ack();                          //非应答函数声明
bit detect_ack();                       //检测应答函数声明
uchar Read24c02_byte();                 //读 24C02 函数声明
void Write24c02_byte(uchar);            //写数据函数声明
void Write24c02_addr_byte(uchar , uchar, uchar);        //写地址函数声明
uchar Read24c02_addr_byte(uchar, uchar);          //读地址函数声明

/*************主程序***************/
void main(void)
{
    uchar num1, num2;
    uchar DATA_24C02;                   //存储从 AT24C02 读出的值
    LCD_init();                         //调用 LCD 初始化函数
    while(1)                            //无限循环
    {
        if(button1==0)                  //如果该键被按下
        {
            delay(10);                  //软件消抖，延时 10 ms
            if(button1==0)              //确定该键被按下
            {
              num1++;                   //计数值加 1
            }
            if(num1==100)               //如果计满 99
            {
              num1=0;                   //清 0，重新开始计数
            }
```

```
            while(button1==0);          //等待按键松开
        }
        Write24c02_addr_byte(0xa0, 0x01, num1);
//0xa0 即为 1010 0000，其中 1010 为 AT24C02，000 为选择器件，0 为写。将计件值写入第一片
    //AT24C02 中的指定地址“0x01”
DATA_24C02=Read24c02_addr_byte(0xa0, 0x01); //从 AT24C02 中 0x01 地址读出计件值
        LCD(0x5, DATA_24C02);   //将计件值用 1602LCD 显示在第一行第五位
        if(button2==0)                //如果该键被按下
        {
            delay(10);             //软件消抖，延时 10 ms
            if(button2==0)         //确定该键被按下
            {
              num2++;              //计数值加 1
            }
            if(num2==100)          //如果计满 99
            {
              num2=0;              //清 0，重新开始计数
            }
            while(button2==0);     //等待按键松开
        }
        Write24c02_addr_byte(0xa2, 0x01, num2);
//0xa2 即为 1010 0010，其中 1010 为 AT24C02，001 为选择器件，0 为写。将计件值写入第二片
//AT24C02 中的指定地址“0x01”
        DATA_24C02=Read24c02_addr_byte(0xa2, 0x01); //从 AT24C02 中 0x01 地址读出计件值
        LCD(0x5+0x40, DATA_24C02);  //将计件值用 1602LCD 显示在第一行第五位
    }
}

/*************开始数据传送，开始位***************/
void start()
{
    SDA=1;                        //SDA 初始化为高电平“1”
    SCL=1;                        //开始数据传送时，SCL 为高电平“1”
    delay_6us();
    SDA=0;                        //SDA 的下降沿:开始信号
    delay_6us();
    SCL=0;                        //SCL 为低电平时，SDA 上数据才允许变化
}
```

```
/*************结束数据传递***************/
void stop()
{
	SDA=0;                    //SDA 初始化为低电平“0”
	SCL=1;                    //结束数据传送时，SCL 为高电平“1”
	delay_6us();
	SDA=1;                    //SDA 的上升沿:结束信号
	delay_6us();
	SCL=0;                    //SCL 为低电平时，SDA 上数据才允许变化
}

/*************应答***************/
void ack()
{
	SDA=0;
	SCL=1;
	delay_6us();
	SCL=0;
	SDA=1;
}

/*************非应答***************/
void no_ack()
{
	SDA=1;
	SCL=1;
	delay_6us();
	SCL=0;
	SDA=0;
}

/*************检测应答***************/
bit detect_ack()
{
	bit detect_ack;
	SDA=1;
	SCL=1;
	delay_6us();
	detect_ack=SDA;
```

```
        SCL=0;
        return detect_ack;
}

/************从 AT24C02 读取数据字节到单片机************/
uchar Read24c02_byte()
{
        uchar i;
        uchar read_byte;
        SDA=1;                          //读方式：数据线为输入方式
        for(i=0; i<8; i++)
        {
              read_byte<<=1;            //左移一位，补 0
              read_byte|=(uchar)SDA;    //将 SDA 上的数据通过按位“或”运算存入字节
              SCL=1;
              delay_6us();
              SCL=0;
        }
        return(read_byte);              //返还读取的 AT24C02 字节数据
}

/************向 AT24C02 的当前地址写入数据************/
void Write24c02_byte(uchar write_byte)
{
        uchar i;
        for(i=0; i<8; i++)                      //循环移入 8 位
        {
              SDA=(bit)(write_byte&0x80);       //传送时高位在前，低位在后
              SCL=1;
              delay_6us();
              SCL=0;
              delay_6us();
              write_byte<<=1;                   //左移一位，传送下一位
        }
}

/*********向 AT24C02 中的指定单个地址 add 写入数据 dat*********/
void Write24c02_addr_byte(uchar I2C, uchar addr, uchar byte)
{
```

```
    start();                                //开始送数据
    Write24c02_byte(I2C);
    while(detect_ack());                    //等待应答
    Write24c02_byte(addr);                  //写入指定地址
    while(detect_ack());                    //等待应答
    Write24c02_byte(byte);                  //向这个地址写入数据
    while(detect_ack());                    //等待应答
    stop();                                 //停止数据传递
    delay(4);  //一字节的写入周期为 1 ms，延时 1 ms 以上
}

/***********从指定 AT24C02 中的指定地址读取数据*************/
uchar Read24c02_addr_byte(uchar I2C, uchar addr)
{
    uchar read_addr_byte;
    start();                                //开始数据传递
    Write24c02_byte(I2C);
    while(detect_ack());                    //等待应答
    Write24c02_byte(addr);                  //写入指定地址
    while(detect_ack());                    //等待应答
    start();                                //开始数据传递
    Write24c02_byte(I2C+0x01);              //+0x01 为读
    while(detect_ack());                    //等待应答
    read_addr_byte=Read24c02_byte();
    no_ack();
    stop();                                 //停止数据传递
    return read_addr_byte;                  //返回读取的数据
}
/*********      LCD 显示程序      *************/
/*************忙检测函数**************/
bit LCD_Busy()
{
    bit LCD_Busy;
    LCD_RS=0;
    LCD_RW=1;
    LCD_E=1;
    delay(1);
    LCD_Busy=(bit)(P0&0x80);                //取 LCD 数据首位，即忙信号位
    LCD_E=0;
    return LCD_Busy;
```

```
}

/************写命令函数**************/
void LCD_write_command(uchar cmd)
{
        while(LCD_Busy());
        delay(1);
        LCD_RS=0;
        LCD_RW=0;
        P0=cmd;
        delay(1);
        LCD_E=1;
        delay(1);
        LCD_E=0;
}

/*************写数据函数**************/
void LCD_write_data(uchar dat)
{
        while(LCD_Busy());
        delay(1);
        LCD_RS=1;
        LCD_RW=0;
        P0=dat;
        delay(1);
        LCD_E=1;
        delay(1);
        LCD_E=0;
}

/*************初始化函数**************/
void LCD_init( )
{
        LCD_write_command(0x38);            //16×2 显示，5×7 点阵，8 位数据接口
        delay(1);
        LCD_write_command(0x01);            //清屏
        delay(1);
        LCD_write_command(0x06);            //光标右移，字符不移
        delay(1);
```

```
        LCD_write_command(0x0C);            //显示开，无光标，光标不闪烁
        delay(1);
}

/*************计件数 x 显示在第一行 pos 位数**************/
void LCD(uchar pos, uchar    x )
{
        num[1]=x/10+'0';                    //取整运算，求得十位数字 ASCII 码
        num[2]=x%10+'0';                    //取余运算，求得个位数字 ASCII 码
        LCD_write_command(0x80+pos);        //在第一行 pos1 位显示
        LCD_write_data(num[1]);             //将十位数字的字符常量写入 LCD
        LCD_write_data(num[2]);             //将个位数字的字符常量写入 LCD
}

/****************延时函数 t(ms)*************/
void    delay(uchar t )
{
        uchar j, k;
        for(j=0; j<t; j++)
        {
          for(k=0; k<255; k++){}
        }
}

/****************延时函数 6 μs *************/
void delay_6us(void)
{
        _nop_();
        _nop_();
        _nop_();
        _nop_();
        _nop_();
        _nop_();
}
```

6.2.3 仿真调试

I2C 总线 AT24C02 项目仿真运行图如图 6-18 所示。

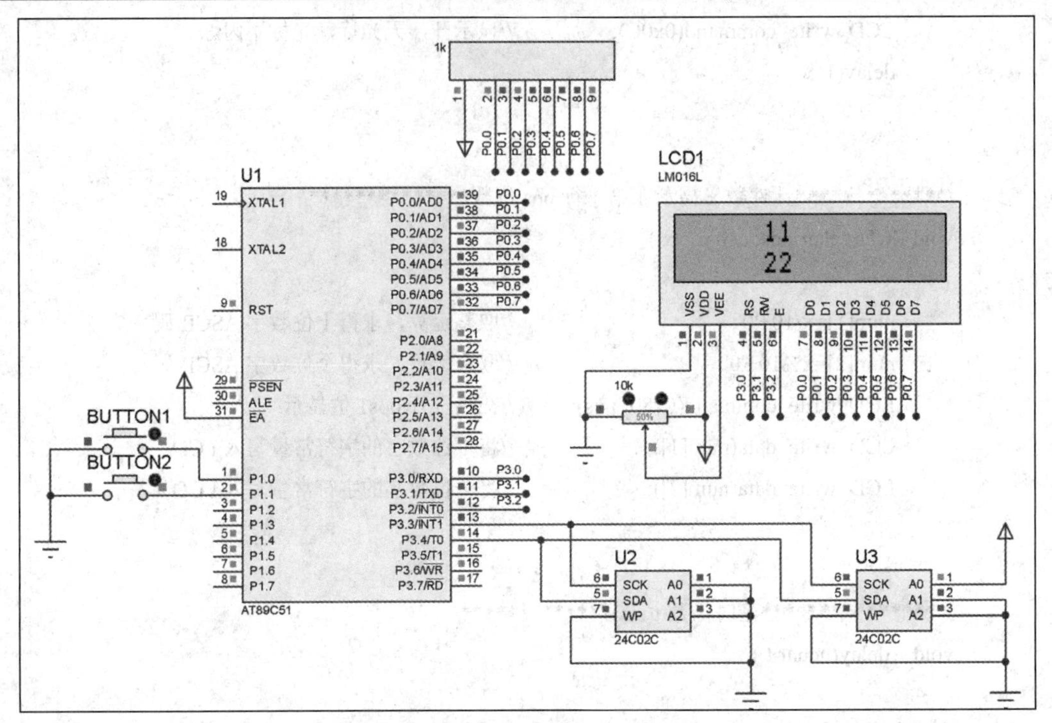

图 6-18　AT24C02 项目仿真运行图

6.3　SPI 总线 25AA040 项目设计

SPI 是 Serial Peripheral Interface 的缩写，就是串行外围设备接口。它是 Motorola 公司推出的一种同步串行接口技术。SPI 主要用于 EEPROM、Flash、实时时钟 RTC、数/模转换器(ADC)、数字信号处理器(DSP)以及数字信号解码器的数据通信。它在芯片中只占用 4 个管脚来控制和传输数据，节约了芯片的引脚数目，同时为 PCB 在布局上节省了空间。正是因为具有这种简单易用的特性，SPI 现在被越来越多地集成在芯片上。

SPI 采用主从模式(Master-Slave)架构，如图 6-19 所示。时钟由 SPI 主设备控制，在时钟移位脉冲下，数据按位传输，高位在前，低位在后。SPI 为全双工通信，目前应用中的数据传输率可达兆比特每秒级的水平。

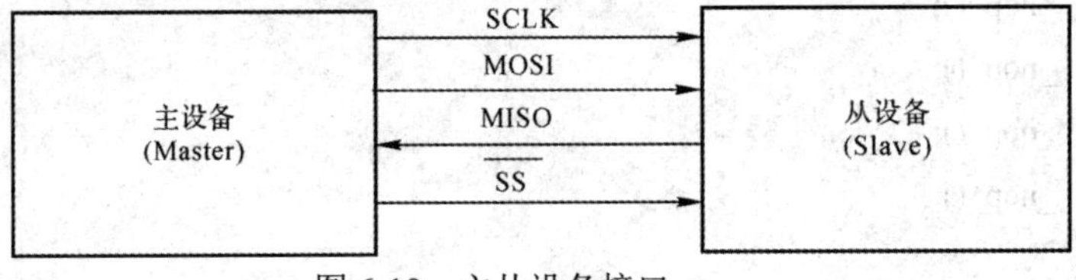

图 6-19　主从设备接口

SPI 共有 4 根信号线，分别是设备选择线、时钟线、串行输出数据线、串行输入数据线，分别表示为$\overline{SS}$（$\overline{CS}$）、SCLK、MOSI、MISO。

(1) MOSI：主设备数据输出，从设备数据输入。

(2) MISO：主设备数据输入，从设备数据输出。

(3) SCLK：时钟信号，由主设备产生。

(4) $\overline{SS}$（$\overline{CS}$）：从设备使能信号，由主设备控制。

主设备通过发送片选信号$\overline{SS}$($\overline{CS}$)是否有效来选择某个从设备进行通信，而未被选中的从设备不进行通信，如图 6-20 所示。

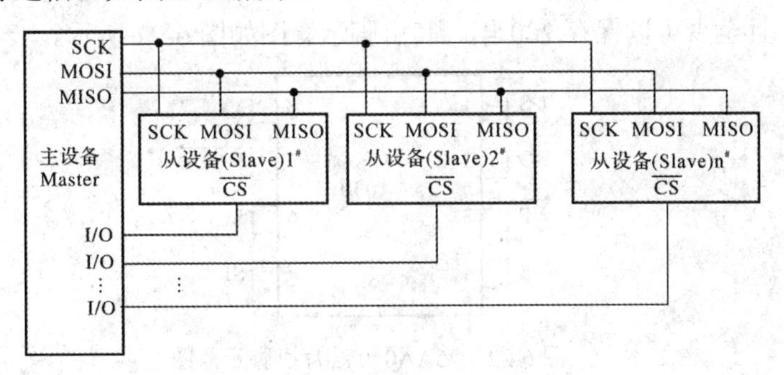

图 6-20　SPI 一主多从的通信结构图

SPI 为了和外设进行数据交换，根据外设工作要求，对其输出串行同步时钟极性 CPOL 和时钟相位 CPHA 可以进行配置。

如果 CPOL = 0，串行同步时钟的空闲状态为低电平；如果 CPOL = 1，串行同步时钟的空闲状态为高电平。

如果 CPHA = 0，在串行同步时钟的第一个跳变沿数据被采样；如果 CPHA = 1，在串行同步时钟的第二个跳变沿数据被采样。SPI 主设备和与之通信的外设的时钟相位和极性应该一致。不同时钟相位下 SPI 的总线数据传输时序如图 6-21 所示。

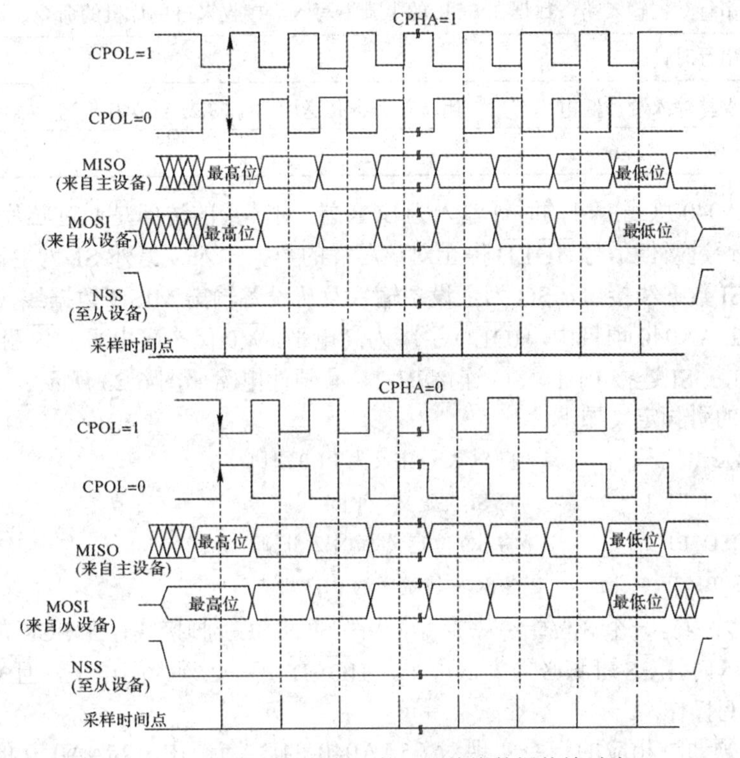

图 6-21　不同时钟相位下的 SPI 总线数据传输时序

6.3.1　项目硬件设计

Microchip 公司的 25AA040 为 4 KB 串行电可擦除可编程只读存储器(EEPROM)，采用先进的 CMOS 技术，是理想的低功耗非易失性存储器器件，至少可以擦写 1000 万次，数据可掉电保存，且至少可以保存 200 年。其引脚示意图如图 6-22 所示。

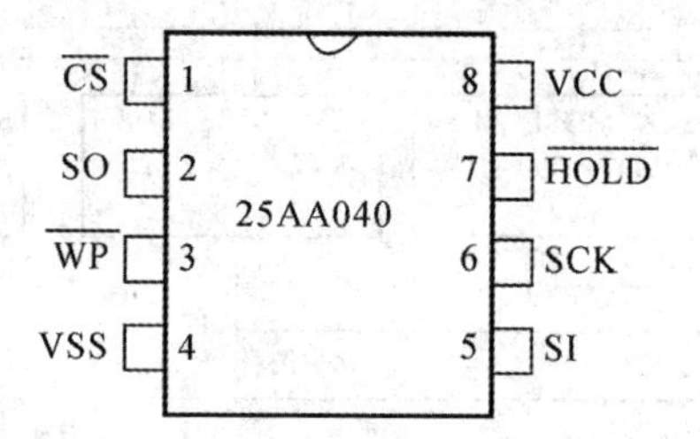

图 6-22　25AA040 芯片引脚示意图

25AA040 采用简单的 SPI，引脚功能说明如表 6-9 所示。

表 6-9　25AA040 引脚功能表

引脚	功 能 说 明
CS	片选输入端，低电平时选中该芯片
SO	串行数据输出端，在读周期，数据在 SCK 的下降沿输出，输出 EEPROM 存储器的数据
$\overline{\text{WP}}$	写保护端，该引脚接地，写操作被禁止，该引脚接高电平，所有功能正常
VSS	电源地
SI	串行数据输入端，数据在 SCK 的上升沿写入，接收来自单片机的命令、地址和数据
SCK	串行时钟端
$\overline{\text{HOLD}}$	保持输入端，低电平有效，用于在数据传送中暂停向 25AA040 传送
VCC	电源

芯片 25AA040 总线信号的时钟输入为 SCK 端，对芯片的访问是通过芯片片选信号 $\overline{\text{CS}}$ 实现，且可以通过暂停信号 $\overline{\text{HOLD}}$ 停止对该芯片的数据输入。另外 SI 为主设备输出及从设备输入 MOSI 数据线接口，SO 为主设备输入及从设备输出 MISO 数据线接口。

SPI 总线 25AA040 项目中，$\overline{\text{HOLD}}$ 引脚为高电平，$\overline{\text{WP}}$ 保持高电平，$\overline{\text{CS}}$ 引脚连接 P1.3，SCK 连接 P1.0， SI 连接 P1.1，SO 连接 P1.2。其硬件电路如图 6-23 所示。

程序设计的引脚定义如下：

```
sbit SCK=P1^0;            //将 SCK 位定义为 P1.0 引脚
sbit MOSI=P1^1;           //将 SI 位定义为 P1.1 引脚
sbit MISO=P1^2;           //将 SO 位定义为 P1.2 引脚
sbit CS=P1^3;             //将 SCK 位定义为 P1.3 引脚
```

25AA040 片内有一个 8 位指令寄存器，指令通过 SI 引脚接收，在 SCK 的上升沿串行输入。指令输入时，$\overline{\text{CS}}$ 引脚必须为低电平，$\overline{\text{HOLD}}$ 引脚必须为高电平，且 $\overline{\text{WP}}$ 也必须保持高电平允许写操作。

单片机必须通过相应的指令实现对 25AA040 的读/写操作。25AA040 的指令集如表

6-10 所示。

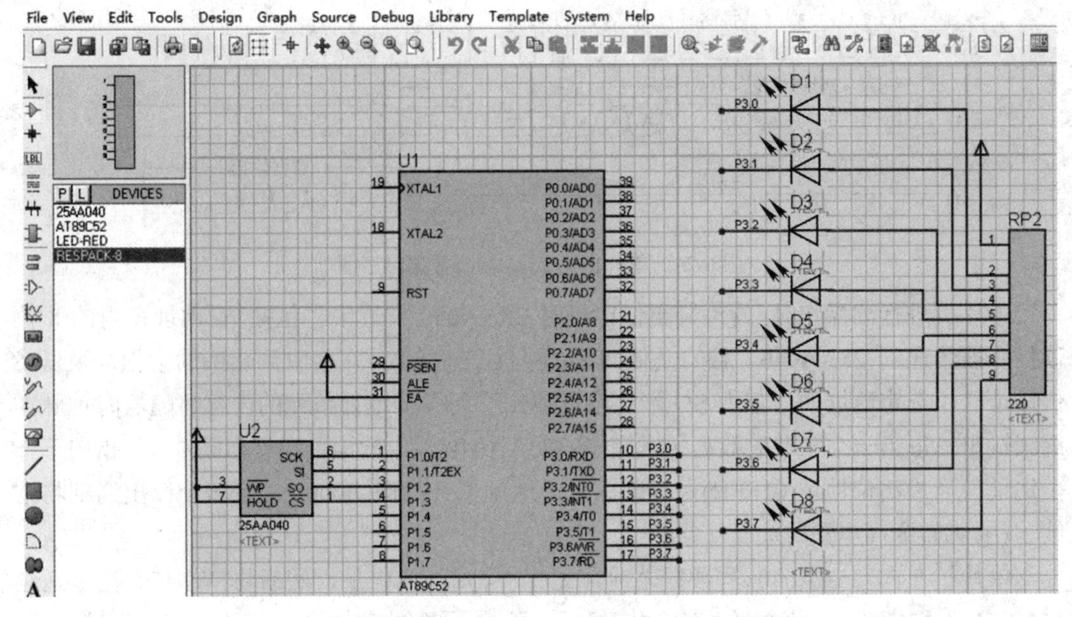

图 6-23　SPI 总线 25AA040 项目硬件电路图

表 6-10　25AA040 指令集

指令名称	指令格式	描　述
READ 读	0000 $A_8$011	在选定的地址读 25AA040 的数据
WRITE 写	0000 $A_8$010	在选定的地址将数据写入 25AA040
WRDI	0000 x100	禁止写操作
WREN	0000 x110	允许写操作
RDSR	0000 x101	读状态寄存器
WRSR	0000 x001	写状态寄存器

表中，指令字节中包含地址位 A_8，是读/写开始地址的第 9 位，25AA040 是 512×8 位，分成上下两页，每页 512 B，可以通过 A_8 选择：A_8 为“0”，选择首页；A_8 为 1，选择次页。

程序设计时，常定义指令格式如下：

```
//功能变量定义
#define WREN 0x06      //写允许
#define WRDI 0x04      //写禁止
#define WRSR 0x01      //写状态寄存器
#define RDSR 0x05      //读状态寄存器
#define READ 0x03      //读操作
#define WRITE 0x02     //写操作
```

单片机读 25AA040 数据时序图如图 6-24 所示。

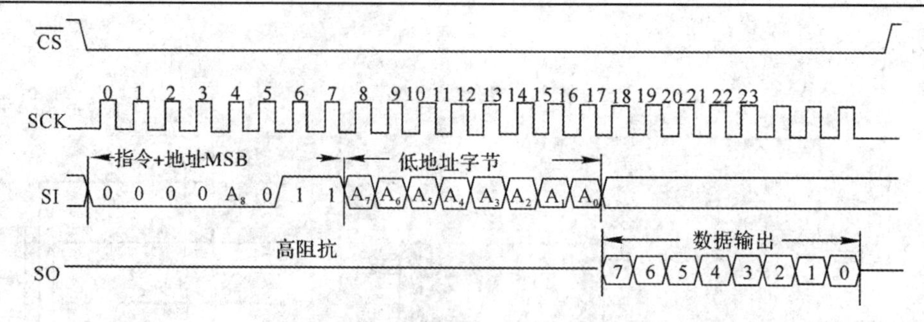

图 6-24　单片机读 25AA040 数据时序图

单片机进行读操作时，$\overline{CS}$ 降至低电平时 25AA040 被选中。包括 A_8 地址在内的 8 位读指令被传送到 25AA040，接着是低 8 位地址(A7～A0)。在接收到正确的读指令及低 8 位地址后，选定地址的内容由 SO 端口串行输出，而下一地址单元的内容将随着时钟脉冲继续输出。每当一个字节的数据传送完毕，25AA040 片内的地址指针自动加 1，指向下一个地址。当最高位地址(01FFH)内容读出后，地址指针指向 0000H，下一个读出周期将继续。$\overline{CS}$ 脚转为高电平时读操作终止。

单片机在向 25AA040 写数据之前，先将 $\overline{CS}$ 置为低电平，然后将 WREN 指令送至 25AA040，当指令的 8 位数全部传送完毕后，再将 $\overline{CS}$ 置为高电平，并置位写允许锁存器。单片机向 25AA040 写数据允许时序图如图 6-25 所示。

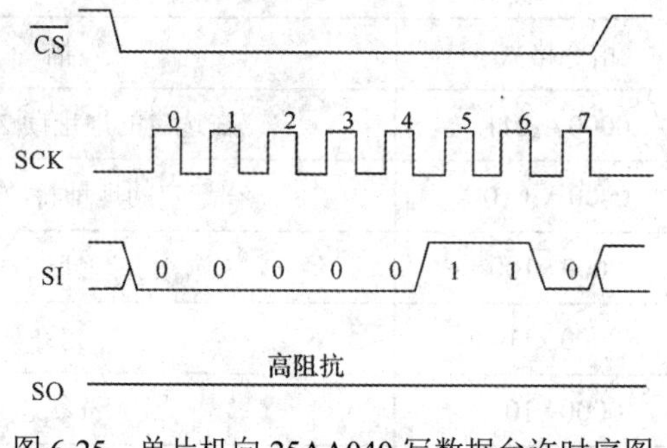

图 6-25　单片机向 25AA040 写数据允许时序图

程序设计如下：

```
SCK=0;                     //将 SCK 置于已知状态
CS=0;                      //拉低 CS，选中 25AA040
WriteCurrent(WREN);        //写使能锁存器允许
CS=1;                      //拉高 CS
```

单片机写操作时序图如图 6-26 所示。

单片机在进行写操作时，先将 $\overline{CS}$ 端置为低电平，发送包括 A_8 地址在内的 8 位写指令及低 8 位地址(A7～A0)，然后发送要写入的数据。一次写序列最多可以连续写 16 个字节的数据，且所有要写入的数据的地址必须在同一页。

为将数据真正写入到 25AA040 中，单片机必须在字节写入或页写入数据的第 n 个字节的最后一个有效位(D0)送出后将 $\overline{CS}$ 置为高电平。若在此外的其他时间段将 $\overline{CS}$ 置为高电平，则写操作就不能完成。

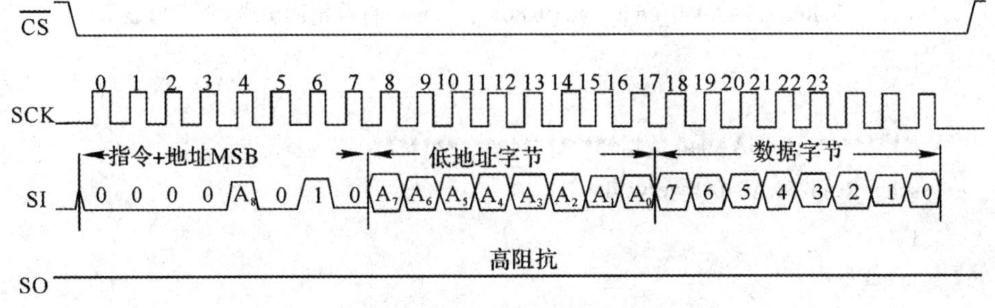

图6-26 单片机写操作时序图

6.3.2 项目程序设计

SPI总线25AA040项目需将一字节数据0x33写入25AA040，再读出，然后送P3端口用LED显示出来，其程序设计如下：

```
/****将一字节数据写入25AA040, 再读出，然后送P3口显示*****/
#include<reg51.h>
#include<intrins.h>
#define uchar unsigned char
/*******************SPI引脚定义**********************/
sbit SCK=P1^0;                    //将SCK位定义为P1.0引脚
sbit MOSI=P1^1;                   //将SI位定义为P1.1引脚
sbit MISO=P1^2;                   //将SO位定义为P1.2引脚
sbit CS=P1^3;                     //将SCK位定义为P1.3引脚
/*******************功能变量定义*********************/
#define WREN 0x06                 //写允许
#define WRDI 0x04                 //写禁止
#define WRSR 0x01                 //写状态寄存器
#define READ 0x03                 //读操作
#define WRITE 0x02                //写操作
void Write25AA040_addr_byte(uchar , uchar );    //写数据到指定地址函数声明
uchar Read25AA040_addr_byte(uchar);             //读指定地址数据函数声明
void Write25AA040_byte(uchar );                 //写数据函数声明
uchar Read25AA040_byte(void);                   //读数据函数声明
void delay(uchar);

/*********************主程序*********************/
void main(void)
{
    Write25AA040_addr_byte(0x33, 0x80); //将数据“0x33”写入指定地址“0x80”
    delay(10);                          //写入周期约为10 ms
```

```
    P3=Read25AA040_addr_byte(0x80);          //将数据读出送 P3 端口显示
}

/*********读 25AA040 数据********************/
uchar Read25AA040_byte(void)
{
uchar i;
    uchar dat_SO=0x00;
    SCK=1;                          //将 SCK 置于已知的高电平状态
    for(i = 0;   i < 8;   i++)
    {
        SCK=1;                      //拉高 SCK
        SCK=0;                      //在 SCK 的下降沿输出数据
        dat_SO<<=1;                 //将 x 中的各二进位左移 1 位，因为先读的是字节最高位
        dat_SO|=(uchar)MISO;        //将 MISO 上的数据通过按位“或“运算存入 dat
    }
    return(dat_SO);                 //将读取的数据返回
}

/***********写数据到 25AA040************************/
void Write25AA040_byte(uchar dat_SI)
{
    uchar i;
    SCK=0;                          //将 SCK 置于已知的低电平状态
    for(i = 0;   i < 8;   i++)      //循环移入 8 位
    {
        MOSI=(bit)(dat_SI&0x80);    //通过按位“与”运算将最高位数据写
                                    //因为传送时高位在前，低位在后
        SCK=0;
        SCK=1;                      //在 SCK 上升沿写入数据
        dat_SI<<=1;                 //将 y 中的各二进位左移 1 位，因为先写入字节最高位
    }
}

/*****************写数据到 25AA040 的指定地址*****************/
void Write25AA040_addr_byte(uchar dat, uchar addr)
{
    SCK=0;
    CS=0;                                    //拉低 CS，选中 25AA040
```

```
    Write25AA040_byte(WREN);          //写允许
    CS=1;                             //拉高 CS
    CS=0;                             //重新拉低 CS
    Write25AA040_byte(WRITE);         //写入指令
    Write25AA040_byte(addr);          //写入指定地址
    Write25AA040_byte(dat);           //写入数据
    CS=1;                             //拉高 CS
    SCK=0;
}

/******************从 25AA040 的指定地址读出数据**************/
uchar Read25AA040_addr_byte(uchar addr)
{
    uchar dat;
    SCK=0;
    CS=0;                             //拉低 CS，选中 25AA040
    Write25AA040_byte(READ);          //开始读
    Write25AA040_byte(addr);          //写入指定地址
    dat=Read25AA040_byte();           //读出数据
    CS=1;                             //拉高 CS
    SCK=0;
    return dat;                       //返回读出的数据
}

/******************延时 ms**************/
void delay(uchar t)
{
    uchar   j, k;
    for(j=0; j<t; j++)
    {
        for(k=0; k<255; k++)
        {
        }
    }
}
```

6.3.3　仿真调试

SPI 总线 25AA040 项目的仿真运行图如图 6-27 所示。

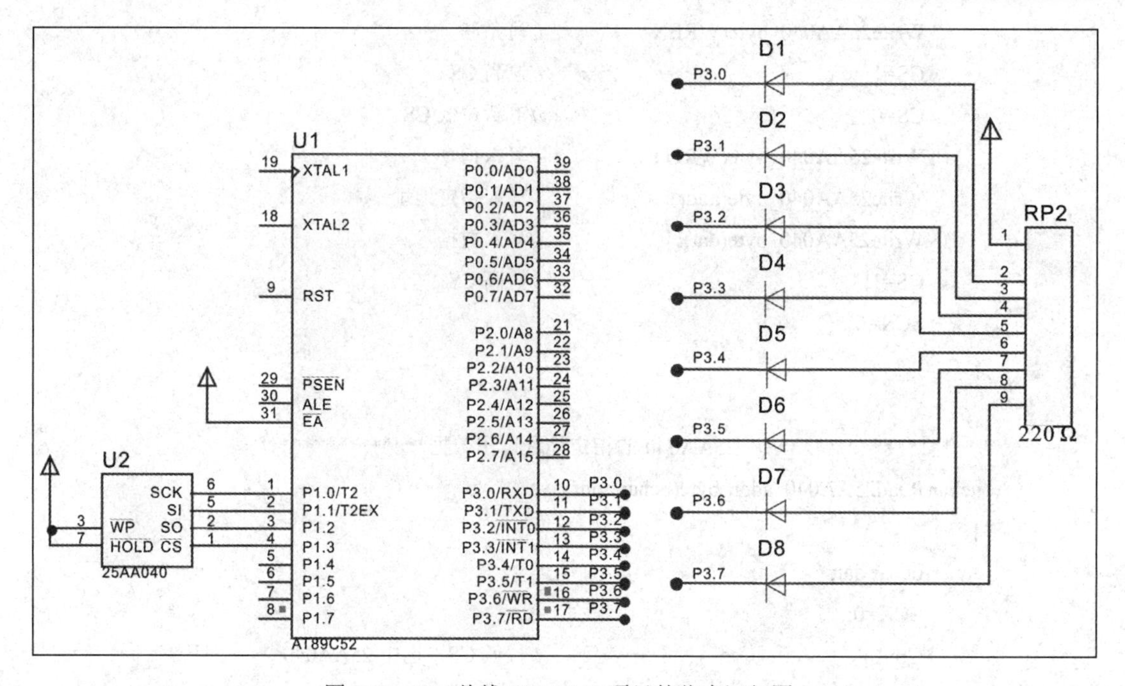

图 6-27　SPI 总线 25AA040 项目的仿真运行图

单片机将一字节数据 0x33 写入 25AA040，再读出，然后送 P3 端口输出，于是 P3.7、P3.6、P3.3、P3.2 低电平输出，与它们相连接的 LED 点亮，其他不亮，表明对 25AA040 的数据读写正确。

6.4　SPI 总线 DS1302 实时时钟项目设计

实时时钟是单片机系统常用的应用项目，若采用单片机内部定时器，一方面要占用宝贵的硬件资源，另一方面，停电、关机等因素又使计时不连续。如果单片机采用外接实时时钟芯片，可以很好地解决这个问题。

DS1302 是由美国 DALLAS 公司推出的低功耗实时时钟芯片。它可以对年、月、日、周、时、分、秒进行计时，且具有闰年补偿等多种功能，年计数可达到 2100 年。

1. DS1302 的引脚说明

DS1302 芯片的实物图如图 6-28 所示。DS1302 芯片有 8 个引脚，其引脚排列如图 6-29 所示。

图 6-28　DS1302 芯片实物图

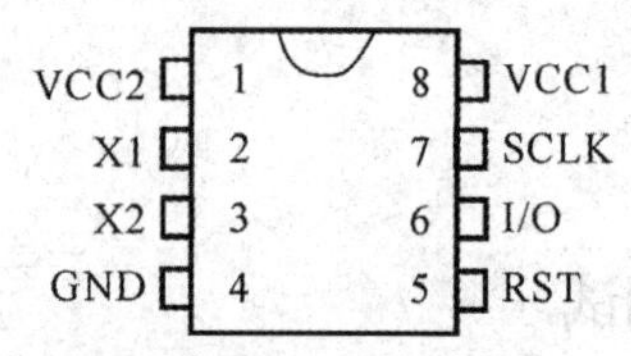

图 6-29　DS1302 引脚图

各个引脚功能说明如下：

X1、X2：32.768 kHz 晶振引脚，为芯片提供时钟脉冲。

GND：地。

RST：复位引脚，在读、写数据期间，必须为高电平。

I/O：数据输入/输出引脚，三线接口时的双向数据线。

SCLK：串行时钟，控制数据的输入与输出。

VCC1、VCC2 ：电源供电引脚，1.3～5.5 V 电压可选，可完全单电源供电。VCC1 为主电源，VCC2 为备份电源。当 VCC2 > VCC1 + 0.2 V 时，由 VCC2 向 DS1302 供电；当 VCC2 < VCC1 时，由 VCC1 向 DS1302 供电。工作电流小于 320 nA。

2. DS1302 的操作控制字

DS1302 采用 SPI 总线驱动方式，它不仅要向寄存器写入控制字，还需要读取相应寄存器的数据。

单片机与 DS1302 通信需要读写 DS1302 的控制字。DS1302 的控制字如表 6-11 所示。

表 6-11　DS1302 控制字

D7	D6	D5	D4	D3	D2	D1	D0
1	RAM/$\overline{\text{CK}}$	A4	A3	A2	A1	A0	RD/$\overline{\text{WR}}$

DS1302 的控制字各位说明如下：

D7：控制字节的最高有效位必须是逻辑 1，如果它为 0，则不能把数据写入 DS1302 中。

D6：如果为 0，则表示存取日历时钟数据，为 1 表示存取 RAM 数据。

D5～D1：指示操作单元的地址。

D0：如为 1 表示进行读操作，为 0 表示进行写操作。

控制字节总是从最低位开始输出。

3. DS1302 的读写时序

在控制指令字输入后的下一个 SCLK 时钟的上升沿时，数据被写入 DS1302，数据输入从低位即位 0 开始。同样，在紧跟 8 位的控制指令字后的下一个 SCLK 脉冲的下降沿读出 DS1302 的数据，读出数据时从低位 0 到高位 7。如图 6-30 所示为 DS1302 读写时序图。

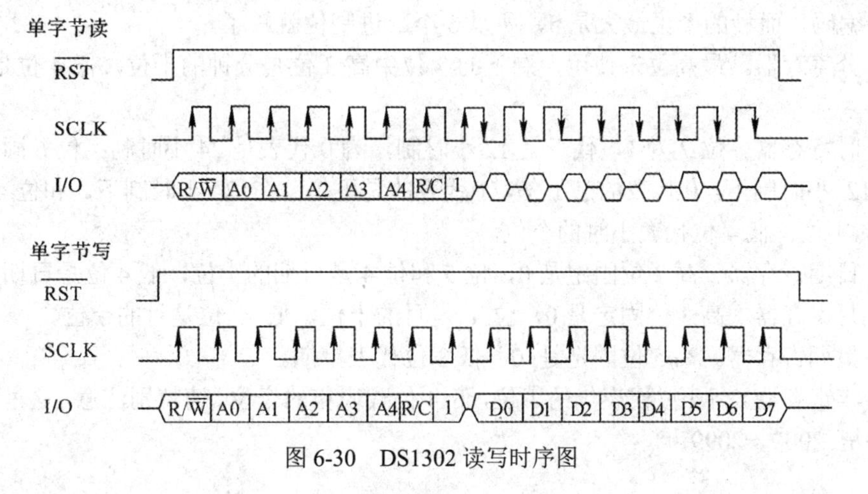

图 6-30　DS1302 读写时序图

4. DS1302 的寄存器

DS1302 的寄存器有 8 个。其中，最低位是 1，表示读，最低位是 0 表示写。如表 6-12 所示为 DS1302 寄存器。

表 6-12　DS1302 的寄存器

<table>
<tr><th rowspan="2">寄存器名</th><th colspan="2">命令字</th><th rowspan="2">取值范围</th><th colspan="8">各位内容</th></tr>
<tr><th>写操作</th><th>读操作</th><th>7</th><th>6</th><th>5</th><th>4</th><th>3</th><th>2</th><th>1</th><th>0</th></tr>
<tr><td>秒寄存器</td><td>80H</td><td>81H</td><td>00～59</td><td>CH</td><td colspan="3">秒十位</td><td colspan="4">秒个位</td></tr>
<tr><td>分钟寄存器</td><td>82H</td><td>83H</td><td>00～59</td><td>0</td><td colspan="3">分钟十位</td><td colspan="4">分钟个位</td></tr>
<tr><td>小时寄存器</td><td>84H</td><td>85H</td><td>01～12 或 00～23</td><td>12/24</td><td>0</td><td>上午或下午，或小时十位</td><td>小时十位</td><td colspan="4">小时个位</td></tr>
<tr><td>日期寄存器</td><td>86H</td><td>87H</td><td>01～28，29，30，31</td><td>0</td><td>0</td><td colspan="2">日期十位</td><td colspan="4">日期个位</td></tr>
<tr><td>月份寄存器</td><td>88H</td><td>89H</td><td>01～12</td><td>0</td><td>0</td><td>0</td><td>月十位</td><td colspan="4">月个位</td></tr>
<tr><td>星期寄存器</td><td>8AH</td><td>8BH</td><td>01～07</td><td>0</td><td>0</td><td>0</td><td>0</td><td>0</td><td colspan="3">星期</td></tr>
<tr><td>年份寄存器</td><td>8CH</td><td>8DH</td><td>00～99</td><td colspan="4">年十位</td><td colspan="4">年个位</td></tr>
</table>

DS1302 的各个寄存器说明如下：

(1) 秒寄存器。最高位 CH 是一个时钟停止标志位。如果时钟电路有备用电源，上电后，要先检测一下这一位，如果这一位是 0，那说明时钟芯片在系统掉电后，由于备用电源的供给，时钟是持续正常运行的；如果这一位是 1，那么说明时钟芯片在系统掉电后，时钟不能正常工作。剩下的 7 位高 3 位是秒的十位，低 4 位是秒的个位。DS1302 内部采用 BCD 编码，而秒的十位最大是 5，所以 3 个二进制位就够了。

(2) 分寄存器。最高位未使用，剩下的 7 位中高 3 位是分钟的十位，低 4 位是分钟的个位。

(3) 时寄存器。位 7 为 1，代表是 12 小时制，为 0 代表是 24 小时制；位 6 固定是 0；位 5 在 12 小时制下，0 代表的是上午，1 代表的是下午，在 24 小时制下，和位 4 一起代表小时的十位；低 4 位代表小时的个位。

(4) 日期寄存器。高 2 位固定是 0，位 5 和位 4 是日期的十位，低 4 位是日期的个位。

(5) 月寄存器。高 3 位固定是 0，位 4 是月的十位，低 4 位是月的个位。

(6) 星期寄存器。高 5 位固定是 0，低 3 位代表星期。

(7) 年寄存器。高 4 位代表年的十位，低 4 位代表年的个位。请特别注意，这里的 00～99 指的是 2000—2099 年。

6.4.1　硬件电路设计

SPI 总线 DS1302 实时时钟项目的硬件电路设计如图 6-31 所示。

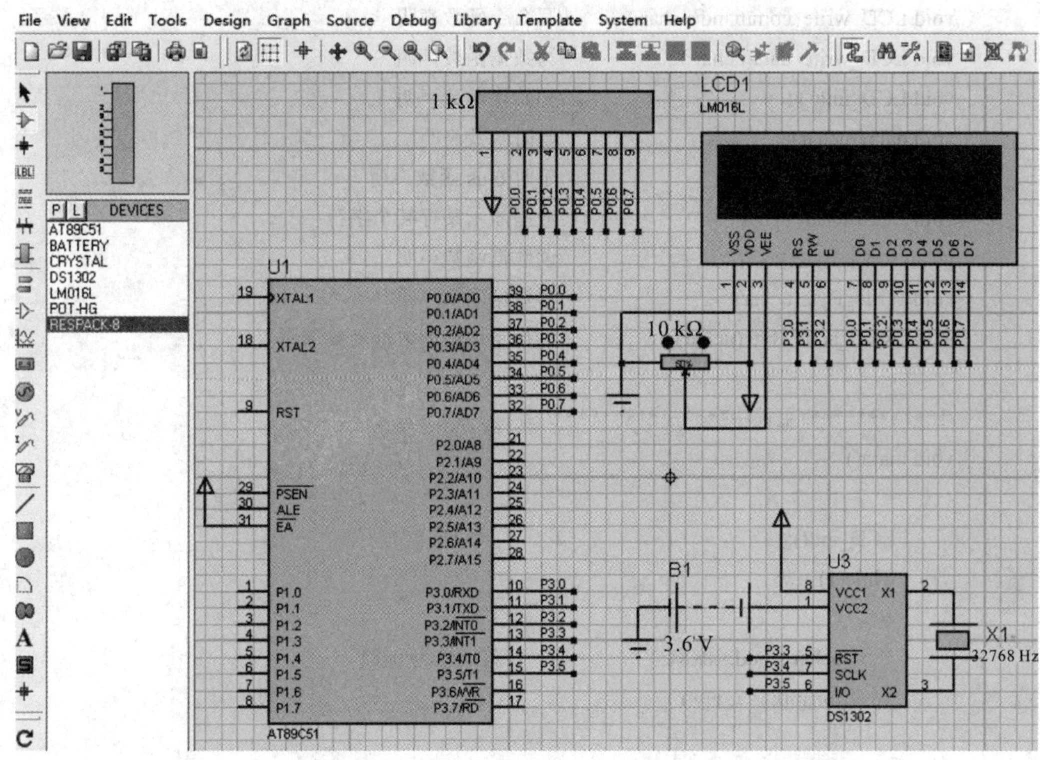

图 6-31　SPI 总线 DS1302 实时时钟项目硬件电路图

6.4.2　程序设计

SPI 总线 DS1302 实时时钟项目的程序设计如下：

```
#include<reg51.h>
#include<intrins.h>
#define uchar unsigned char
#define uint unsigned int
/*******LCD 引脚*******/
sbit LCD_RS=P3^0;                    //将 P3.0 引脚取名为 LCD_RS，控制寄存器选择
sbit LCD_E=P3^2;                     //将 P3.2 引脚取名为 LCD_E，使能端
sbit LCD_RW=P3^1;                    //将 P3.1 引脚取名为 LCD_RW，控制读写选择
/******DS1302 引脚端******/
sbit SDA=P3^5;                       //1302 数据线 IO
sbit SCL=P3^4;                       //1302 时钟线 SCLK
sbit RST=P3^3;                       //复位
uint num=0;
uchar D[]={"Date: 2000-00-00 "};     //日期数组
```

```
uchar T[]={"Time:    00:00 00 "};           //时间数组
uchar D_T[7];                               //从 DS1302 读取的当前日期时间
bit LCD_Busy();                             //忙函数声明
void LCD_write_command(uchar );             //写命令函数声明
void LCD_write_data(uchar ) ;               //写数据函数声明
void LCD_init( ) ;                          //初始化函数声明
void delay(uchar);                          //延时函数声明
void delay_6us();                           //延时 6 μs 函数声明
void LCD(uchar, uchar *s);                  //液晶显示某行某个字符
uchar Read_Byte();                          //读数据函数声明
void Write_Byte(uchar);                     //写数据函数声明
uchar Read_addr_Byte(uchar);                //读指定地址的数据函数声明

/*************主程序***************/
void main()
{
    LCD_init();
    while(1)
    {
        uchar i, addr=0x81;                 //首地址为 0x81
        for(i=0; i<7; i++)
        {
            D_T[i]=Read_addr_Byte(addr);
            addr+=2;
        }
        D[8]=D_T[6]/10+'0';                 //在第 8、9 位置显示年 ASCII 码
        D[9]=D_T[6]%10+'0';
        D[11]=D_T[4]/10+'0';                //在第 11、12 位置显示月 ASCII 码
        D[12]=D_T[4]%10+'0';
        D[14]=D_T[3]/10+'0';                //在第 14、15 位置显示日 ASCII 码
        D[15]=D_T[3]%10+'0';
        T[7]=D_T[2]/10+'0';                 //在第 7、8 位置显示时 ASCII 码
        T[8]=D_T[2]%10+'0';
        T[10]=D_T[1]/10+'0';                //在第 10、11 位置显示时 ASCII 码
        T[11]=D_T[1]%10+'0';
        T[13]=D_T[0]/10+'0';                //在第 13、14 位置显示时 ASCII 码
        T[14]=D_T[0]%10+'0';
        LCD(0x00, T);                       //第一行显示时间时分秒
        LCD(0x40, D);                       //第二行显示年月日
    }
```

```
}

/*************从 DS1302 读取数据字节到单片机***************/
uchar Read_Byte()
{
        uchar i=0x00;
        uchar read_byte=0x00;
        SDA=1;                                    //读方式：数据线为输入方式
        for(i=0; i<8; i++)
        {
                read_byte|=_crol_((uchar)SDA, i);
                SCL=1;
                delay_6us();                      //按时序大于 4.7 μs
                SCL=0;
        }
        return( read_byte/16*10+read_byte%16);    //返还读取的 DS1302 字节数据，并与 BCD 码转换
}

/*************向 DS1302 的当前地址写入数据***************/
void Write_Byte(uchar write_byte)
{
        uchar i;
        for(i=0; i<8; i++)                        //循环移入 8 位
        {
                SDA=(bit)(write_byte&0x01);       //传送时低位在前，高位在后
                SCL=1;
                delay_6us();                      //按时序大于 4.7 μs
                SCL=0;
                delay_6us();                      //按时序大于 4.7 μs
                write_byte>>=1;                   //右移一位，传送下一位
        }
}

/*********从指定位置读数据********/
uchar Read_addr_Byte(uchar addr)
{
        uchar dat;
        RST=0;
        SCL=0;
        RST=1;
```

```
        Write_Byte(addr);
        dat=Read_Byte();
        SCL=1;
        RST=0;
        return dat;
}

/****************延时函数 t(ms)*************/
void   delay(uchar t )
{
        uchar j, k;
        for(j=0; j<t; j++)
        {
          for(k=0; k<255; k++)
{
}
        }
}

/****************延时函数 6 μs *************/
void delay_6us(void)
{
        _nop_();
        _nop_();
        _nop_();
        _nop_();
        _nop_();
        _nop_();
}

/*************LCD 忙检测函数**************/
bit LCD_Busy()
{
        bit LCD_Busy;
        LCD_RS=0;
        LCD_RW=1;
        LCD_E=1;
        delay(1);
        LCD_Busy=(bit)(P0&0x80);          //取 LCD 数据首位，即忙信号位
        LCD_E=0;
```

```
        return LCD_Busy;
}

/*************LCD 写命令函数**************/
void LCD_write_command(uchar cmd)
{
        while(LCD_Busy());
        delay(1);
        LCD_RS=0;
        LCD_RW=0;
        P0=cmd;
        delay(1);
        LCD_E=1;
        delay(1);
        LCD_E=0;
}

/**************LCD 写数据函数**************/
void LCD_write_data(uchar dat)
{
        while(LCD_Busy());
        delay(1);
        LCD_RS=1;
        LCD_RW=0;
        P0=dat;
        delay(1);
        LCD_E=1;
        delay(1);
        LCD_E=0;
}

/**************LCD 初始化函数**************/
void LCD_init( )
{
        LCD_write_command(0x38);          // 16×2 显示，5×7 点阵，8 位数据接口
        delay(1);
        LCD_write_command(0x01);          //清屏
        delay(1);
        LCD_write_command(0x06);          //光标右移，字符不移
        delay(1);
```

```
        LCD_write_command(0x0C);            //显示开，无光标，光标不闪烁
        delay(1);
}

/**************液晶显示程序**************/
void LCD(uchar p, uchar *s)
{
        LCD_write_command(0x80+p);          //显示位置
        for(num=0; s[num]!='\0'; num++)
        {
                LCD_write_data(s[num]);
                delay(10);
        }
}
```

6.4.3 仿真调试

SPI 总线 DS1302 实时时钟仿真运行图如图 6-32 所示。

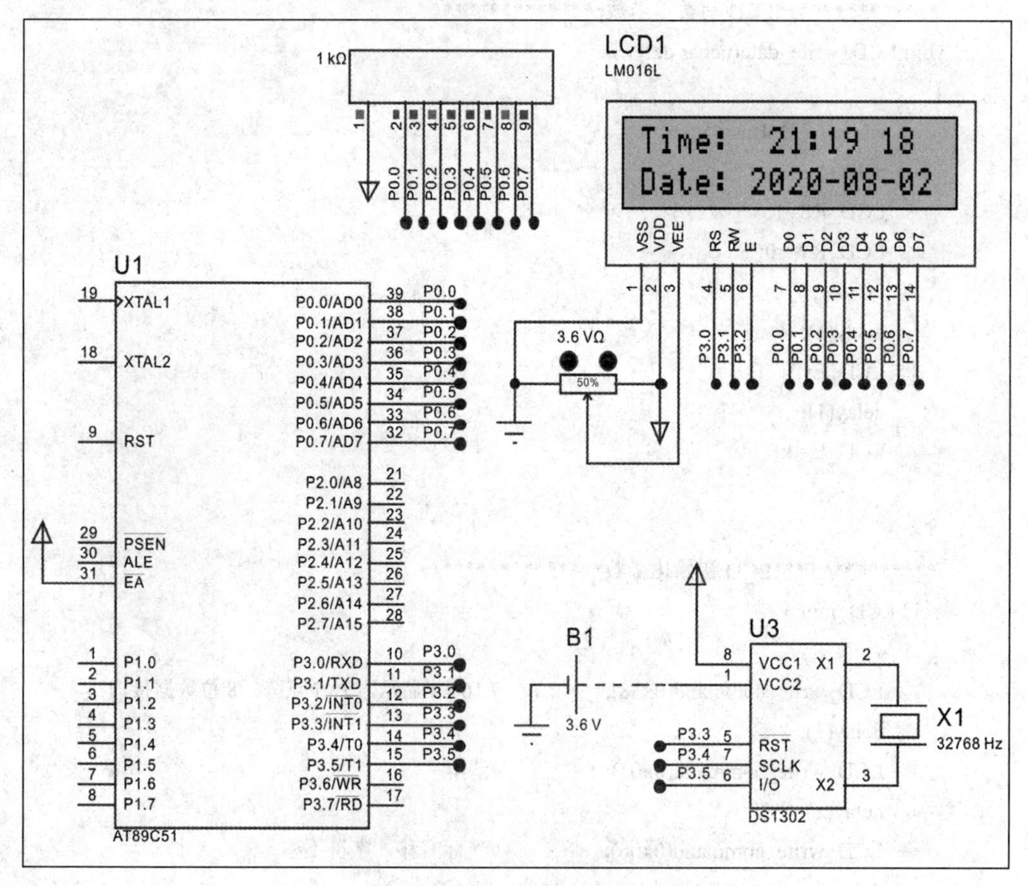

图 6-32　SPI 总线 DS1302 实时时钟仿真运行图

习　题

6-1　设计电路并编写程序，实现采用单个 DS18B20 测试温度，测试精度为 0.25，并用 LCD 显示。

6-2　查阅资料，设计电路并编写程序，实现读取单个 DS18B20 的 ID，并用 LCD 显示。

6-3　查阅资料，设计电路并编写程序，实现采用两个 DS18B20 共用一个数据总线，测试温度，测试精度为 0.5，并用 LCD 显示。

6-4　设计电路并编写程序，实现单个 AT24C02D 数据读写，并用 LCD 显示。

6-5　设计电路并编写程序，实现单个 25AA040 数据读写，并用 LCD 显示。

6-6　设计电路并编写程序，实现万年历，并用 LCD 显示。

附录　Proteus 部分元件库中英文对照

AMPIRE 128*64　LCD12864
7SEG-MPX1-CA7 段共阳数码管(1 个)
7SEG-MPX1-CC7 段共阴数码管(1 个)
7SEG-MPX8-CA7 段共阳数码管(8 个)
7SEG-MPX8-CC7 段共阴数码管(8 个)
ADC0808　AD 转换 ADC0809
AND 与门
AT89S51　单片机芯片 AT89S51
BELL 铃，钟
BRIDEG 1 整流桥(二极管)
BRIDEG 2 整流桥(集成块)
BUTTON 按钮
BUZZER 蜂鸣器
CAP 电容
CAPACITOR POL 有极性电容
CAP-ELEC　电解电容
CRYSTAL　晶振
DIODE SCHOTTKY 稳压二极管
DIODE 二极管
ELECTRO 电解电容
IRLINK　红外转换接收
LAMP 灯泡
LED-RED 红色发光二极管
LM016L　2 行 16 列液晶 LCD
MOTOR 马达
MOTOR-DC 直流电机
NAND 与非门
NOR 或非门
NOT 非门
NPN NPN 三极管
OPAMP 运放
OR 或门

PHOTO 感光二极管
PNP PNP 三极管
POT 滑线变阻器
RES 电阻
RESPACK-8 八联排电阻
SPEAKER 扬声器
SW 开关
SWITCH 按钮(按一下一个状态)

参 考 文 献

[1] 马静囡，李少娟，李佳，等. 单片机应用实例精选：基于 51、MSP430 及 AVR 单片机的实现. 西安：西安电子科技大学出版社，2017.

[2] 郭天祥. 新概念 51 单片机 C 语言教程. 北京：电子工业出版社，2009.

[3] 贺敬凯，刘德新，管明祥. 单片机系统设计、仿真与应用. 西安：西安电子科技大学出版社，2011.

[4] 王静霞，杨宏丽，刘莉. 单片机应用技术. 北京：电子工业出版社，2011.

[5] 丁向荣. 单片微机与接口技术：基于 STC15 系列单片机. 北京：电子工业出版社，2012.

[6] 徐爱钧. 单片机原理与应用. 北京：机械工业出版社，2010.

[7] 林立. 单片机原理及应用. 4 版. 北京：电子工业出版社，2018.

[8] 程国钢. 案例解说单片机 C 语言开发. 北京：电子工业出版社，2012.

[9] 姜志海，赵艳雷. 单片机的 C 语言程序设计与应用. 北京：电子工业出版社，2008.

[10] 彭伟. 单片机 C 语言程序设计实训 100 例. 北京：电子工业出版社，2012.

[11] 陈海松，何惠琴，刘丽莎. 单片机应用技能项目化教程. 北京：电子工业出版社，2012.